suhrkamp taschenbuch
wissenschaft 1287

Der Prozeß des Konstruierens steht im Zentrum der Entstehung von Technik. Freilich spielt sich das Konstruieren – das oft als ein Akt betrachtet wird, der dem künstlerischen Schaffen gleichkommt, in dem sich die schöpfersche Kraft und Intuition der Konstrukteure entfalten – nicht nur im Kopf des Konstrukteurs, am Reißbrett (oder bei der Verwendung des CAD-Systems) ab, sondern in einem gesellschaftlichen Raum, der durch soziale Wünsche, ökonomische Vorgaben, qualifikatorische Voraussetzungen und anderes mehr bestimmt ist.
Künstler und Strichezieher spürt den Veränderungen des Konstruierens in seinem gesellschaftlichen Umfeld im internationalen Vergleich nach. Der als Untersuchungsgegenstand gewählte Maschinenbau war der Leitsektor sowohl für die industrielle Entwicklung als auch für die Herausbildung der Technikwissenschaften. Der erste Teil des Buches behandelt die Entwicklung der Konstruktionslehre an den technischen Hochschulen und die Entstehung und Ausbildung der Konstruktionsabteilungen in der deutschen Maschinenbauindustrie; der zweite Teil blickt vergleichend auf Großbritannien, die USA und Frankreich.
Künstler und Strichezieher bietet einen Kulturvergleich des Maschinenbaus, des Ingenieurberufs und der Ingenieursausbildung in den vier wichtigsten Industrieländern in der Phase der Hochindustrialisierung.
Wolfgang König ist Professor am Fachbereich Kommunikations- und Geschichtswissenschaften im Institut für Philosophie, Wissenschaftstheorie, Wissenschafts- und Technikgeschichte der Technischen Universität Berlin.

Wolfgang König

Künstler und Strichezieher

Konstruktions- und Technikkulturen im deutschen, britischen, amerikanischen und französischen Maschinenbau zwischen 1850 und 1930

Suhrkamp

Die Deutsche Bibliothek – CIP-Einheitsaufnahme
König, Wolfgang:
Künstler und Strichezieher:
Konstruktions- und Technikkulturen im deutschen, britischen, amerikanischen und französischen Maschinenbau zwischen 1850 und 1930 /
Wolfgang König.
1. Aufl. – Frankfurt am Main: Suhrkamp, 1999
(Suhrkamp-Taschenbuch Wissenschaft ; 1287)
ISBN 3-518-28887-3

suhrkamp taschenbuch wissenschaft 1287
Erste Auflage 1999

Druck: Wagner GmbH, Nördlingen
Printed in Germany
Umschlag nach Entwürfen von
Willy Fleckhaus und Rolf Staudt

1 2 3 4 5 6 – 04 03 02 01 00 99

Inhalt

Vorwort

Der entscheidende Anstoß für dieses Buch kam durch eine von der Deutschen Forschungsgemeinschaft geförderte Forschergruppe an der Technischen Universität Berlin. Um die Mitte der 1980er Jahre taten sich eine Reihe von Kollegen aus den Technik-, Sozial- und Geisteswissenschaften zusammen, um in interdisziplinärer Zusammenarbeit und mit ihren jeweiligen fachlichen Methoden und Fragestellungen das Konstruieren im Maschinenbau zu untersuchen. Zu dieser Arbeitsgruppe gehörten Wolfgang Beitz (Konstruktionstechnik), Günter Spur (Fertigungstechnik) zusammen mit Frank-Lothar Krause (Industrielle Informationstechnik) und Dieter Specht (Wissensbasierte Systeme in der Produktionstechnik), Holger Luczak (Arbeitswissenschaft), Arnold Upmeyer (Psychologie), Rainer Mackensen und Bernhard Badura (Soziologie) sowie Hans Poser und Christoph Hubig (Philosophie). Die Diskussion mit diesen Kollegen und ihren Mitarbeitern schuf bei mir erst die Basis für das Wagnis einer ganzheitlichen historischen Darstellung des Konstruierens. Gerhard Pahl (Darmstadt) gab mir die Gelegenheit, einige Ergebnisse der Untersuchung in einem Kreis von Fachvertretern der Konstruktionslehre vorzustellen, die freundlich genug waren, mir das Gefühl zu vermitteln, daß einiges davon auch noch in der Gegenwart von Interesse sei.

Weiter profitiert habe ich von den zahlreichen Arbeitsgesprächen mit meinen Projektmitarbeitern Irmela Gorges, Hans-Ulrich Niemitz, Reiner Oelsner und Rolf Helfert. Sie alle haben selbständig weitere Fragestellungen zur Geschichte des Konstruierens bearbeitet, die teilweise an anderer Stelle publiziert wurden. Die internationale Ausweitung der Untersuchungsperspektive erfuhr Anregungen in einem unter der geistigen Mentorschaft von Robert Fox (Oxford) stehenden Arbeitskreis »Technical Education and Industrial Performance«. Die zahlreichen Teil- und Vorfassungen der Arbeit haben Hannelore Martin sowie auch Eva Wolff und Dagmar Rasmussen mit großer Akribie und Geduld geschrieben. Allen Genannten herzlichen Dank.

Berlin, im Mai 1998 — Wolfgang König

»Konstruieren ist Dichten!« hab' ich gesagt,
Als ich mich noch für die Werkstatt geplagt.
Heut' führ' ich die Feder am Schreibtisch spazieren
Und sage: »Dichten ist Konstruieren!«
Heinrich Seidel

Im Schweiße Deines Angesichts sollst
Du Dein Brot essen, Du sollst auf
Deinem Bauche liegen und Striche ziehen
Dein Leben lang
Unbekannt, um 1913

Einleitung

Der Prozeß des Konstruierens steht im Zentrum der Entstehung von Technik. Manche Ingenieure sahen und sehen im Konstruieren einen kreativen, künstlerischem Schaffen gleichkommenden Akt, in dem sich schöpferische Kraft und Intuition der Konstrukteure entfalten. Diese Interpretation kontrastiert mit Beschreibungen des Konstruktionsprozesses, welche die Bedeutung von Routine und Erfahrung betonen. Diese Differenzen oder auch nur Aspekthaftigkeiten einmal beiseite gelassen, läßt sich Konstruieren mehr formal oder mehr substantiell fassen. Formal setzt der Konstrukteur eine Produktidee in einer Weise zeichnerisch um, daß diese Zeichnung als Grundlage für die Herstellung dienen kann. Substantiell überführt der Konstrukteur Funktionsanforderungen in eine technische Gestalt. In den Begriffen Produktidee und Funktionsanforderungen ist bereits angedeutet, daß sich Konstruieren nicht nur im Kopf des Konstrukteurs und am Reißbrett (oder Computer-Aided-Design-System) abspielt, sondern in einem gesellschaftlichen Raum, der durch soziale Wünsche, ökonomische Vorgaben, qualifikatorische Voraussetzungen und anderes mehr bestimmt ist. Dieses Buch will den Veränderungen des Konstruierens in seinem gesellschaftlichen Umfeld im internationalen Vergleich nachspüren. Die Konzentration auf den Zeitraum zwischen etwa 1850 und etwa 1930 ergibt sich aus inhaltlichen wie aus arbeitstechnischen und -ökonomischen Überlegungen. Erst um die Mitte des 19. Jahrhunderts beginnen die gedruckten schriftlichen Quellen, aus denen diese Arbeit vor allem schöpft, dichter zu fließen; und mit der forcierten Aufrüstung in den dreißiger Jahren und der nationalsozialistischen Autarkiepolitik veränderten sich die Rahmenbedingungen für das Konstruieren beträchtlich. Der als Untersuchungsgegenstand gewählte Maschinenbau war der Leitsektor sowohl für die industrielle Entwicklung wie für die Herausbildung der Technikwissenschaften.

Die Arbeit gliedert sich in zwei Teile. Der erste Teil behandelt die Entwicklung der Konstruktionslehre an den Technischen Hochschulen und die Entstehung und Ausbildung der Konstruktionsabteilungen in der deutschen Maschinenbauindustrie.

Die getrennte Darstellung von Hochschulen und Industrie trägt der Tatsache Rechnung, daß ihre Interaktionen und Kooperationen von geringerer Bedeutung waren als üblicherweise vermutet. An den Hochschulen besaß die Konstruktionslehre eine exponierte Position in einem Methodenstreit (der von seiner Bedeutung her mit dem Methodenstreit in den Sozialwissenschaften um die Jahrhundertwende zu vergleichen ist), bei dem es um das Selbstverständnis des wissenschaftlichen Maschinenbaus zwischen den Polen Theoretisierung und Praxisbezug ging. Unter sozialgeschichtlichen Fragestellungen ist dieser Methodenstreit in der Literatur schon mehrfach untersucht worden. Unsere Arbeit bestätigt in der Tendenz diese Untersuchungen und gelangt, indem sie die Analyse der konstruktiven Schriften der Technikwissenschaftler vertieft, zu ergänzenden und differenzierenden Interpretationen. Nach scharfen Auseinandersetzungen zwischen den »Theoretikern« und den »Praktikern« im Maschinenbau kam es nach der Jahrhundertwende zu einem Kompromiß zwischen beiden Grundpositionen in Form einer Synthese, einem Kompromiß, welcher allerdings durch eine fachliche Spezialisierung erkauft wurde und der die Einheit des Maschinenbaus gefährdete. Als Kompensation dieser Maschinen- und Methodenspezialisierung entstanden vor und nach dem Ersten Weltkrieg Ansätze für die neuen Disziplinen Fertigungstechnik und Konstruktionslehre.

Völliges Neuland betritt die Arbeit mit der Untersuchung des Konstruierens in der Maschinenbauindustrie. Maschinenbauunternehmen gründeten eigenständige Konstruktionsabteilungen im Verlauf eines übergreifenden Prozesses arbeitsteiliger Spezialisierung. Diese arbeitsteilige Verselbständigung der Konstruktion führte sowohl zu Gewinnen als auch zu Verlusten. Gewinne lagen im Grad der wissenschaftlich-konstruktiven Ausarbeitung, Verluste bei der Fertigungsfreundlichkeit der Konstruktionen. Die organisatorische Trennung von Konstruieren und Fertigen brachte erhebliche Kommunikationsprobleme zwischen beiden Abteilungen mit sich und mündete in Jahrzehnte währende intensive, aber nur bedingt erfolgreiche Anstrengungen, diese Verständigungsprobleme zu überwinden. Dazu kam mit entstehender Massennachfrage und scharfem internationalem Konkurrenzkampf eine Veränderung des gesellschaftlichen und ökonomischen Umfelds. Als Folge wandelten sich die konstruktiven Ziele von einer Betonung der mehr technischen (Funktionsfähigkeit) zu einer Betonung der mehr ökonomischen (Wirtschaftlichkeit); die Produktperspektive wurde ergänzt durch eine Betrachtung des Produkt-Entstehungsprozesses. Besonders die Rationalisierungsbewegung brachte zwischen 1890 und 1930 zahlreiche Reformen zugunsten einer wirtschaftlichen und fertigungsgerechten Konstruktion. Dabei kam den Maßnahmen der Arbeitsorganisation mehr Bedeutung zu als der Einführung neuer technischer Hilfsmittel für den Konstrukteur – wie Steilbrett und Zeichenmaschine – nach der Jahrhundertwende.

Der zweite Teil der Arbeit blickt vergleichend auf Großbritannien, die USA und Frankreich. Während sich der erste, den deutschen Maschinenbau betreffende Teil auf eine breite Basis gedruckter Quellen stützt, ist die Materialgrundlage für den zweiten ungleich schmaler. Der internationale Vergleich war überwiegend auf Sekundärliteratur angewiesen; für einzelne zentrale Fragen wurden auch technische Zeitschriften als Quellen ausgewertet. Die Ergebnisse haben denn auch eher den Charakter gut begründeter Thesen. Sie postulieren die Bedeutung allgemeiner sozialer und wirtschaftlicher Gegebenheiten für Unterschiede der nationalen Technik- und Konstruktionskulturen. Hierzu zählen vor allem unterschiedliche Traditionen der Ingenieurausbildung, in Deutschland und in Frankreich die frühe Entwicklung eines technischen Schulwesens (»Schulkultur«), in Großbritannien und in den USA eine praktische Ingenieurausbildung in Form einer institutionalisierten Lehre oder durch Learning by doing (»Praxiskultur«). Zweitens führten die jeweiligen Marktgegebenheiten zu erheblichen Unterschieden hinsichtlich des Stellenwerts, den man in den USA und in Europa den Konstruktionsbüros zumaß. Die Anforderungen des Marktes ließen in der amerikanischen »Produktionskultur« die Fertigung der Produkte in den Mittelpunkt rücken; in den »Konstruktionskulturen« der europäischen Länder betrachtete man das Konstruktionsbüro als Zentrum des Unternehmens.

Teil 1
Maschinenkonstruktion in Deutschland

1. Konstruieren als Gegenstand der Technikwissenschaften und der Technischen Hochschulen

Der epochale Veränderungsprozeß, der heute meist als »Industrielle Revolution« bezeichnet wird, setzte in Großbritannien in der zweiten Hälfte des 18. Jahrhunderts ein. Wichtige soziale und technische Elemente dieser Industriellen Revolution waren die Einführung des Fabriksystems in der Textilindustrie, dem quantitativ bedeutendsten industriellen Sektor, die Umstellung der Hüttenprozesse von Holz- auf Steinkohle, die Verbesserung der Dampfmaschine zu einer universell einsetzbaren Kraftmaschine und die Entwicklung leistungsfähiger Werkzeugmaschinen zur spanenden Metallbearbeitung. Die britische Industrialisierung und die britische Technik wurden zum Vorbild für andere Staaten, die sich mit Hilfe vielfältiger Formen des Technologietransfers bemühten, Anschluß zu gewinnen. Diese Bemühungen der Nachfolgeländer im Industrialisierungsprozeß begannen mit zeitlichen Verzögerungen von mehreren Jahrzehnten, wobei dieser Zeitraum in Frankreich und Belgien kürzer war als in den deutschen Territorien.

Hatte sich die Entwicklung der britischen Technik weitgehend empirisch in der industriellen Praxis vollzogen, ohne daß Bildungsinstitutionen eine wesentliche Rolle spielten, so setzte man in den deutschen Staaten von vornherein stärker auf technische Bildung. Von Bildungsinvestitionen erwartete man massive positive Wirkungen auf die industrielle Entwicklung, also eine schnelle Amortisierung. So wurden in dem kurzen Zeitraum zwischen 1821 und 1836 in den größeren und mittleren deutschen Staaten Gewerbeschulen und Polytechnische Schulen gegründet, die institutionellen Vorläufer unserer heutigen Technischen Universitäten.[1] Wenn die Erwartungen hinsichtlich der Bedeutung des Faktors Bildung für das Wirtschaftswachstum

1 Für die bildungsgeschichtlichen Teile dieser Studie vgl. die in König, Stand, angegebene Literatur sowie den Reader von Lundgreen/Grelon. Überblicke zur Konstruktionstheorie bieten Wögerbauer, S. 21-43; Zweckbronner, Technische Wissenschaften; Jobst, S. 116-164.

auch übertrieben waren und sich in dieser Form nicht verwirklichten, so entwickelten diese technischen Lehranstalten bis zum Ersten Weltkrieg doch Organisationsformen der Wissenschaft, die in ihren Grundstrukturen den heutigen ähneln.

Bei der Gründung der technischen Lehranstalten in Deutschland spielten sowohl britische empirische wie französische theoretische Einflüsse eine Rolle. Am stärksten praxisbezogen und empirisch ausgerichtet war die von Peter Christian Wilhelm Beuth 1821 gegründete Berliner Gewerbeschule, später in Gewerbeinstitut umbenannt, wo Übungen in der mechanischen Werkstatt oder der Ziselierwerkstatt einen wichtigen Teil des Unterrichts ausmachten. Die Absolventen des Gewerbeinstituts entsprachen denn auch am ehesten den bei den Schulgründungen vorgetragenen programmatischen Ansprüchen. Viele von ihnen gingen in die jungen Hüttenwerke und Maschinenbaubetriebe und ersetzten dort britische Fachkräfte.

Das theorieorientierte französische technische Ausbildungssystem, das am besten durch die 1794 gegründete École Polytechnique verkörpert wurde, beeinflußte unter den deutschen Schulen am stärksten die 1825 gegründete Polytechnische Schule in Karlsruhe. Wie in Paris strebte man in Karlsruhe vor allem eine gründliche Ausbildung in den naturwissenschaftlichen Grundlagenfächern sowie in Mechanik und Mathematik an. Die in der damaligen Zeit bestehende Kluft zwischen diesen Disziplinen und der industriellen Praxis zeigte sich denn aber auch in Karlsruhe darin, daß die Ausbildung sich weitgehend an den Bedürfnissen des technischen Staatsdienstes ausrichtete und nur wenige Absolventen als Techniker in den gewerblichen Bereich eintraten.

1.1. Ferdinand Redtenbacher: Zwischen Theorie und Praxis

Das relativ hohe theoretische Niveau des Karlsruher Polytechnikums bildete eine gute Grundlage für die Entstehung und den Ausbau einer Maschinenbaulehre als eigenständiger wissenschaftlicher Disziplin. Wiewohl hier auch zahlreiche ältere Ansätze zu nennen wären, ist doch besonders die Bedeutung von Ferdinand Jakob Redtenbacher (1809-1863) für die Genese dieser Disziplin betont worden.[2] Redtenbacher stellte Verbindungen her zwischen der britischen Empirie und der französischen theoretischen Schule und entwickelte daraus einen eigenständigen deutschen Ansatz; seine Arbeiten waren einerseits wegweisend und andererseits wegen ihres Methodenpluralismus interpretationsfähig, so daß sich sowohl die spätere mehr theoretisch orientierte Schule wie die »Praktiker« auf ihn berufen konnten. Im Unterschied zu älteren Technikwissenschaftlern stellte er nicht ältere Gebiete der Technik wie Bauwesen oder Bergbau, sondern den Maschinenbau in das Zentrum seiner Lehre. Er behandelte erstmals genuin konstruktive Probleme in ganzheitlicher Weise, nämlich die Frage, wie man ausgehend von Funktionsanforderungen zur technischen Gestalt gelangen könne.

Redtenbacher, der Sohn eines Eisenhändlers, absolvierte zunächst eine kaufmännische Lehre. Als er anschließend ein neunmonatiges Praktikum bei einer Bauverwaltung ableistete, reifte in ihm der Entschluß, ein technisches Studium zu beginnen. Er studierte am Wiener Polytechnikum, wo er aufgrund seiner guten Leistungen Assistent für Mechanik und Maschinenlehre wurde, hörte aber auch Vorlesungen an der Universität. 1834 ging er als Lehrer für Mathematik und geometrisches Zeichnen, später der angewandten Mathematik an die Obere Industrieschule in Zürich, die man von Zielsetzung und Niveau her mit den deutschen mittleren Gewerbeschulen dieser Zeit vergleichen kann. Bei der bekannten Maschinenfabrik Escher & Wyss und anderen Unternehmen gewann er Einblicke in die industrielle Praxis. 1841 wurde er Professor für Mechanik und Maschinenlehre an der Polytechnischen Schule in Karlsruhe, wo er nicht nur als Lehrer, sondern auch für die organisatorische und wissenschaft-

2 Eine gute neuere Biographie liegt leider nicht vor. Zu Leben und Werk von Redtenbacher: Rudolf Redtenbacher; Grashof, Redtenbacher's Wirken; Kretzschmann; Weech; Keller, Redtenbacher; Keller, Zum Gedächtnisse; Exner, S. 47-56; Lorenz, Entwicklung, S. 6; Ebeling; Hertwig, S. 6 ff.; Lindner; Körting, Redtenbacher; Klemm, Rolle, S. 80 f.; Walther Peter Fuchs; Mayr, Redtenbacher; Braun, Methodenprobleme, S. 3; Mauersberger, Herausbildung, S. 21-23; Mauersberger, Technische Mechanik, S. 248-255; Zweckbronner, Prinzip, passim; Mauel, Technikgeschichte, S. 299; Banse/Wollgast, S. 167-171; Thümmel, S. 18 ff.; Purkert/Hensel, S. 35-38; Schneider, S. 174 f.; Zweckbronner, Ingenieurausbildung, S. 100-103 u. passim.

liche Weiterentwicklung der Schule zum Polytechnikum eine maßgebende Rolle spielte. Bei seiner Berufung legte er Wert darauf, daß ihm die Leitung der mechanischen Werkstatt wie die Aufsicht über die Modellsammlung übertragen wurde,[3] was andeutet, welch hohe Bedeutung er der praktischen Anschauung im Maschinenstudium beimaß. Er entwarf sowohl Maschinenmodelle für den theoretischen wie Werkzeugmaschinen für den praktischen Unterricht. Redtenbacher las allgemeine Maschinentheorie wie spezielle Maschinenlehre, also den gesamten Maschinenbau in praktischer und theoretischer Hinsicht. Seine Vorlesungen begleitete er, unterstützt von drei Absolventen, durch Konstruktionsübungen. Sein Ehrgeiz ging dahin, Konstrukteure wie auch Leiter von Maschinenbauunternehmen auszubilden.

Aus Redtenbachers Werk, das ausschließlich Bücher, keine Aufsätze umfaßt, sind in unserem Zusammenhang drei verschiedene Arten von Publikationen von Interesse. Erstens veröffentlichte er Werke über einzelne Maschinentypen: über Turbinen,[4] Wasserräder,[5] die Heißluftmaschine[6] sowie über Lokomotiven,[7] zweitens ein weit verbreitetes Hilfsbuch für den Maschinenbau und schließlich drittens den Prototyp einer Konstruktionslehre.

Redtenbacher legte die Meßlatte für seine eigenen Arbeiten außerordentlich hoch. In seinem Werk über die Wasserräder forderte er, daß man durch theoretische Überlegungen zu besseren Konstruktionen gelangen müsse, als sie die Praxis hervorgebracht habe.[8] In seiner Arbeit über den Lokomotivbau las sich dies schon etwas bescheidener.[9] Man könne aufgrund theoretischer und rechnerischer Überlegungen keine Konstruktionen er-

3 Walther Peter Fuchs, S. 212; (Redtenbacher:) Die polytechnische Schule, S. 149 u. 158 ff. Die Verfasserschaft für diesen Artikel nach Rudolf Redtenbacher, S. 67 f., u. Walther Peter Fuchs, S. 213; auch die dort zum Maschinenbau geäußerten Auffassungen weisen eindeutig auf Ferdinand Redtenbacher als Verfasser hin.

4 Redtenbacher, Theorie und Bau der Turbinen, vgl. auch Braun, Technische Neuerungen, S. 292 f.

5 Redtenbacher, Theorie und Bau der Wasser-Räder.

6 Redtenbacher, Calorische Maschine; vgl. auch Purkert/Hensel, S. 38.

7 Redtenbacher, Gesetze.

8 Redtenbacher, Theorie und Bau der Wasser-Räder, S. VIII.

9 Redtenbacher, Gesetze, bes. S. III-X, Zitate S. III u. VI; vgl. außerdem Walther Peter Fuchs, S. 214.

halten, die über die besten der vorhandenen Lokomotiven hinausgingen. »Die Praxis mit ihrem gesunden Triebe und Gefühle« habe nämlich zu einem der Vollendung nahekommenden Stand des Lokomotivbaus geführt. Allerdings könne die Wissenschaft mit ihren Untersuchungen aus der Mannigfaltigkeit von Bauformen »die Regeln und das Gesetz« herausarbeiten, mit deren Hilfe man die guten von den schlechten Bauformen werde scheiden können und die dann die Grundlage für die Weiterentwicklung abgeben könnten. In Redtenbachers Vergleich zwischen wissenschaftlich-theoretischem und praktisch-empirischem Vorgehen scheinen ihm vor allem ökonomische Überlegungen für das erstere zu sprechen.[10] Wenn die Wissenschaft auch keine besseren Konstruktionen hervorbringen könne, dann gelange sie doch schneller und damit billiger zu den gleichen Ergebnissen. Wegen der im Vergleich zu England begrenzten Ressourcen und des späteren Beginns der Industrialisierung eröffne die Wissenschaft für Deutschland den erfolgversprechendsten Weg. In technisch-wissenschaftlicher Intelligenz sah Redtenbacher also eine Art Substitut für Geld und Erfahrung.

In seinem Lokomotivbuch – so Redtenbacher – sei er zu seinen Ergebnissen gelangt, indem er sich methodisch »grösstentheils so benommen (habe), wie wenn praktische Erfahrungen über den Lokomotivbau gar noch nicht gemacht worden wären, (ich) habe mich ganz und gar den Grundsätzen der Mechanik überlassen, und wollte einmal sehen, was dabei herauskommen werde«. Wenngleich sich dieser theoretische Nachvollzug der technisch-industriellen Entwicklung für die Herausbildung der Maschinenlehre auch als nützlich erwies, so wurden die ohnehin schon reduzierten Hoffnungen Redtenbachers auf eine befruchtende Rückwirkung seiner Werke auf die Industrie eher enttäuscht. Seine »Gesetze des Lokomotiv-Baues« fanden bei den Lokomotivkonstrukteuren, die eher der empirischen Weiterentwicklung ihrer Konstruktionen vertrauten, kaum Beachtung.

Größere Verbreitung in der Industrie erfuhr das einen zweiten Typ in Redtenbachers Werk repräsentierende Buch »Resultate für den Maschinenbau«, das – aus seinen Vorlesungen hervorgegangen – zwischen 1848 und 1875, später herausgegeben durch

10 Vgl. hierzu auch (Redtenbacher:) Die polytechnische Schule, S. 125 u. 142.

Redtenbachers Nachfolger in Karlsruhe, Franz Grashof, sechs Auflagen erlebte.[11] Die »Resultate«, die auch ins Französische übersetzt wurden, waren als Hilfsbuch für den Konstruktionsunterricht der Studenten, aber auch für Konstrukteure in der Industrie gedacht. Sie enthielten Formeln, Tabellen und qualitative Aussagen, die den damaligen Stand des Wissens im Maschinenbau zum Nachschlagen und Nachlesen knapp und übersichtlich zusammenfaßten. Die einzelnen Kapitel bezogen sich einerseits auf Grundlagen- und Querschnittsfragen, wie Maschinengeometrie, Festigkeitslehre, Maschinenelemente, Reibung, Hydraulik, Wärmelehre, andererseits auf bestimmte Maschinentypen und Anwendungsbereiche, wie Wasserräder, Turbinen, Dampfmaschinen, Wasser- und Landtransport sowie Arbeitsmaschinen und Fabrikation. Ausführlicher als in den »Resultaten«, die – wie der Name schon sagt – nur Ergebnisse bringen, werden Redtenbachers Vorlesungen in seinem später erschienenen Werk »Der Maschinenbau« wiedergegeben.[12] Auch dieses ist nach seinem für den konstruktiven Unterricht aufgestellten Prinzip gegliedert, daß zuerst die Maschinenelemente und dann die nach einzelnen Gruppen geordneten Maschinen behandelt werden.

Im Vorwort der »Resultate für den Maschinenbau« wies Redtenbacher aus seiner Sicht auf die Grenzen des Unternehmens hin, den Maschinenbau mit Hilfe der Mechanik zu verwissenschaftlichen, und setzte sich damit von der französischen Schule ab. Die Vermittlung der »Prinzipien der Mechanik« erschien ihm zwar eine notwendige, aber bei weitem keine hinreichende Bedingung zu sein, um »Zeichner, Constructeurs, Ingenieurs und Fabrikanten zu bilden«:

»Mit den Prinzipien der Mechanik erfindet man keine Maschine, denn dazu gehört, nebst dem Erfindungstalent, eine genaue Kenntnis des mechanischen Prozesses, welchem die Maschine dienen soll. Mit den Prinzipien der Mechanik bringt man keinen Entwurf einer Maschine zu Stande, denn dazu gehört Zusammensetzungssinn, Anordnungssinn und Formensinn. Mit den Prinzipien der Mechanik kann man keine Maschine wirklich ausführen, denn dazu gehören praktische Kenntnisse der zu verarbeitenden Materialien und eine Gewandtheit in der Handhabung

11 Redtenbacher, Resultate. Die Zitate entstammen der in der 6. Auflage abgedruckten Vorrede zur 1. Auflage, S. V-X.

12 Redtenbacher, Maschinenbau, vgl. besonders das Vorwort.

der Werkzeuge und Behandlung der Hülfsmaschinen. Mit den Prinzipien der Mechanik betreibt man kein industrielles Geschäft, denn dazu gehört eine charakterkräftige Persönlichkeit und gehören commercielle Geschäftskenntnisse.«

Damit bestimmte Redtenbacher nicht nur in Abgrenzung zur Mechanik die Aufgabe der Maschinenbaulehre, sondern er benannte mit Erfindung, Entwurf, Ausführung und kommerzieller Umsetzung verschiedene Stadien der Technikgenese, wenn auch in eher internalistischer Betrachtung das Umfeld der Technikentwicklung ausklammernd, und ordnete diesen Stadien bestimmte Fähigkeiten und Fertigkeiten zu. Mit den Begriffen des »Erfindungtalents« sowie dem fürs Entwerfen erforderlichen »Zusammensetzungssinn, Anordnungssinn und Formensinn« wird bereits angedeutet, daß hier Fähigkeiten ins Spiel kommen, die nicht durch die Schule zu vermitteln sind. Allerdings ist er auch der Auffassung, daß die notwendige Begabung durch langjährige »Uebungen, Anschauungen und Erfahrungen« weiter ausgebildet werden kann und muß.[13]

Systematischer wird diesen Fragen in dem 1852, vier Jahre nach den »Resultaten«, erschienenen Werk Redtenbachers »Prinzipien der Mechanik und des Maschinenbaues« nachgegangen. In diesem als Einführung für seine Studenten gedachten Werk behandelt Redtenbacher im zweiten Teil, von einem seiner Schüler als »ABC des Maschinenconstructeurs« bezeichnet,[14] auch genauer den Konstruktionsprozeß.[15] Zunächst geht er davon aus, daß die gesamte Maschinenanlage in ihren Zwecksetzungen und ihrer Anordnung bekannt ist, und entwickelt dann verschiedene Kriterien, die bei der Konstruktion von Maschinenteilen zu beachten sind:[16]

- hinreichende Stärke, geringe Verformung;
- geringe Abnützung und geringer Reibungswiderstand. An anderer Stelle wirft er dabei den älteren Werken der Mechanik vor, daß diese sich auf komplizierte Berechnungen des Reibungswiderstands konzentrieren, statt darauf einzugehen,

13 Redtenbacher, Prinzipien, S. 290.
14 Kretzschmann, Sp. 255.
15 Redtenbacher, Prinzipien, S. 286-288.
16 Darauf hat bereits Hubka, Konstruktionslehre, S. 2, aufmerksam gemacht.

wie die Reibung vermindert werden könne, was schließlich für den Maschinenbau viel wichtiger sei;[17]
- geringer Materialaufwand;
- leichte Herstellbarkeit, da die Arbeitskosten höher seien als die Materialkosten;
- leichte Zusammensetzung und Aufstellung der Maschine(n);
- wenige Modelle. Es müsse so konstruiert werden, daß die in der Fabrik bereits vorhandenen Modelle für die Anfertigung gußeiserner Stücke benutzt werden könnten.

Redtenbacher ist sich dabei durchaus im klaren, daß einige dieser Forderungen in Konkurrenz zueinander stehen, daß es also gilt, verschiedene, dem gleichen Zweck dienende Konstruktionen miteinander zu vergleichen, um diejenige herauszufinden, »für welche die Summe der Nachtheile ein Minimum und die Summe der Vortheile ein Maximum ist«.[18] Wenn er diese Aufgabe »jedoch in den meisten Fällen (für) nicht schwierig« hält und sich mit dieser Frage nicht weiter beschäftigt, unterschätzt er offensichtlich das Optimierungsproblem.

Auch dem kinematischen Zusammenhang der einzelnen Maschinenteile geht er nicht weiter nach. Eher pauschal bleibt seine Forderung nach einem »methodisch geordnete(n) Verfahren, indem man zuerst alle zusammengesetzten Bewegungen in einfache Bewegungen auflöst, sodann für jede einzelne derselben einen geeigneten Mechanismus ausdenkt, und endlich die verschiedenen Mechanismen in gehörigen Zusammenhang bringt«.[19]

Dagegen beschäftigt er sich eingehend mit der Frage der Dimensionierung der Maschinenteile[20] und gewährt dabei einen indirekten Einblick in die methodischen Prinzipien seiner Maschinenbaulehre. Zunächst vermittelt er einige Grundregeln, die zum Wissensschatz jedes Konstrukteurs gehören sollten: Wenn die gleichen Kraftwirkungen übertragen werden, dann müssen schnell laufende Maschinen oder Maschinenteile geringere Querschnitte aufweisen als langsam laufende. Durch die Beachtung dieser Regel könne man Material einsparen. Bei der Frage, mit welchen Sicherheitsreserven Maschinenteile dimensioniert wer-

17 Redtenbacher, Prinzipien, S. 174.
18 Redtenbacher, Prinzipien, S. 288.
19 Redtenbacher, Prinzipien, S. 280.
20 Redtenbacher, Prinzipien, S. 288-291.

den sollen, wird seine Hochschätzung der in der industriellen Praxis kumulierten Erfahrung deutlich. Er verwirft nämlich unter Verweis auf die bei anerkannt guten Konstruktionen üblichen Sicherheiten die Vorschläge verschiedener Theoretiker, die geringere Werte empfohlen hatten. Man solle der Zukunft die Entscheidung überlassen, »ob eine leichtere Bauart die nöthige Sicherheit zu gewähren im Stande ist«. Die empirische Erfahrung ist ihm also Maßstab und Vorbild der Theorie.

Damit ist aber noch keine Aussage darüber gemacht, wie die Teile unabhängig von den hinzuzufügenden Sicherheitsfaktoren dimensioniert werden sollen. Der Satz, den Redtenbacher diesen Überlegungen vorausschickt, mutet zunächst außerordentlich unbestimmt an: »Die Formen und Dimensionen der Theile können entweder durch das Gefühl oder durch Rechnung, oder endlich theils durch das eine, theils durch die andere bestimmt werden.«

Abgesehen davon, daß durch diesen Satz ein Bekenntnis zum Methodenpluralismus abgelegt wird, dient er lediglich dazu, eine systematische Erörterung der Probleme und damit Redtenbachers Lösungsvorschlag vorzubereiten. Form- und Dimensionsbestimmung nach dem Gefühl, so Redtenbacher, erfordere langjährige Schulung und Erfahrung und müsse dann doch in vielen Fällen versagen. Aber auch die »ausschliesslich rechnende Methode (sei) ... ganz zu verwerfen«, da sie viel zu zeitaufwendig und wegen der riesigen Zahl der zu berücksichtigenden Größen kaum durchzuführen sei. Redtenbachers Vorschlag liegt nun darin, »Rechnung und Gefühl zu verbinden«. Die Umsetzung dieser von ihm seit langem erkannten abstrakten Maxime sei ihm aber erst gelungen, als er »erkannte, dass das Mittel nicht in einer analytischen oder sonst in einer künstlichen Theorie, sondern dass es in dem Verfahren liegen müsse, das man gleichsam bewusstlos oder instinktiv befolgt, wenn man sich bei einer Construktion rein durch das Gefühl leiten lässt«. Das Verfahren, durch das Redtenbacher zu seiner Konstruktionsmethode gelangt, entsteht also als rationale Rekonstruktion der intuitiven Konstruktionspraxis.

Diese Methode, von Redtenbacher als Methode der Verhältniszahlen[21] bezeichnet, beruht auf dem Grundsatz, nicht die absolu-

21 Redtenbacher, Resultate, S. VII f.; Prinzipien, S. 291-294 (Zitat S. 291).

ten Werte der Dimensionen der Maschinenteile, sondern nur die Verhältnisse zwischen den Teilen zu bestimmen. Redtenbacher hoffte, mit dieser Methode »jeden Anfänger im Maschinenbau in Zeit von 2 bis 3 Monaten dahin (zu bringen) ..., jeden Maschinentheil nach gegebenen Bedingungen vollkommen richtig zu construiren«. Bei der Konstruktionsmethode der Verhältniszahlen werden zunächst die Dimensionen hoch belasteter Teile, meist der Wellen und Zapfen, per Rechnung, nach dem Gefühl oder der Erfahrung bestimmt. Danach können nach den von Redtenbacher angegebenen Verhältniszahlen die Dimensionen der sonstigen Maschinenteile errechnet werden. Die Vorteile der Verhältniszahlen sieht Redtenbacher darin, daß sie in jedem Maßsystem verwendet werden können und daß sie mit der Zeit so in das Gefühl des Konstrukteurs übergehen, daß sie nicht mehr eigens nachgeschlagen werden müssen. Auch auf einige Grenzen seiner Methode geht er ein. So gibt er zum Beispiel Faktoren für die Vergrößerung der Ausgangswerte der Wellen und Zapfen an für den Fall, daß besondere Massenwirkungen auftreten. Auch der am Berliner Gewerbeinstitut lehrende Maschinenbauer Friedrich Karl Hermann Wiebe hob ausdrücklich hervor, daß die Anwendbarkeit von Verhältniszahlen von den jeweils herrschenden mannigfaltigen Bedingungen abhängig sei.[22]

Wenn ähnliche Verhältniszahlen auch bereits vor Redtenbacher im britischen Maschinenbau und durch französische Mechaniker verwendet wurden[23] – Redtenbacher selbst verweist auf Anwendungen des Prinzips in der Architektur[24] –, so gebührt ihm doch unstreitig das Verdienst, die Methode der Verhältniszahlen auf breiter Front in die Maschinenbaulehre an den Polytechnischen Schulen und in den praktischen Maschinenbau eingeführt zu haben. Bis in die achtziger Jahre des 19. Jahrhunderts bildete diese Methode einen Bestandteil aller Hand- und Hilfsbücher. Und wenn sie danach auch zunehmend in die Schußlinie der Kritik geriet, wurde sie in manchen Teilbereichen doch bis weit ins 20. Jahrhundert hinein verwendet.

22 Wiebe, Lehre, S. XI. Zu Wiebes Arbeiten s. Kammerer, Maschinentechnik. So zum Beispiel Wiebe, Lehre, S. VI; vgl. auch Weihe, Reuleaux (1925), S. 9.

23 So z. B. Wiebe, Lehre, S. VI; vgl. auch Weihe, Reuleaux (1925), S. 9.

24 Redtenbacher, Resultate, S. VII.

Auch mit einem anderen Kapitel seiner »Prinzipien der Mechanik und des Maschinenbaues« wurde Redtenbacher wegweisend, ja war sogar eher seiner Zeit voraus: mit seinen Darlegungen über Maschinenzeichnungen.[25] Alois Riedler, Maschinenbauprofessor in Berlin, schrieb noch 1895, daß seit Redtenbacher zu diesem Thema nichts Wichtiges mehr erschienen sei.[26] Redtenbacher sah in der Maschinenzeichnung ein Mittel, mit dem der Mechaniker »seine Gedanken und Vorstellungen mit einer Klarheit, Schärfe und Uebersichtlichkeit darzustellen vermag, die nichts zu wünschen übrig lässt«, und dies »mit einem Material, das wenig kostet und sich leichter behandeln lässt, als Eisen und Stahl«.[27] Die Zeichnungen sollten so exakt sein, »dass es sich bei der Ausführung nur darum handelt, das, was die Zeichnung darstellt, mit dem Construktionsmaterial identisch nachzubilden«. Auf diese Art und Weise könnten die einzelnen Maschinenteile unabhängig voneinander durch zahlreiche Arbeiter angefertigt werden.

Könnte man nach diesen Äußerungen in Redtenbacher einen Protagonisten des modernen Austauschbaus vermuten, so wird man skeptischer, wenn man wenig später liest, daß die Arbeitszeichnungen für die Werkstatt zunächst in natürlicher Größe mit Kreide auf eine schwarze Tafel zu zeichnen seien, um sie dann auf Papier oder auf Bretter zu übertragen. Da auch nirgends von einer Bemaßung die Rede ist, geht man wohl nicht fehl in der Annahme, daß die Eingangsbemerkungen Redtenbachers doch sehr zu relativieren sind und daß die Zeichnungen nur dazu dienten, die Form der Maschinenteile innerhalb größerer Toleranzen festzulegen, während die genaue Paßform bei der Zusammensetzung der Maschine durch mehr oder minder umfangreiches Nacharbeiten hergestellt wurde. Diese Fertigungsweise entsprach auch dem damaligen Stand der fortschrittlichsten Maschinenfabriken in den USA.[28]

Zweifellos ist es jedoch Redtenbachers Verdienst, das Zeichnungswesen einer systematischen Betrachtung unterzogen zu haben. Nach Hinweis auf die Nützlichkeit von Maschinenzeich-

25 Redtenbacher, Prinzipien, S. 294-299; vgl. hierfür z. B. auch Wißner, S. 94-96.
26 Riedler, Maschinen-Zeichnen, S. 4.
27 Redtenbacher, Prinzipien, S. 294 f.
28 S. Hounshell, passim.

nungen für die Kostenkalkulation unterscheidet er dreierlei Arten von Zeichnungen: 1. Entwürfe, Anordnungs- und Dispositionspläne, 2. Baupläne, Zusammenstellungen und Montierungspläne und 3. Detail- und Arbeitszeichnungen, wobei bei der Zeichnungserstellung die Reihenfolge von 1 bis 3 einzuhalten sei. Bei den Dispositionszeichnungen geht es ihm um die Fabrikanlage und Anordnung der einzelnen Maschinen, wobei er für die wichtigen Teile Symbole und Farbkennzeichnungen vorschlägt. Zunächst seien die Maschinen so aufzustellen, daß sie »der Reihe nach einander zuarbeiten, so dass sie alle zusammen gleichsam eine einzige selbst wirkende Maschine bilden«.[29] Schließlich nennt er mit instruktiven Beispielen eine Reihe von spezielleren Gesichtspunkten, die bei der Maschinenaufstellung zu beachten seien. Die Nähe zur zentralen Kraftmaschine müsse nach dem Energiebedarf der einzelnen Arbeitsmaschinen bestimmt werden; die Zahl der Übersetzungen solle reduziert werden; Lichteinfall, Feuersicherheit, Reinlichkeit und die Überwachung der Arbeiter müßten berücksichtigt werden. Er geht kurz auf die »Baupläne«, das heißt die Darstellungen der ganzen Maschine, und auf die Arbeitszeichnungen der einzelnen Maschinenteile ein und schließt dann einige Bemerkungen über den Unterricht im Maschinenzeichnen an den technischen Lehranstalten an. Dabei kommt es ihm vor allem auf den Grundsatz an, daß die Zeichnungen nur das enthalten sollen, »als zur Ausführung nach denselben notwendig ist«. »Schön schattirte und iluminirte oder gar perspektivische Bildchen« hätten zum schlechten Ruf der Schulzeichnungen geführt und seien abzulehnen.[30]

Bereits bei den Äußerungen von Redtenbacher über »Gefühl« und »Rechnung« beim Konstruieren ist deutlich geworden, daß ihm jeglicher methodische Dogmatismus fremd war, ja daß er einen ausgeprägten Methodenpluralismus und Methodeneklektizismus vertrat. Es kam ihm darauf an, zu einer gegebenen Zeit und für ein bestimmtes Problem die besten Lösungsmöglichkeiten zu finden.[31] Dies kann an einigen Beispielen verdeutlicht werden. Für Wirkungsgradbestimmungen verweist er auf die Möglichkeit von Schätzungen, Messungen und Rechnungen,

29 Redtenbacher, Prinzipien, S. 296.

30 Redtenbacher, Prinzipien, S. 298.

31 Im Gegensatz zu dieser Darstellung betont Rapp, S. 207, die wissenschaftlich-theoretische Seite in Redtenbachers Werk.

wobei er betont, daß zwischen diesen Verfahren Zusammenhänge bestehen.[32] Wenn er Formeln aufstellt, so gibt er auch meist deren Anwendungsbereiche an, wie zum Beispiel die maximalen Drehzahlen von Maschinen, bei denen Massenkräfte und die Reibung vernachlässigt werden dürfen. Man findet bei ihm Hinweise, daß viele technische Probleme mit den vorhandenen theoretischen Mitteln nicht gelöst werden können, so auf dem gesamten Gebiet der Hydraulik, wo seines Erachtens »allein Versuche im grossen Maasstab« helfen können.[33] Andererseits stellt er aber auch Berechnungen an, wo andere auf Erfahrungskoeffizienten zurückgreifen.[34] Berechnungen, Formeln, Versuche, Messungen, Schätzungen, Gefühl und Erfahrung: Redtenbacher wendet alles gleichermaßen an, so daß die pathetische, bereits 1865 verfaßte Charakteristik eines seiner Schüler berechtigt erscheint: »Nie ruft er einen schreienden Gegensatz zwischen ›Theorie‹ und ›Praxis‹ hervor; Arm in Arm wandern beide durch die mechanische Welt.«[35]

Auf diese Weise konnte Redtenbacher später, als im Maschinenbau ein Methodenstreit zwischen Theoretikern und Praktikern entbrannte, von beiden Seiten in Anspruch genommen werden. Die Theoretiker konnten sich dabei besonders auf das Kapitel »Analytische Theorie der Maschinen« in Redtenbachers »Prinzipien der Mechanik und des Maschinenbaues«[36] berufen. Redtenbacher ging es in diesem Kapitel um ein allgemeines Konzept für die Berechnung von Maschinen. Dabei unterschied er zwischen Hauptgrößen, wie Wirkungsgrad, Gewicht, Kosten, Leistung, das heißt ökonomisch besonders interessanten Größen; Nebengrößen stellten die riesige Zahl weiterer technischer Größen dar. Redtenbacher versuchte nun, mathematische Gleichungen zu entwickeln, um auf diesem Wege zu einer optimalen Maschine zu kommen, ein Konzept, das wegen der Vielzahl der zu berücksichtigenden Größen und Beziehungen sowie den Konkurrenzbeziehungen zwischen den Hauptgrößen mit den Mitteln der damaligen Zeit – und nicht nur der damaligen – nur bedingt zu realisieren war, worauf er auch selbst hinwies.

32 Redtenbacher, Prinzipien, S. 238; vgl. auch S. 245 u. 269.
33 Redtenbacher, Resultate, S. VIII.
34 Redtenbacher, Resultate, S. IX.
35 Kretzschmann, Sp. 259.
36 Kretzschmann, S. 258 ff.; s. hierzu auch Purkert/Hensel, S. 37 f.

Redtenbachers Einfluß auf den Maschinenbau war außerordentlich groß. Neben Reuleaux' »Construkteur«, der zumindest in den ersten Auflagen stark von Redtenbacher beeinflußt war, stellten seine »Resultate« bis in die neunziger Jahre des 19. Jahrhunderts das meistbenutzte anspruchsvollere technische Hilfsbuch für den Maschinenbau dar. Viele andere Maschinenbaulehrer griffen auf seine Darstellungen und Ergebnisse zurück.[37] An einigen Polytechnischen Schulen wurde der Maschinenbau auf der Grundlage von Redtenbachers Werken gelesen.[38] Eine Reihe seiner Schüler besetzte Maschinenbau-Lehrstühle.

1.2. Die Maschinentheoretiker

1.2.1. Franz Grashof: Ein analytisch-mathematischer Zugriff auf Maschinen

Nach dem Tod Ferdinand Redtenbachers wurden dessen »Resultate« in der 5. Auflage (1869) und in der 6. (1875) von dessen Nachfolger auf dem Karlsruher Lehrstuhl, Franz Grashof, herausgegeben. Grashof änderte an dem gut eingeführten Werk nur wenig, brachte einige knappe Ergänzungen im Geiste Redtenbachers an, mit der einen Ausnahme, daß er die mechanische Wärmetheorie in das Buch einführte, die Gustav Zeuner in den sechziger Jahren des 19. Jahrhunderts für die Technik aufbereitet hatte.[39] Grashof übernahm in Karlsruhe nur einen Teil von Redtenbachers Lehraufgaben, nämlich die theoretische Maschinenlehre, während die konstruktiven Teile von einem ehemaligen Schüler Redtenbachers vertreten wurden.[40] Damit deutete sich in Karlsruhe schon die in den folgenden Jahrzehnten zunehmende Dichotomie zwischen praktisch-konstruktivem Maschinenbau und theoretischer Maschinenlehre an. Wenn Grashof in unserem Zusammenhang trotzdem knapp behandelt wird, dann um das den Maschinenbau bis etwa 1890 dominierende und durch Gras-

37 So z. B. Müller, Constructionslehre.

38 Für z. B. Braunschweig s. Albrecht, S. 167, für Stuttgart Zweckbronner, Ingenieurausbildung, S. 105 ff. u. 152-154.

39 S. u. S. 32 f.

40 Keller, Zum Gedächtnisse, S. 365; Thümmel, S. 23. Die Trennung zwischen theoretischer Maschinenlehre und konstruktivem Maschi-

hof besonders dezidiert vertretene theoretische Paradigma zu charakterisieren.

Franz Grashof (1826-1893),[41] Sohn eines Altphilologen, arbeitete in früher Jugend kurze Zeit bei einem Schlosser, hatte dann aber zeit seines Lebens nur wenige unmittelbare Arbeitskontakte mit der industriellen Praxis. Nach dem Besuch der Gewerbeschule in Hagen und der Realschule in Düsseldorf studierte Grashof Mathematik, Physik und Maschinenbau am Berliner Gewerbeinstitut, wo er 1854 Lehrer für Mathematik und Mechanik wurde. Nach dem Tod Redtenbachers berief man ihn 1863 nach Karlsruhe.

Grashofs Hauptarbeitsgebiete waren die Festigkeitslehre, die Hydraulik und die Thermodynamik. Er veröffentlichte zahlreiche Aufsätze in der Zeitschrift des Vereines Deutscher Ingenieure, die er über viele Jahre leitete, und eine Reihe von selbständig erschienenen Werken. Die Summe seines Lebenswerks stellte die zwischen 1875 und 1890 erschienene »Theoretische Maschinenlehre« dar. Das Werk war an sich auf vier Bände konzipiert, aber der vierte Band über Arbeitsmaschinen erschien nicht mehr, abgesehen vom fortgeschrittenen Alter Grashofs auch deswegen nicht, wie er selbst schrieb,[42] weil die Arbeitsmaschinen »eine erhöhte Berücksichtigung der constructiven Ausführung erfordert hätten«, womit der bisherige Charakter der »Theoretischen Maschinenlehre« verändert worden wäre. Band 1 behandelte die mechanische Wärmetheorie und die Hydraulik als Hilfswissenschaften der Maschinenlehre, Band 2 die Getriebelehre und die mechanischen Meßinstrumente und Band 3 die Kraftmaschinen. Auf Jahrzehnte hinaus blieb das Werk die grundlegende theoretische Gesamtdarstellung des Maschinenwesens – eine Charakterisierung als Lehrbuch lehnte Grashof selbst ab –, die in dieser Form keinen Nachfolger fand, da sich die Maschinenlehre nach der Jahrhundertwende in eine Vielzahl von Spezialgebieten aufteilte.

nenbau fand auch an anderen Hochschulen statt, so in München mit der Berufung Carl Lindes. Dienel, Münchner Weg, S. 89 f.

41 Über Leben und Werk von Franz Grashof s. Wentzcke; Lorenz, Leistungen; Nesselmann; Klemm, Rolle, S. 85; Braun, Methodenprobleme, S. 7 f.; Hartenburg; Mauel, Technikgeschichte, S. 300; Thümmel, S. 18-23; Gispen, S. 70 ff.

42 Grashof, Theoretische Maschinenlehre, Bd. 3, S. V f.

Im Vorwort seines Werkes bemühte sich Grashof um eine Gliederung der Maschinenwissenschaften und unterschied unter anderem zwischen der »Maschinenbaukunde« und der »theoretischen Maschinenlehre«.[43] Unter »Maschinenbaukunde« verstand er den konstruktiven Teil der Maschinenwissenschaften, der sich mit dem räumlichen Zusammenhang der Maschinenteile sowie ihrer Formgebung und Dimensionierung zu beschäftigen habe. Dagegen behandle die »theoretische Maschinenlehre« in prinzipieller Weise die Frage, wie der Zweck der Maschinen am besten erreicht werden könne, und müsse Einzelheiten der praktischen Ausführung vernachlässigen. Sie beruhe in erster Linie auf den Gesetzen der Mechanik und ziehe empirische Tatsachen nur ausnahmsweise zur Ergänzung heran.

Grashof war das Muster eines Theoretikers. Sein Werk war durchwegs deduktiv angelegt. In der Technik auftretende Probleme wurden durch die Einführung von speziellen Annahmen aus allgemeinen Ansätzen abgeleitet. Sein methodisches Werkzeug war die analytische Rechnung, wobei er einen für die damalige Zeit relativ großen mathematischen Aufwand betrieb. In nur wenig verklausulierter Kritik wies er auf Redtenbachers Defizite in diesem Bereich hin.[44] Grashof war sich der Grenzen seines analytischen Vorgehens bewußt, diese stellten für ihn allerdings eher historisch kontingente als absolute Grenzen dar. Das wird zum Beispiel deutlich, wenn er in einem Aufsatz über »Die Pressung des Erdbodens unter dem Ambos eines arbeitenden Dampfhammers« erklärt, daß deren theoretische Berechnung »zur Zeit kaum möglich ist«.[45] Experimentelle Arbeiten wurden von ihm selbst nicht durchgeführt, allerdings rezipierte er die von anderen ermittelten Ergebnisse und integrierte sie in sein Werk. Graphische Rechnungsverfahren wendete er kaum an, wenn er sie auch nicht grundsätzlich ablehnte und zugab, daß man mit ihrer Hilfe bei manchen Aufgaben wesentlich schneller zu Ergebnissen gelangen könne. Wie in seinen literarischen Arbeiten setzte er auch in seinen Lehrveranstaltungen ganz auf die analytische, mathematische Behandlung des Maschinenbaus.[46] Grashof arbeitete

43 Grashof, Theoretische Maschinenlehre, Bd. 1, S. VIII-X.
44 Grashof, Redtenbacher's Wirken, S. 16-18.
45 Grashof, Pressung, Zitat Sp. 46. Vgl. hierzu Lorenz, Leistungen, S. 6.
46 Wentzcke, S. 65-68; Föppl, S. 84 f.

nicht mit Zeichnungen, und praktische Arbeit der Studenten in den Hochschulwerkstätten lehnte er ab. Nach dem Zeugnis ehemaliger Hörer profitierten nur wenige Studenten von seinen Veranstaltungen.

Als Hauptvertreter der analytischen Maschinentheorie setzte er zwar Ansätze Redtenbachers fort, arbeitete aber den von Redtenbacher betonten Zusammenhang zwischen technischen und wirtschaftlichen Parametern nicht weiter aus, sondern beschränkte sich auf die Erklärung und Berechnung der in der Maschine ablaufenden prinzipiellen Vorgänge. Damit wurde die theoretische Durchdringung der Maschinen weiter vorangetrieben, allerdings ohne daß davon wesentliche Impulse für deren praktische Weiterentwicklung ausgingen. Die damit verbundene Entfernung der Maschinenwissenschaft von den Problemen der industriellen Praxis wird dadurch illustriert – und darin liegt der unmittelbare Zusammenhang mit unserem Thema der Konstruktionsgeschichte –, daß das Konstruieren, das gewissermaßen das Bindeglied zwischen Theorie und Praxis des Maschinenbaus darstellt, in den Arbeiten Grashofs nicht explizit auftaucht.

Grashof war Gründungsmitglied und langjähriger Direktor des 1856 gegründeten Vereins Deutscher Ingenieure (VDI), wobei er mit diesem Amt zeitweise die Funktionen eines hauptamtlichen Geschäftsführers wie eines ehrenamtlichen Vorsitzenden ausübte. So gewann Grashof seit den 1860er Jahren maßgeblichen Einfluß auf die Hochschulpolitik und die Entwicklung der Polytechnischen Schulen und Technischen Hochschulen.[47] Seit dieser Zeit wurde die Entwicklung des technischen Bildungswesens in Deutschland immer weniger durch die Bildungspolitik des Staates und immer mehr durch von gesellschaftlichen Interessengruppen entwickelte Konzeptionen bestimmt. Den größten Einfluß gewann dabei der VDI und innerhalb des VDI die von Grashof angeführte Gruppe der Ingenieurprofessoren. Die von Grashof und seinen Professorenkollegen vertretene Hochschulpolitik, auf deren Zusammenhang mit der Entwicklung des Maschinenbaus noch einzugehen sein wird, intendierte und erreichte eine Verwissenschaftlichung der Technischen Hochschulen durch Anlehnung an das Vorbild der Universitäten.[48]

47 Hierzu Ludwig/König, passim, und die dort angegebene Literatur.
48 S. u. S. 52-55.

Was die technische Ausbildung anbelangt, so ging Grashof von einer Arbeitsteilung zwischen Hochschule und industrieller Praxis aus.[49] An der Hochschule solle in erster Linie »wissenschaftliche Bildung« vermittelt werden, »praktische Uebung und Geschicklichkeit« könnten später im Beruf erworben werden. Nur so sei eine zeitliche Beständigkeit des vermittelten Wissens zu gewährleisten. Das Studium an der Hochschule solle

»nicht im Schlepptau des praktischen Bedürfnisses, sondern umgekehrt demselben möglichst voraus sein; die von ihr gewährte wissenschaftliche Ausbildung soll nicht nur den Anforderungen der Technik in ihrer augenblicklichen Entwicklungsphase, sondern möglichst bis zu dem Augenblicke noch genügen, in welchem die von ihr gebildeten Techniker nach einem Menschenalter von der Bühne ihrer Thätigkeit abtreten«.

1.2.2. Gustav Zeuner: Die technische Thermodynamik als Vermittlung zwischen Physik und Technik

Die in der zweiten Hälfte des 19. Jahrhunderts möglichen Beziehungen zwischen maschinentheoretischen Arbeiten und industrieller technischer Praxis lassen sich beispielhaft an einigen Aspekten des Werks von Gustav Zeuner (1829-1907)[50] verdeutlichen. Vor seinem Studium erwarb Zeuner Erfahrungen in Handwerk und Industrie, so absolvierte er unter anderem eine Tischlerlehre. An der Bergakademie Freiberg widmete er sich insbesondere der Mechanik, der Maschinenlehre und der Hydraulik. Nach einer Zeit als Lehrer an der Chemnitzer Gewerbeschule wurde er 1855 Professor in Zürich, 1871 in Freiberg und zusätzlich 1873 in Dresden. Dort vertrat er vor allem die theoretische Maschinenlehre. Ähnlich wie Grashof für ganz Deutschland übte Zeuner in Sachsen einen bestimmenden Einfluß auf die Entwicklung des höheren technischen Bildungswesens aus.

Mit seinen 1860 erstmals erschienenen »Grundzügen der mechanischen Wärmetheorie«, dem ersten deutschsprachigen Lehrbuch der technischen Thermodynamik, gilt Zeuner als Begrün-

49 Grashof, Festigkeitslehre, S. IX.

50 Über Leben und Werk Gustav Zeuners: Gustav Zeuner; Merkel; Klemm, Rolle, S. 85; Braun, Methodenprobleme, S. 8; Pawlowitsch; Lohmann; Grabow; Banse/Wollgast, S. 178-184; Marmai/Bock; Dienel, Ingenieure, S. 345-349.

der dieser Disziplin. Bis 1905 erschien das Werk in fünf Auflagen, seit der 3. Auflage unter dem Titel »Technische Thermodynamik«. In seiner Arbeit ging es Zeuner um die Übertragung der Fragestellungen und Ergebnisse der thermodynamischen Arbeiten von Sadi Carnot, Rudolf Clausius, Robert Mayer, James Prescott Joule und anderen auf die Technik. Um diese auf die Wärmekraftmaschinen anwenden zu können, mußte Zeuner allerdings auf stark vereinfachte Modelle zurückgreifen. So ging er von einem verlustlosen Prozeß aus, klammerte also zum Beispiel bei Kolbenmaschinen die Wärmeverluste durch die Zylinderwände aus seinen Rechnungen aus, wenn er diese Frage auch in vorsichtiger Weise qualitativ diskutierte. Grundsätzlich war er der Meinung, daß diesem Problem nur auf experimentellem und nicht auf rechnerischem Wege beizukommen sei.[51] War der überwiegende Teil seines Hauptwerkes eher als wissenschaftliches Lehrbuch von Bedeutung und weniger als in der Konstruktionspraxis unmittelbar einsetzbares Hilfsmittel, so wurden die von Zeuner zusammengestellten Tabellen über das Verhalten des gesättigten Wasserdampfes in der Technik jahrzehntelang benutzt, später in der von seinem Nachfolger in Dresden, Richard Mollier, ausgearbeiteten Form.

Ähnlich differenziert muß die Praxiswirksamkeit eines weiteren Standardwerks von Zeuner eingeschätzt werden, »Die Schiebersteuerungen«, die zwischen 1857 und 1904 in sechs Auflagen erschienen und auch ins Französische und Englische übersetzt wurden. Dieses für Studenten und Konstrukteure gedachte Werk war didaktisch außerordentlich geschickt gegliedert. Die einzelnen Kapitel, in denen jeweils bestimmte, in der Industrie besonders weit verbreitete Typen von Schiebersteuerungen der Dampfmaschinen behandelt wurden, gliederte Zeuner jeweils in einen theoretischen Teil, der für die Konstrukteure von geringerem Interesse war, eine Beschreibung der Steuerung sowie das von ihm für diesen Typ ausgearbeitete Schieberdiagramm. Bei diesen Zeunerschen Schieberdiagrammen – Reuleaux wandte das Prinzip später auf weitere Steuerungen an – handelte es sich um Kreisdiagramme, die sich also leicht konstruieren ließen und einen anschaulichen Überblick über die für die Konstruktion von

51 Zeuner, Thermodynamik, Bd. 1, bes. S. 412 u. 433 ff., sowie Bd. 2, S. 388 f.

Dampfmaschinensteuerungen wichtigsten Parameter ermöglichten. Ihre Bedeutung wird offensichtlich, wenn man sich – Gustav Zeuner folgend[52] – die bis dahin bei neuen Maschinentypen und Maschinengrößen verwandten Methoden vergegenwärtigt, bei denen man nicht einfach eine Modifikation bewährter Modelle vornehmen konnte. Wenn man analytische Berechnungsmethoden ausklammert, die in der damaligen Zeit außerordentlich umständlich waren, kamen vor allem zwei Methoden in Betracht: die Konstruktion von Ellipsen als Schieberkurven, was wesentlich zeitaufwendiger war als die Verwendung von Kreisdiagrammen, oder Versuche an unterschiedlich dimensionierten Dampfmaschinenmodellen, die man eigens für diesen Zweck baute, was ebenfalls zeitaufwendig und teuer war.

Damit hatte Zeuner für einen kleinen, aber wichtigen Bereich des Maschinenbaus eine einfache und anschauliche graphische Berechnungsmethode entwickelt, die sich in der Praxis schnell durchsetzte. Die Gegenüberstellung von graphischen und analytischen Berechnungsmethoden sollte in den neunziger Jahren des 19. Jahrhunderts bei den methodischen Auseinandersetzungen innerhalb des Maschinenbaus eine Rolle spielen.[53]

Wenn man von diesen und einigen weiteren in der Maschinenbaupraxis unmittelbar anwendbaren Ergebnissen der Zeunerschen Arbeiten absieht, so war sich Zeuner durchaus des begrenzten praktischen Werts seiner überwiegend theoretischen Untersuchungen bewußt. Er erwartete etwa eine Verbesserung der Dampfmaschinen, abgesehen von den Heißdampfmaschinen, weniger aufgrund theoretischer Überlegungen, sondern durch konstruktive Verbesserungen der Einzelteile, ein Weg, den die Praktiker schon erfolgreich beschritten hätten.[54] Oder er kommt in der von ihm als eine seiner besten bezeichneten Arbeit über »Das Locomotiven-Blasrohr« zu dem Ergebnis, daß die vorhandenen Blasrohrkonstruktionen weitgehend vollkommen seien.[55]

52 Zeuner, Schiebersteuerungen, S. V-VII.
53 S. u. S. 62 u. Geheimes Staatsarchiv Merseburg, Min Kultus, Rep 76 Vb Sekt 6 Tit III Nr 4 Bd 1 Bl 176-207 mit einer Auseinandersetzung in den Jahren 1885 u. 1886 zwischen Adolf Slaby (TH Berlin) und Gustav Herrmann (RWTH Aachen) über den Stellenwert analytischer und graphischer Methoden in der Technik.
54 Zeuner, Schiebersteuerungen, S. IX f.
55 Zeuner, Locomotiven-Blasrohr, S. 162 f., 168 (Zitat) u. 187-189.

Der Hauptunterschied zwischen den Lokomotivkonstruktionen in verschiedenen Nationen – bei den deutschen und französischen Herstellern konnte zugunsten des damit erzielbaren besseren Zugs die Blasrohrmündung verengt werden, bei den britischen wegen des auf den Kolben wirkenden Gegendrucks nicht – sei »auf theoretischem Wege ... schwer zu entscheiden«. Bei dieser Arbeit Zeuners handelte es sich übrigens um eine teils theoretische, teils experimentelle Untersuchung. Er hatte eigens zu diesem Zweck einen speziellen Versuchsapparat konstruiert. Auch darüber hinaus begann man am Zeunerschen Institut systematisch zu experimentieren. Mit dem systematischen Experiment und der Beschränkung auf bestimmte Fragestellungen, hier der Thermodynamik, sind in Zeuners Werk schon Wege angedeutet, auf denen Technikwissenschaftler in den folgenden Jahrzehnten in Teilbereichen zu Ergebnissen gelangten, die unmittelbare Anwendung in der industriellen Praxis fanden.

1.2.3. Franz Reuleaux: Die Kinematik als Erfindungslehre

Kann man in Franz Grashof einen Vertreter des theoretischen Maschinenbaus sehen, der besonders in der Mathematik die Leitdisziplin für die Entwicklung der Technik zur Wissenschaft sah, orientierte sich Franz Reuleaux an Logik und Philosophie.[56] Reuleaux (1829-1905)[57] stammte aus einer alten Technikerfamilie. Nach seiner Lehre in einer Eisengießerei und Maschinenfabrik sowie einer Tätigkeit im Bereich Konstruktion und Montage eignete er sich zuerst im Selbststudium theoretische Grundlagen des Maschinenbaus an, ehe er dann bei Redtenbacher in Karlsruhe studierte. Außerdem hörte er philosophische Vorlesungen an den Universitäten Berlin und Bonn. 1856 wurde er als Professor für Mechanik und Maschinenkonstruktion nach Zürich berufen, wo er den konstruktiven, Zeuner den theoretischen Teil der Maschinenlehre vertrat. 1864 erhielt er die Professur für Maschinenkunde an der Berliner Gewerbeakademie. In Preußen wurde er bald einer der einflußreichsten Ingenieurprofessoren, sowohl für die wissenschaftliche wie für die organisatorische Entwicklung der Technischen Hochschulen. Als Jurymit-

56 So Reuleaux selbst, Lehrbuch, Bd. 1, S. IX f.

glied bzw. Reichskommissar vertrat er Deutschland auf verschiedenen Weltausstellungen. Besonderes Aufsehen erregte sein Diktum »billig und schlecht«, mit dem er 1876 die in Philadelphia ausgestellten vor allem kunstgewerblichen Produkte der deutschen Industrie belegte. Zwar konnte er selbst auf keine wesentliche Tätigkeit in der Industrie zurückblicken, aber bei einigen deutschen und ausländischen Industriellen war er ein gesuchter Ratgeber.[58] So erteilte er Eugen Langen und Nicolaus Otto Rat und Zuspruch bei deren Entwicklungsarbeiten an Gasmaschinen sowie den Gebrüdern Mannesmann bei ihren Versuchen zur Herstellung nahtloser Rohre.

Seinen Ruf nach Zürich hatte Reuleaux vor allem der seit 1853, unmittelbar nach seinem Studium, zusammen mit einem Studienkollegen publizierten »Constructionslehre für den Maschinenbau« zu verdanken.[59] Besonders bei den ersten Lieferungen lehnte sich Reuleaux in seinen Formulierungen, in der Art der Zeichnungen und allgemein bei der Behandlung des Stoffes eng an seinen Lehrer Redtenbacher an, der ihn auch bald mit einem Plagiatsvorwurf konfrontierte. Die späteren Lieferungen waren unabhängiger von Redtenbacher.[60] So benutzte er weniger Formeln und wandte die Methode der Verhältniszahlen nicht mit ganzer Konsequenz an. In der Konstruktionslehre sah Reuleaux »das nothwendige vermittelnde Glied zwischen Theorie und Praxis«, das einen »Prüfstein für den Werth der gesammten Ausbildung« an den Polytechnischen Schulen darstelle.[61]

Ein ganz eigenständiges Werk – das erste deutschsprachige, in dessen Titel der Begriff der Konstruktion den zentralen Platz einnahm – war Reuleaux' 1861 erstmals erschienener »Construc-

57 Zu Leben und Werk Franz Reuleaux' vgl.: Lang, Reuleaux; Hartmann, F. Reuleaux; Weihe, Franz Reuleaux; Klemm, Rolle, S. 84 f.; Mayr, Symbolsprachen, S. 232 ff.; Hubka, S. 2 f.; Braun, Methodenprobleme, S. 3-7; Rapp, S. 208 f.; Braun/Weber; Braun, Leben (darin S. 152-154 weitere Literatur über Reuleaux); Mauersberger, Herausbildung, S. 24-28; Purkert/Hensel, S. 37 f.; Banse/Wollgast, S. 184-192; Schneider; Braun, Franz Reuleaux (1990).

58 Braun, Franz Reuleaux (1990); Heinrich Koch.

59 Moll/Reuleaux.

60 So auch Lüders, Wider Herrn Reuleaux, S. 76, der als besonders entschiedener Gegner Reuleaux' wohl ein eher unverdächtiger Zeuge ist.

61 Moll/Reuleaux, S. XIII.

teur. Ein Handbuch zum Gebrauch beim Maschinen-Entwerfen«. Dieses als Hand- und Hilfsbuch verstandene, mit Redtenbachers »Resultaten« vergleichbare Werk richtete sich sowohl an die Maschinenbaustudenten wie an die in der industriellen Praxis stehenden Ingenieure. Zwar ging Reuleaux' Bestreben grundsätzlich dahin, die Maschinenwissenschaften von der Regel über das Vorbild zum Gesetz weiterzuentwickeln,[62] aber er war sich durchaus darüber im klaren, daß dies gerade »in den construirenden Fächern niemals der Fall ist«, das heißt, daß dies nur unvollständig gelingen konnte.[63] Seine Explikation des Begriffs »Maschinenconstruiren als eine wissenschaftlich begründete selbständige technische Kunst« trägt dieser Auffassung Rechnung. Damit setzt er sich in der Tradition Redtenbachers sowohl von dem »empirische(n) Verfahren« der Engländer wie von der in Frankreich noch dominierenden Auffassung ab, daß die Maschinenbaukunde »angewandte Mechanik« sei und »der Maschinenconstructeur der Schule eine auf rein mathematischen Grundsätzen beruhende Thätigkeit aus(übe), deren Ergebnisse sich durch Rechnen, durch mathematische Operationen ermitteln liessen«.

Einen Gegensatz zwischen Theorie und Praxis will Reuleaux nicht gelten lassen, sondern er sieht eher zwei sich ergänzende Vorgehensweisen. Die »Schule« oder »Theorie« suche nach allgemeinen Grundsätzen für den Maschinenbau, die »Praxis« – darin häufig erfolgreicher als die Schule – verbessere sukzessive ihre Produkte, »die Schule oder ›Theorie‹ arbeitet vom Mittelpunkt nach aussen auf alle Punkte des Kreises hin, während die ›Praxis‹ an einem einzelnen Punkt des Umfanges von aussen nach innen arbeitet«. Das bedeute aber auch, daß die Schule keine fertigen Maschinenbauer ausbilden könne.

Bereits in der ersten Auflage – 1861! – weist Reuleaux auf die Vorteile der Normierung hin,[64] sowohl innerhalb einzelner Unternehmen wie diese übergreifend. Er schlägt vor, nur bestimmte Abmessungen einzelner Maschinenelemente zuzulassen, und

62 Reuleaux, Cultur, S. 46.

63 Reuleaux, Constructeur, 2. Auflage, S. XVIII (Vorrede zur 1. Auflage). Alle weiteren Zitate ebenfalls aus der Vorrede zur 1. Auflage. In der 4. Auflage Schreibweise des Titels: Konstrukteur.

64 Reuleaux, Constructeur, 2. Auflage, S. XIII f.; vgl. auch 4. Auflage, S. VII.

regt die Gründung von Fabriken für Maschinenelemente an. In größerem Umfang setzte in Deutschland bekanntlich eine über die einzelnen Werke hinausgehende Normierung erst nach dem Ersten Weltkrieg mit der Gründung eines Deutschen Normen-Ausschusses ein.

Franz Reuleaux' »Constructeur« beginnt mit einem Abriß der Festigkeitslehre, wobei er es sich besonders zugute hält, daß in diesem Kapitel die Elastizitätsgrenze und nicht die Bruchfestigkeit die grundlegende Größe darstellt.[65] Den Hauptteil des Buches bilden die in der zweiten Auflage in 24 Kapitel und 226 Paragraphen gegliederten Maschinenelemente. Einige mathematische Tafeln stehen am Ende. In der zweiten Auflage greift Reuleaux in einzelnen Fällen auf durch den Züricher Bautechniker Carl Culmann entwickelte graphostatische Berechnungsmethoden zurück, in denen er eine ideale Verbindung zum zeichnerischen Konstruieren sieht.[66] Die vierte Auflage des »Konstrukteurs«, die in den achtziger Jahren erschien, erfuhr insofern eine Umgestaltung, als Reuleaux die Maschinenelemente jetzt nach den Prinzipien seiner mittlerweile entwickelten Kinematik gliederte, ohne daß er im eigentlichen Text auf seine Theorie näher einging. Außerdem hatte jetzt die Graphostatik ein eigenes Kapitel.

Reuleaux' Werk bildete über Jahrzehnte eines der Standardwerke des Konstruierens. Zwischen 1861 und 1889 erschienen vier Auflagen. Der »Konstrukteur« wurde ins Französische, Englische, Schwedische und Russische übersetzt. Einen weiteren Hinweis auf die große zeitgenössische Bedeutung des Werks können wir den Berichten über die Unterrichtsausstellung innerhalb der Weltausstellung in Wien 1873 entnehmen.[67] Im Rahmen dieser Sonderausstellung wurden auch an den mittleren und höheren technischen Unterrichtsanstalten benutzte Modelle von Maschinenelementen gezeigt, die nach dem Vorbild des »Konstrukteurs« gefertigt waren. Auch der damals bedeutendste Hersteller technischer Lehrmittel in Deutschland, Jacob Schrö-

65 Vgl. hierzu die anläßlich des Erscheinens der 4. Auflage geäußerte Kritik von Carl Bach: Z.VDI 26 (1882), S. 356. Die Verfasserschaft nach Bach, Lebensweg, Werkverzeichnis.

66 Reuleaux, Constructeur, 2. Auflage, S. XIX f.

67 Ludewig, Sp. 267, 270 u. 535.

der in Darmstadt, fertigte seine Maschinenelemente nach Reuleaux.[68]

Reuleaux' Maschinenlehre kann aber nur dann angemessen gewürdigt werden, wenn sein Hauptwerk, die »Kinematik«, in die Betrachtung mit einbezogen wird. Mit seinem 1875 erschienenen Buch »Theoretische Kinematik. Grundzüge einer Theorie des Maschinenwesens« schuf Reuleaux eines der umstrittensten Werke in der Geschichte der technischen Literatur.[69] Unter Kinematik, die er auch als »Getriebe- oder Zwanglauflehre« bezeichnet, versteht Reuleaux die »Lehre von der Zusammensetzung der Maschine« oder – komplizierter – »die Wissenschaft von derjenigen besonderen Einrichtung der Maschine, vermöge deren die gegenseitigen Bewegungen in derselben, soweit sie Ortsveränderungen sind, zu bestimmten werden«.[70]

Sein Bestreben ging zunächst dahin, ein System von Begriffen zu schaffen, mit deren Hilfe alle vorkommenden Maschinen beschrieben werden können.[71] Sein Grundbegriff hierbei ist das »kinematische Elementenpaar«, unter dem er zwei Teile versteht, die so miteinander verbunden sind, daß sie gegeneinander nur eine bestimmte Bewegung ausführen können. Wenn nun zwei oder mehrere Elementenpaare zusammengefügt werden, dann erhält man eine »kinematische Kette«. Wenn die kinematische Kette so geschlossen wird, daß jedes Glied dieser Kette gegen alle anderen nur eine bestimmte Bewegung ausführen kann, dann spricht Reuleaux von einer »zwangläufig geschlossenen Kette«. Wenn nun ein Glied einer solchen Kette festgestellt wird, dann nennt Reuleaux dies einen »Mechanismus« oder ein »Getriebe«. Treibt man einen solchen Mechanismus an, dann hat man eine »Maschine« vor sich.

68 Über Jacob Schröder, zunächst Modelleur, später Lehrer an der Höheren Gewerbeschule in Darmstadt, s. Lipsmeier, S. 212 f.

69 Reuleaux, Lehrbuch, Bd. 1. Vgl. auch die von Reuleaux in der 4. Auflage seines Konstrukteurs, S. XVI-XXXII, gegebene Zusammenfassung. Einen guten Überblick über Reuleaux' Kinematik bieten – abgesehen von den bereits oben zitierten Titeln – Weihe, Franz Reuleaux und die Grundlagen, sowie Hartmann, Gedenkrede, S. 18-23; vgl. außerdem Ihmig.

70 Reuleaux, Lehrbuch, Bd. 1, S. 3 u. 43.

71 Eine knappe Zusammenfassung in Konstrukteur, 4. Aufl., S. XVII ff. Vgl. hierzu Schneider, S. 176 f.

Der nächste Schritt Reuleaux' bestand darin, eine Zeichensprache zu entwickeln, mit deren Hilfe Elementenpaare, kinematische Ketten, Mechanismen und Maschinen unzweideutig abgebildet werden können.[72] Ausgangspunkt sind 12 Elementenzeichen:

S	Schraube	G	Kugel (Globus)
R	Dreh-(Rotations-)Körper	A	Bogen (Arcus)
P	Prisma	Z	Zahn, Vorsprung
C	Cylinder	V	Gefäß
K	Kegel	T	Zugkraftorgan
H	Hyperboloid	Q	Druckkraftorgan

Zur genaueren Kennzeichnung der Form werden Exponenten eingeführt: für Vollkörper, für Hohlkörper, für plane Körper, für kurvenförmige profilierte Körper; und Indizes: für Flüssigkeiten und für Gase. Weiter gibt es die Möglichkeit, an ein Elementenzeichen unten als Minuskel ein zweites zur genaueren Kennzeichnung anzuhängen, so daß zum Beispiel T_s (= Seil) oder T_c (= Draht) entsteht. Und schließlich werden zahlreiche Zeichen eingeführt, um die Beziehungen zwischen den Elementen zu kennzeichnen: starre, elastische Verbindungen, relative Größenverhältnisse, räumliche Beziehungen usw. Da es uns hier nur auf die Kennzeichnung der Prinzipien ankommt, soll es dabei sein Bewenden haben. Aber um wenigstens einen optischen Eindruck von den bei der Anwendung dieses Systems entstehenden Zeichen zu erhalten, sollen aus der »Theoretischen Kinematik« zwei Beispiele gegeben werden:

1. ein Kardangelenk

$$\underbrace{\underset{2}{C^+} \ldots \perp \ldots \underset{3}{C^-_=}}_{b}\ \underbrace{C^+ \ldots \perp \ldots \underset{4}{C^\pm_=}}_{c}\ \underbrace{C^- \ldots \perp \ldots \underset{1}{C^\pm_=}}_{d}\ \underbrace{\underline{C^- \ldots \angle \ldots} \underset{2}{C^-_=}}_{a}$$

2. eine Riemenübersetzung

$$T^\pm_p \cdots \overset{\sim}{=} \angle \ldots T^\pm_p,\ R^+ \ldots \mid \ldots C^\pm_= \underline{C^- \ldots \| \ldots C^-_=} C^+ \ldots \mid \ldots R,$$

72 Reuleaux, Lehrbuch, Bd. 1, S. 243 ff. Vgl. Mayr, Symbolsprachen, S. 232 ff., u. Ihmig, S. 134 ff.

Die Beschreibung von Mechanismen mit Hilfe seiner Begriffe und seiner Zeichensprache bezeichnet Reuleaux als »kinematische Analyse«. Untersucht man das von ihm gegebene System genauer, wird einem sehr schnell klar, daß man zwar jeden damals gebräuchlichen Mechanismus mit Hilfe der Zeichensprache beschreiben kann – insbesondere wenn man die von Reuleaux gegebene Möglichkeit nutzt, Sonderzeichen einzuführen –, daß aber der umgekehrte Weg, aus einem gegebenen Zeichen die Maschine zu bestimmen, zu keinen eindeutigen Ergebnissen führt. Eine Hilfe war das Beschreibungssystem allerdings für die Erkennung von Strukturähnlichkeiten zwischen Mechanismen. Gegenüber der bisherigen Anordnung der Technik nach praktisch-industriellen Anwendungsfeldern und dem Redtenbacherschen Methodenpluralismus glaubte Reuleaux mit der kinematischen Analyse das Instrumentarium entwickelt zu haben, um zu einer »wahrhaft deduktiven Behandlung der Maschine« zu kommen und die »wahren Bildungsgesetze der Maschine« zu erkennen.[73]

Wenn dies aber möglich sei – so Reuleaux –, dann müsse auch das Umgekehrte möglich sein, nämlich »diejenigen Elementenpaare, Ketten und Mechanismen anzugeben, durch deren geeignete Verbindung sich ein Bewegungszwang von gegebener Art verwirklichen lässt«.[74] Mit dieser von ihm als »kinematische Synthese« bezeichneten Vorgehensweise sah Reuleaux eine vermittelbare Methode des Erfindens in den Bereich des Möglichen gerückt. Damit wandte er sich gegen die vorherrschenden rein intuitionistischen Auffassungen, in denen »Erfinden als eine Art Offenbarung, als Folge höherer Eingebung, wenn auch nicht gerade immer bezeichnet, so doch stillschweigend anerkannt« wird.[75] Mit seinem Konzept wollte Reuleaux weder die Wertschätzung der Erfindung herabsetzen noch die Existenz intuitionistischer Elemente im Prozeß des Erfindens – er spricht an anderer Stelle auch von »Erfinderkunst«[76] – leugnen, aber, wie er etwas relativierend bemerkt, zumindest stelle die kinematische Synthese ein zusätzliches Mittel für den Erfinder dar und könne den Erfindungsprozeß abkürzen.[77]

73 Reuleaux, Lehrbuch, Bd. 1, S. VIII f.
74 Reuleaux, Lehrbuch, Bd. 1, S. 531.
75 Reuleaux, Lehrbuch, Bd. 1, S. 5.
76 Reuleaux, Konstrukteur, 4. Aufl., S. XXXII.
77 Reuleaux, Lehrbuch, Bd. 1, S. XIV u. 56.

Bei der kinematischen Synthese diskutiert Reuleaux zwei Hauptmöglichkeiten: die direkte und die indirekte kinematische Synthese.[78] Die direkte allgemeine kinematische Synthese »würde unmittelbar anzugeben haben, welche Mechanismen in jedem Falle zur Erzielung einer geforderten Orts- oder Formänderung eines zu bearbeitenden Werkstückes, oder zur Verwerthung der in einem Körper gebotenen Naturkraft in einer Maschine anzuwenden wären«. Reuleaux verwirft diesen Weg allerdings, da die Zahl der Lösungsmöglichkeiten sehr groß sei, die Bestimmung der besten der Lösungen aber nicht zu den Aufgaben der Kinematik gehöre. Dagegen eröffne die indirekte kinematische Synthese bessere Aussichten. Diese bestehe darin, alle kinematischen Möglichkeiten zusammenzustellen, so daß quasi ein Thesaurus kinematischer Elementenpaare, Ketten und Mechanismen entstehe, aus dem für die jeweiligen technischen Zwecke die geeigneten herausgesucht werden könnten.

Während sich Reuleaux in seiner theoretischen Kinematik nur mit der elementaren Zusammensetzung der Maschine beschäftigt und Grundzüge einer kombinatorischen Heuristik entwirft, werden die Bewegungszwecke der Mechanismen und Maschinen und damit Grundzüge einer intentionalen Heuristik[79] in einem weiteren Teil umfassend behandelt. Dieser Teil erschien aber erst 25 Jahre später im Jahre 1900.[80] Eine knappe Skizzierung des Inhalts findet sich auch in der 1889 erschienenen Vorrede zur vierten Auflage und Lieferung des »Konstrukteurs«.[81]

Reuleaux ist der Auffassung, daß sich die zahlreichen Bewegungszwecke der Mechanismen und Maschinen auf vier zurückführen lassen: Leitung, Haltung und Treibung als Ausführungsarten der Ortsveränderung sowie Gestaltung im Sinne von Formveränderung. Unter Leitungen oder Leitwerke fallen dabei alle Führungen, zum Beispiel das aus Schienen, Laufrädern und Wagengestellen bestehende Eisenbahnsystem. Haltung umfaßt sowohl mechanische Energiespeicher, wie Federn, als auch Wicklungen für Zugorgane auf Rollen oder Behälter für Wasser, Gas usw. Unter Treibung fallen die Bewegungsübertragungen

78 Reuleaux, Lehrbuch, Bd. 1, S. 532-535 (Zitat S. 532). Vgl. hierzu auch Mayr, Symbolsprachen, S. 236.

79 Zur Unterscheidung beider Heuristiken s. Jelden, S. 119-137.

80 Reuleaux, Lehrbuch, Bd. 2.

81 Reuleaux, Konstrukteur, 4. Aufl., S. XXV-XXXVII.

unter Einbeziehung der Geschwindigkeiten. Schließlich werden weitere systematische Gliederungsvorschläge für die Bewegungszwecke und die Treibwerke gemacht. An einem Beispiel soll dies hier durchexerziert werden. Zur Treibung dienen nach Reuleaux sechs verschiedene Triebe: Schraubentrieb, Kurbeltrieb, Rädertrieb, Rollentrieb, Kurventrieb und Sperrtrieb. Der Sperrtrieb wiederum umfaßt sechs Untergruppen: Sperrwerk, Fangwerk, Schließwerk, Schaltwerk, Spannwerk und Hemmwerk. Die Problematik dieser systematischen Gliederung für den Praktiker wird wenigstens angedeutet, wenn man sieht, daß zu den Hemmwerken so unterschiedliche Maschinen und Maschinensysteme wie Kolbendampfmaschinen, die Rohrpost, die Kammerschleuse, Hafenkrane, hydraulische Pressen und Nietmaschinen gehören. Allein schon durch diese Gliederung der Maschinen nach einer abstrakten Systematik wurde eine skeptische Haltung der Ingenieure provoziert, die es gewohnt waren, Maschinen nach ihren technisch-industriellen Einsatzfeldern zu ordnen.

Des weiteren stellte sich die Frage nach dem praktischen Nutzen der Kinematik. Reuleaux selbst hatte sich diesem Kriterium der Relevanz unterworfen: »Die neue Theorie muss, wenn sie Anspruch auf allgemeineres Interesse haben will, befähigen, etwas Neues zu leisten; sie muss Aufgaben lösbar machen, welche bisher auf systematischem Wege nicht zu lösen waren«.[82] Es kann kaum verwundern, daß in dieser Frage keine Einigkeit erzielt wurde. Während auch Äußerungen zitiert wurden, daß die Kinematik bei der Erfindung von Maschinen und Verfahren Pate gestanden habe, vermutete zum Beispiel Joseph Schlink, ein Eisenhüttenindustrieller und wie Reuleaux Schüler von Redtenbacher, der mit am entschiedensten den mangelnden Praxisbezug der Ingenieurwissenschaften einklagte, daß sie eine »geistreiche, aber geringwerthige Spielerei« sei.[83] Eine besonders polemische Kritik an den Arbeiten von Reuleaux, die auch in aller Schärfe ad personam gerichtet wurde, stammte von Johannes Lüders, der immerhin 1880 Professor der Maschinenkunde für Hüttenleute

82 Reuleaux, Lehrbuch, Bd. 1, S. 4. Zur Rezeption der Kinematik vgl. Braun, Methodenprobleme, S. 5-7, u. Richter, Methodenentwicklung, S. 30-32.

83 Schlink, Ideologen, Zitat S. 200; zu Schlinks Angriffen auf die »Theoretiker« im Maschinenbau s. Richter, Methodenentwicklung, S. 30-32.

an der RWTH Aachen wurde.[84] Reuleaux und seine Schüler waren jedenfalls der Auffassung, daß sich auch die seit den siebziger Jahren an Bedeutung gewinnenden neuen Wissenschaften Chemie und Elektrotechnik in das System würden einordnen lassen, und führten dies an einigen Beispielen vor.[85]

Es bleibt der Versuch einer knappen Würdigung des Lebenswerks von Franz Reuleaux. Bei seinem Werk, wobei der »Konstrukteur« und die »Kinematik« als die beiden wichtigsten, sich wechselseitig ergänzenden Teile anzusehen sind, handelt es sich vielleicht um den letzten umfassenden und ausführlichen Versuch innerhalb der Ingenieurwissenschaften, ein konsistentes System zur Beschreibung der gesamten Maschinentechnik zu entwickeln. Wenn man versucht die Frage zu beantworten, in welchem Maße dieses Vorhaben gelungen ist, sollte man – was in der Literatur meist versäumt worden ist – sich allerdings zweier Einschränkungen bewußt sein. Zum einen handelt es sich bei dem Werk von Reuleaux um einen Torso, worauf die nicht eingelöste Ankündigung eines 3. Bandes seines »Lehrbuchs der Kinematik« verweist. Und zum zweiten ist nach dem Stellenwert der Kinematik im System der Maschinenwissenschaften zu fragen.

Die Kinematik stellt nämlich bei Reuleaux nur einen Teil der Maschinenwissenschaft dar.[86] Er unterscheidet zwischen:

- Maschinenlehre, die er wiederum gliedert in
  - beschreibende Maschinenlehre und
  - theoretische Maschinenlehre, welche systematisch nach den Beziehungen zwischen der Beschaffenheit der Maschinen und ihren Zwecken fragt;
- Maschinenbaukunde oder Konstruktionslehre, die sich vor allem mit der Dimensionierung der Maschinenelemente und der Auswahl der geeigneten Materialien beschäftigt;
- Kinematik oder Maschinengetriebelehre.

84 Lüders, Einige Worte; vgl. hierzu auch Z.VDI 12 (1868), Sp. 191-193. Diese Kritik von Lüders bezog sich auf die 2. Auflage des »Konstrukteurs«. Dagegen war die 1. Aufl. in der Z.VDI noch durchaus positiv besprochen worden: Z.VDI 5 (1861), S. 110 u. 7 (1863), Sp. 67-70. Lüders, Wider Herrn Reuleaux! Über Lüders: Braun, Methodenprobleme, S. 6.

85 Reuleaux, Cultur; Franke.

86 Reuleaux, Lehrbuch, Bd. 1, S. 39-44.

Berücksichtigt man diesen partiellen Charakter der Kinematik innerhalb des Systems der Maschinenwissenschaft, dann entfällt ein großer Teil der Kritik gegenüber der Kinematik. Wenn Otto Mayr Reuleaux' »kinematische Synthese« in einem »Fiasko« enden sieht und in seinen Hinweisen zur Auswahl der besten Lösungsmöglichkeiten eine Rückkehr »zur traditionellen empirischen Arbeitsweise der Ingenieure« erblickt,[87] dann übersieht er, daß dies bei Reuleaux gar nicht in den Bereich der Kinematik, sondern in den Bereich der beschreibenden und theoretischen Maschinenlehre fällt. Und wenn immer wieder moniert wird, daß Reuleaux in seiner Kinematik Kräfte wie Trägheit und Reibung vernachlässigt habe,[88] so ist dies zwar richtig; dieser Punkt fällt bei Reuleaux aber unter die Maschinenbaukunde oder Konstruktionslehre.

Reuleaux' Systematik der Maschinenwissenschaft erklärt auch, warum in der Kinematik immer nur von einer Wissenschaft des Erfindens und nicht von einer Wissenschaft des Konstruierens die Rede ist. Ohne daß er es in dieser Klarheit ausspricht, identifizierte Reuleaux den Akt des Erfindens mit der Festlegung der geometrischen Zusammensetzung der Maschine. Dimensionierung und Materialbestimmung werden davon getrennt und mit dem Begriff Konstruieren belegt. Auf diese begriffliche Differenzierung wird gleich noch zurückzukommen sein. Erfindung im strengen Sinne der Reuleauxschen Kinematik bedeutet also nicht die Herstellung einer gebrauchsfähigen Maschine. Daß er allerdings den kinematischen Teilbereich – gerade in seinen historischen Arbeiten benutzt Reuleaux den Erfindungsbegriff in einem weiteren alltagssprachlichen Sinn – vorzugsweise mit dem Begriff des Erfindens belegt, zeigt, welch hohen Stellenwert er der Kinematik im System der Maschinenwissenschaften beimißt. Somit hat diese Untersuchung Reuleaux' als Konstruktionswissenschaftler auch indirekt einen Beitrag zu einer teilweisen Revision der Beurteilung Reuleaux' sowie des Stellenwerts seiner Kinematik geleistet.

Reuleaux' Kinematik erlebte in den beiden letzten Jahrzehnten des 19. Jahrhunderts eine regelrechte Konjunktur. Die meisten deutschen Technischen Hochschulen führten Kinematik unter

87 Mayr, Symbolsprachen, S. 236.
88 So z. B. Mauersberger, Herausbildung, S. 26.

den Pflichtfächern des Ingenieurstudiums, und sogar im Ausland lehrten einige Ingenieurprofessoren die Kinematik nach Reuleaux. Um die Jahrhundertwende ging dann ihr Stellenwert im Hochschulunterricht rapide zurück – wie auch der didaktische Einfluß von Reuleaux. Nur eine Handvoll Schüler bemühte sich um die Bewahrung und Weiterentwicklung seines Lebenswerks. Elemente seiner Kinematik gingen später in die Ausarbeitung einer Getriebelehre durch Rudolf Franke und Wolf G. Rodenacker ein, welche damit aber die umfassende Anlage von Reuleaux' Werk spezialistisch verengten.

1.2.4. Peter Klimentitsch von Engelmeyer: Eine Systematik des Konstruktionsprozesses

In der Struktur ähnlich, wenn auch nicht deckungsgleich mit Reuleaux' Systematik der Maschinenwissenschaft sind die von Peter Klimentitsch von Engelmeyer in seinen Arbeiten aus den neunziger Jahren des 19. Jahrhunderts unterschiedenen Schulen der Maschinenlehre.[89] Der russische Maschinenbauingenieur Peter Klimentitsch von Engelmeyer (1855 bis ca. 1939)[90] hatte im europäischen Ingenieurwesen seine geistige Heimat; er war nicht nur in mehreren Sprachen außerordentlich belesen, sondern hatte auf Reisen auch die deutsche, französische und italienische Industrie kennengelernt. In Rußland arbeitete er als Lehrer an technischen Schulen, als Beratender Ingenieur und besaß Anteile an Industriebetrieben. An der Organisation der russischen Technik und des russischen Ingenieurwesens beteiligte er sich in leitender Funktion in technischen Vereinen sowie bei Technik- und Industrieausstellungen. Neben dem allgemeinen Maschinenbau galten seine besonderen Interessen der Elektrotechnik und dem Kraftfahrzeugwesen. Seine beiden theoretischen Hauptarbeiten,

89 Engelmeyer, Was ist eine Maschine? und Engelmeyer, Allgemeine Fragen, hier Bd. 312, S. 1 f. u. 65 f.

90 Die biographischen Informationen über Engelmeyer verdanke ich Vitaly G. Gorokhov (Moskau), insbesondere seinem meines Wissens unveröffentlichten Manuskript »Pjotr Klimentitsch Engelmeyer. Russian Mechanical Engineer and Philosopher of Technology«; vgl. außerdem Braun, Allgemeine Fragen. Für unsere Fragestellungen besonders wichtig S. 317 f.

eine »Theorie kreativer Arbeit« (1910) und eine »Philosophie der Technik« (1912), erschienen nur auf russisch, doch veröffentlichte er seine zentralen Gedanken auch in deutschen und französischen Zeitschriften.

Engelmeyer unterscheidet vier Schulen der Maschinenlehre: die technologische, die kinematische, die konstruktive und die wirtschaftliche. Dabei unterstreicht er den engen Zusammenhang zwischen Technik und Wirtschaft, klammert aber doch den wirtschaftlichen Aspekt, die Verwendung der Maschine, aus seiner Betrachtung aus und konzentriert sich auf die technischen Aspekte im engeren Sinn: die Erfindung und Herstellung der Maschine. Als eigentlichen Begründer der technologischen Maschinenlehre, die sich mit der von der Maschine zu verrichtenden Arbeit beschäftigt, sieht er den Dresdener Fertigungstechniker Ernst Hartig,[91] der in seinen Schriften die gleiche dreigliedrige Betrachtungsweise von Maschinen vertrat wie Engelmeyer, worauf gleich noch einzugehen sein wird. In der Beschreibung der Aufgaben der kinematischen Maschinenlehre lehnt sich Engelmeyer an Reuleaux an. Schließlich bleibt noch die konstruktive Maschinenlehre, als deren Begründer er Redtenbacher bezeichnet. Diese beschäftigte sich mit der Aufgabe, die einzelnen Maschinenteile hinsichtlich Material und Form so auszubilden, daß die vorgeschriebenen Bewegungen und Kraftleistungen verrichtet werden können.

Bewegt sich Engelmeyer mit dieser Systematik noch auf viel beschrittenen Wegen, so geht er im weiteren darüber hinaus, indem er, die Betrachtungsweise dieser drei Schulen integrierend, eine ebenfalls dreiphasige – er spricht selbst vom »Dreiakt« – »synthetische Maschinenlehre« entwickelt. Eine solche Lehre könne nicht zuletzt einen Beitrag zu der Frage leisten, wann eine Erfindung patentfähig sei. In dieser Maschinenlehre taucht der Begriff der Konstruktion im zweifachen Sinne auf: erstens in einem weiteren Sinne zur Kennzeichnung der Gattung der technischen Gebilde. Wenn ein solches Konstruktion genanntes Gebilde seine technische Aufgabe »unter Ausführung gegenseitiger Bewegungen seiner Einzelteile« löst, dann nennt er es Maschine, wenn die Möglichkeit solcher Bewegungen nicht besteht, Bauwerk.[92] Schließlich führt er die schon erwähnten technologi-

91 S. u. S. 58.
92 Engelmeyer, Was ist eine Maschine? S. 1198.

schen, kinematischen und – hier im engeren Sinne gebraucht – konstruktiven Betrachtungsaspekte der Maschine ein. Der Begriff Konstruktion – um dies noch einmal zusammenzufassen – wird also in einem doppelten Sinne verwendet: zur Kennzeichnung des gesamten Prozesses des Erfindens und Gestaltens sowie zur Kennzeichnung der Bestimmung von Form und Material des baulichen Bestands einer Maschine.

Jedes Problem – so Engelmeyer weiter –, das der Techniker zu lösen habe, entspringe menschlichen Bedürfnissen.[93] Der erste nur mit Hilfe der Intuition zu gehende Schritt bestehe in der Verwandlung eines Bedürfnisses in eine technische Aufgabe. Die Formulierung der technischen Aufgabe sei aber nur möglich, wenn man eine wenigstens ganz allgemeine Vorahnung der Lösung besitze. »Der erste Akt gibt die Idee einer Vorrichtung, die Intention eines Verfahrens, überhaupt das Prinzip des werdenden Werkes. Es ist nichts mehr als ein Gedanke, der die Absicht (das »Wollen«, W. K.) klar formuliert.« In erster Linie spiele sich dieser Akt im Kopfe des Erfinders ab, allenfalls werde eine Skizze oder eine Notiz zu Papier gebracht. Beim zweiten Akt hingegen, den er mit dem Begriff des »Wissens« kennzeichnet, kommt logisches, wissenschaftliches Denken ins Spiel. Das Ergebnis stellt ein Schema, einen detaillierten, ausführbaren Plan dar. Beim dritten Akt geht es um die Ausführung, das »Können«.

Auf den praktischen Maschinenbau übertragen, können vollständige oder teilweise Anwendungen des Dreiakts unterschieden werden. Ein Fall, der aus der konstruktiven Betrachtung eigentlich herausfällt, liegt in der genauen Nachbildung einer vorhandenen Maschine mit Hilfe von Modellen und Schablonen. Wenn eine Maschine gebaut wird, die bereits im Produktionsprogramm ist und bei der nur die Dimensionen zu ändern sind – nach Engelmeyer die konstruktive Aufgabe im engeren Sinn –, dann spricht Engelmeyer von »Anwendung eines Systems je nach den Forderungen der Bestellung«. Der Konstrukteur fertigt eine Werkstattzeichnung nach vorgegebenen Anforderungen an. Die Schwierigkeit liege in der Fülle der Anforderungen, die an eine solche Konstruktion – heute würde man von Variantenkonstruktion sprechen – gestellt werden. Engelmeyer nennt Mate-

93 Dies und das Folgende vor allem nach: Engelmeyer, Allgemeine Fragen, S. 130 u. 145-147, u. Ueber das Entwerfen; vgl. auch Was ist eine Erfindung? S. 288-290 u. Dreiakt.

rialersparnis, Fertigungsfreundlichkeit, Haltbarkeit, Reparatur- und Wartungsfreundlichkeit. Auf der anderen Seite stehen zahlreiche Hilfsmittel zur Verfügung, die auf vorhandene konstruktive Lösungen verweisen.

»Das Gelingen dieser Arbeit hängt nicht so sehr von den wissenschaftlichen Kenntnissen des Konstrukteurs ab, als vielmehr von dem, was er gesehen und behalten, von seinem Geschmacke und Augenmaass, von der Gewohnheit, mit Nachschlagebüchern umzugehen, und seiner Uebung im zumeist elementaren Berechnen.«[94]

Bei der Ausbildung für solche Aufgaben habe das Praktische dem Theoretischen voranzustehen: »... Der Schüler muß nur in Maschinenwerkstätten praktisch arbeiten, zeichnen, elementare Physik, Mathematik und Mechanik lernen – und der Konstrukteur ist fertig.«[95]
Das Ingenieurstudium bilde dann die Grundlage für die erfolgreiche Bewältigung der konstruktiven Aufgabe auf der nächsten Ebene – heute würde man von Verbesserungskonstruktion sprechen. Diese nächsthöhere Aufgabe beim Bau einer Maschine, die kinematische, liege dann vor, wenn »die hauptsächlichsten Arbeitsteile gegeben sind und es sich darum handelt, neue Uebersetzungen zu schaffen, die Form und Anordnung vieler Teile umzuändern«. Engelmeyer spricht von »Verbesserung, Vereinfachung, Neuerung«. Das Ergebnis der Arbeit ist »ein Schema, welches in geometrischen Linien die wesentlichen Teile in ihrer Anordnung wiedergibt«.

Schließlich bleibt der Bau einer vollständig neuen Maschine – also eine Neukonstruktion –, wobei »mit der Erfindung der Arbeitsorgane selbst angefangen werden muss«: die technologische Aufgabe. Der Erfolg von Edisons Erfindungsfabrik liege darin, daß dieser alle drei für die erfolgreiche Ausarbeitung einer Erfindung notwendigen Kompetenzen zusammengefaßt habe.[96] Edison selbst entwickle die Erfindungsideen; die schematische Ausarbeitung komme den wissenschaftlich gebildeten Mitarbeitern zu; die praktisch erfahrenen Techniker sorgten dann für die endgültige gestalterische Ausarbeitung.

Im folgenden bemüht sich Engelmeyer, Fähigkeiten und Fer-

94 Ueber das Entwerfen, Sp. 540.
95 Ueber das Entwerfen, Sp. 551.
96 Ueber das Entwerfen, Sp. 546 f.

tigkeiten sowie Hilfsmittel aufzuführen, die für die Erfüllung der drei technischen Aufgabenbereiche von Bedeutung sind.[97] Für den ersten Akt, das Erfinden, nennt er besonders »Gedächtnis und die konstruierende Einbildungskraft«, während Fachkenntnisse erst in zweiter Linie gebraucht würden. Um die Gedanken wenigstens andeutungsweise zu Papier zu bringen, müsse der Ingenieur skizzieren können. Der Erfolg des zweiten Aktes, der Festlegung der Maschinenbewegungen, hänge von der »Stärke der Einbildungskraft, vom Gedächtnis, von der kinematischen Schulung und dem Vorrat an faktischen Kenntnissen ab«. Besonders die Reuleauxsche Kinematik solle im Unterricht eher noch ausgebaut werden. Fertigkeiten im einfachen Zeichnen und Rißzeichnen seien zu erwerben. Der dritte Akt, das Konstruieren im engeren Sinn, erfordere eher bescheidene wissenschaftliche Kenntnisse: elementare Mathematik, ein wenig Mechanik, einige Kenntnisse der Festigkeitslehre. Darüber hinaus müsse man sich in den Hilfsbüchern auskennen, in denen zahlreiche Konstruktionen als Vorbilder aufgeführt seien. Die praktische Arbeit in Maschinenwerkstätten sei eine notwendige Voraussetzung. Für alle drei Aufgabenbereiche empfiehlt er die darstellende Geometrie. Intuition, »Schöpfungskraft« sei, wenn auch in unterschiedlichem Ausmaß, überall vonnöten. Die Schöpfungskraft sei nun zwar eine in den einzelnen Personen verschieden ausgebildete Naturgabe, aber auch »dieses Vermögen (könne), wie jedes andere, geübt und geformt werden«.[98] Dabei ist Engelmeyer der Ansicht, daß man dies an den Technischen Hochschulen bislang eher vernachlässigt und im Vergleich dazu den Unterricht in der Mathematik und in den Naturwissenschaften überbewertet habe. Den amerikanischen Professor John T. Hawkins referierend, macht er einige konkrete Vorschläge für die Ausbildung der Erfindungskraft:[99] Der Schüler solle zum Beispiel die Aufgabe erhalten, ein Teil, das an einer Maschine entfernt worden ist, zu skizzieren. Anschließend solle er seine Skizze mit dem Teil vergleichen. Oder man fordere ihn auf, ein Maschinenteil zu konstruieren, das die gleiche Funktion erfülle wie ein vorgegebenes, diesem aber unähnlich sei. Oder – als letztes Beispiel – man entferne aus einem Satz von Werkstattzeichnungen einige und gebe

97 Allgemeine Fragen, S. 17 f.; Ueber das Entwerfen.
98 Allgemeine Fragen, S. 18.
99 Ueber die schulmässige Ausbildung (Zitat S. 82).

dem Schüler die Aufgabe, die fehlenden zu zeichnen. Engelmeyer ergänzt diese Vorschläge, indem er eine Ausbildung der technischen Kritikfähigkeit durch dialogischen Unterricht fordert. »Es wäre doch endlich Zeit anzuerkennen, dass Kritik noch keinen Tadel bedeutet, dass Selbstthätigkeit kein Eigensinn, und Initiative noch keine Revolution bedeutet.« Er empfiehlt die vorsichtige Anwendung von Analogien und die Ausbildung der praktischen Erfahrungen durch Werkstattarbeit und Exkursionen in die Industrie.

Im Vorgriff auf das Folgende kann schon jetzt zusammenfassend gesagt werden, daß zumindest im Zeitraum bis zum Ersten Weltkrieg sich kein weiterer Maschinentheoretiker derart ausführlich und differenziert mit der inneren Seite der technischen Ontogenese beschäftigt hat. Wenn auch einzelne der von Engelmeyer gewählten Begriffe uns heute eher ungewöhnlich anmuten und auf einige Inkonsistenzen in seinen Beiträgen hingewiesen werden könnte, so zeigen sich doch Umrisse einer Konstruktionstheorie. So kann man in seiner Lehre vom Dreiakt Ähnlichkeiten mit auch heute noch gebräuchlichen Phaseneinteilungen des Konstruktionsprozesses erkennen, zumindest wenn sich diese auf Neukonstruktionen beziehen: die Klärung der Aufgabenstellung und das Konzipieren, als Einheit gefaßt im ersten Akt, das Entwerfen im zweiten Akt und das Ausarbeiten im dritten Akt. Damit ist Engelmeyer unseres Wissens der erste Maschinentheoretiker, der in größerem Umfang Konstruieren als Prozeß betrachtete und sich ansatzweise bemühte, den Bereich der Intuition genauer zu erfassen und damit einzugrenzen. Wie weit er damit seiner Zeit voraus war, zeigt sich darin, daß seine Arbeiten in der Ingenieurwelt kaum rezipiert, jedenfalls nicht diskutiert wurden, obwohl sie u. a. in der »Zeitschrift des Vereines Deutscher Ingenieure«, in »Dinglers Polytechnischem Journal« und im »Civilingenieur«, also in den meistgelesenen Ingenieurzeitschriften dieser Zeit, erschienen. Engelmeyer gehört eher zu den vergessenen Theoretikern des Maschinenwesens.[100]

100 Meines Wissens ist die Wiederentdeckung vor allem H.-J. Braun, Allgemeine Fragen, zu verdanken. Braun drückt sich eher zurückhaltend über die Bedeutung Engelmeyers aus und betrachtet ihn als typischen Vertreter der zeitgenössischen techniktheoretischen Diskussion. Zumindest für das hier im Vordergrund stehende Thema kann man meines Erachtens über diese Beurteilung hinausgehen.

1.2.5. *Maschinentheorie und Bildungspolitik*

Franz Grashof und Franz Reuleaux verkörpern, wenn auch auf ganz unterschiedliche Weise, den hohen theoretischen Stand, den die Maschinentheorie an den deutschen Technischen Hochschulen seit den siebziger Jahren des 19. Jahrhunderts erreichte. Während sich Franz Grashof in seiner analytischen Maschinentheorie bemühte, Maschinenkonstruktionen durch ein geschlossenes System von mathematisch formulierten physikalischen und mechanischen Regeln und Gesetzen zu erfassen, wollte Reuleaux mit den Regeln der Logik ein allgemeines konsistentes Beschreibungssystem für Maschinen schaffen. Unabhängig davon, wie man den wissenschaftlichen Erfolg oder Mißerfolg dieser Unternehmungen beurteilt, ist zumindest schon deutlich geworden, daß sich die Maschinentheoretiker auf diesem Weg von den technisch-industriellen Bedürfnissen entfernten.

Fragt man nach den außerwissenschaftlichen Gründen für diese Tendenz, dann muß man, um eine Antwort zu finden, die historische Entwicklung der deutschen technischen Bildungsstätten im 19. Jahrhundert in den Blick nehmen.[101] Die Gewerbeschulen und Polytechnischen Schulen in Deutschland, seit den zwanziger Jahren des 19. Jahrhunderts auf eher niedrigem wissenschaftlichen Niveau entstanden, steigerten sukzessive die Ansprüche an sich selbst und an ihre Schüler und erhoben etwa seit der Jahrhundertmitte zunehmend einen Anspruch auf Gleichwertigkeit mit den Universitäten. Bei den sich nun allmählich entfaltenden und über ein Jahrhundert andauernden Auseinandersetzungen zwischen Technischen Hochschulen und Universitäten ging es im Kern um zwei unterschiedliche Bildungskonzeptionen: zweckfreie versus praxisbezogene Bildung. Wenngleich zwischen den Exponenten dieser Bildungskonzeptionen grundsätzliche, häufig polemische Auseinandersetzungen stattfanden, so war doch die Politik der Technischen Hochschulen von einer grundlegenden Ambivalenz geprägt. Einerseits setzten sie sich mit den Universitäten auseinander und grenzten sich von ihnen ab, andererseits lehnten sie sich organisatorisch und inhaltlich an

101 Am besten und ausführlichsten ist diese Entwicklung in dem schon klassischen Werk von Karl-Heinz Manegold, Universität, untersucht worden. Als knappen Überblick s. auch König, Wissenschaft; Lundgreen, Ausbildung.

das Vorbild der Universitäten an. Dieser Prozeß, der mit dem Begriff »Verwissenschaftlichung der Technischen Hochschulen« eher unangemessen charakterisiert worden ist, setzte intensiv in den sechziger Jahren des 19. Jahrhunderts ein. Wichtigster Träger und Protagonist dieser Bestrebungen wurde der von den Professoren der Technischen Hochschulen als Plattform benutzte Verein Deutscher Ingenieure, auf dessen Hauptversammlungen Franz Grashof seine programmatischen Reden hielt, welche die Richtung für die Weiterentwicklung der Polytechnischen Schulen und Technischen Hochschulen angaben.

Dabei handelt es sich um einen komplexen und langwierigen Prozeß, der hier nur in äußerster Kürze zusammengefaßt werden kann. Zunächst trug man an den Polytechnischen Schulen der vorangegangenen bzw. noch geplanten Entwicklung insofern Rechnung, als man sich in den siebziger und achtziger Jahren – Stuttgart und Dresden waren im Jahre 1890 die Nachzügler – die höherwertige Bezeichnung Technische Hochschule zulegte. Für die Umsetzung der programmatischen Bekundungen besonders wichtig wurde Preußen, insbesondere die 1870 neu gegründete, von vornherein entsprechend konzipierte Hochschule in Aachen, die einzige deutsche Neugründung in der zweiten Hälfte des 19. Jahrhunderts. Preußen übernahm 1879 endgültig die Führung bei der Entwicklung des deutschen Technischen Hochschulwesens mit der Zusammenlegung der Bauakademie und der Gewerbeakademie zur Berliner Technischen Hochschule. In der Folgezeit wurde die Berliner Hochschule die maßgebende technische Bildungsstätte im Kaiserreich. Ihre Organisation und Lehrverfassung wurden häufig von anderen Hochschulen imitiert, und ihrem Ruf folgte eine Vielzahl bedeutender Technikwissenschaftler. An den Technischen Hochschulen wurden universitäre Verfassungsformen eingeführt. Einerseits waren damit größere Möglichkeiten der Selbstverwaltung verbunden, andererseits ging es auch ums Prestige, wenn traditionelle Amtsbezeichnungen wie Rektor und Senat und universitäre Symbole wie eine goldene Amtskette für den Rektor angestrebt wurden.

Die Eingangsvoraussetzungen für ordentliche Studierende wurden sukzessive bis zum Abitur erhöht. Auch hier spielten Prestigeüberlegungen die entscheidende Rolle, denn man gab zu, daß die nicht abiturfähigen realistischen Schulen und Gewerbeschulen in Mathematik und den Naturwissenschaften eine eher bessere Vorbildung boten als das humanistische Gymnasium. An den Technischen Hochschulen wurden die allgemeinbildenden Fächer, die zwischen 1850 und 1865 einen vorübergehenden Rückgang zu verzeichnen hatten, wieder ausgebaut und zu »Allgemeinen Abteilungen« zusammengefaßt. Diese Abteilungen umfaßten Mathematik, natur- und geisteswissenschaftliche Fächer und dienten sowohl der Propädeutik wie der allgemeinen Bildung. Das Recht, Lehrer der Mathematik und der Naturwissenschaften auszubilden, erhielten diese Abteilungen zunächst für die Realschulen und bis zu den zwanziger Jahren auch für die Gymnasien. Grundsätzlich wurde an den Hochschulen Lernfreiheit gewährt, wenn man auch durch Studienempfehlungen für eine sinnvolle Gliederung des Studiums warb. Die Studenten übernahmen von den Universitätskommilitonen traditionelle Lebensformen wie das Verbindungswesen. Die Technische Hochschule wollte eine Universitas der technischen Fächer werden, das heißt, alle Zweige der Technik sollten vertreten sein.

In unserem Zusammenhang wichtiger als alle diese Entwicklungstendenzen sind die Veränderungen innerhalb der technischen Wissenschaften. Als die Polytechnische Schule in Hannover 1856 ihr 25jähriges Jubiläum beging, wurde ein – nach dem Berichterstatter – »poesievoller Festgruß« vorgetragen, dessen erste Strophe lautete:[102]

»Mathematik, du hohe, reine Wahrheit!
Durchdringst der Technik Feld mit lichter Klarheit,
bis tief zum Schacht, den Grubenlicht erhellt.
Wie ist das Licht, das uns Physik verlieh,
weltüberstrahlend heller stets entzündet.
Was hat nicht die Mechanik neu begründet,
Und welchen Aufschluß gab uns die Chemie!
Vom Kleinsten bis zum Größten allgewaltig
erfaßts mit Geisteskraft Technologie:
die große Wissenschaft, die kundige Lehrerin der
Industrie!«

Mit diesem Gedicht, so pathetisch und überzogen es uns auch heute anmuten mag, wurde die Substanz des sich im Laufe des 19. Jahrhunderts entwickelnden Selbstverständnisses der tech-

102 Zitiert nach Manegold, Entwicklung, S. 13.

nischen Wissenschaften genau wiedergegeben. Die technischen Wissenschaften – so das Gedicht – bezogen ihren Inhalt aus der Mathematik, der Mechanik und den Naturwissenschaften, formten ihn auf eine nicht beschriebene Weise um und gaben diese Erkenntnisse dann an die Industrie weiter: technische Wissenschaft als Mittlerin zwischen Naturwissenschaft und Industrie, Technik als angewandte Naturwissenschaft. Damit wurde eine innerhalb und außerhalb der Technik angesiedelte Auffassung wiedergegeben, die im 19. Jahrhundert dominant war und bis weit ins 20. Jahrhundert hinein große Bedeutung besaß.

Die Überbetonung mathematischer, naturwissenschaftlicher und axiomatischer Vorgehensweisen bei den Maschinentheoretikern in der zweiten Hälfte des 19. Jahrhunderts hatte in diesem skizzierten Selbstverständnis von Technik als mathematisch darzustellende angewandte Naturwissenschaft ihren Ursprung. Wie man bei der Berufsgruppe der Techniker im 19. Jahrhundert von einem Selbstverständnis gesprochen hat, das anderen Berufsständen – vor allem den Juristen – entlehnt war, so kann man auch bei den Technikwissenschaften von einem den Universitätswissenschaften Mathematik und Naturwissenschaften entlehnten Selbstverständnis sprechen. In den letzten Jahrzehnten des 19. Jahrhunderts führten der mit dieser wissenschaftlichen Ausrichtung verbundene hohe Abstraktionsgrad sowie die Entfernung von den konkreten technisch-industriellen Entwicklungsproblemen zu zunehmender Kritik sowohl außerhalb der Hochschulen, von seiten der Industrie, wie innerhalb der Hochschulen, von seiten der Technikwissenschaften selbst.

1.3. Alois Riedler und die Gegenbewegung der Praktiker

Einer der wortgewaltigsten Streiter gegen die »Praxisferne« und »Übertheoretisierung« der Ingenieurwissenschaften war Alois Riedler (1850-1936).[103] Bevor Riedler 1888 an die TH Berlin be-

103 Die meisten autobiographischen Elemente in Riedlers Schriften finden sich in Wirklichkeitsblinde. S. zu Riedler außerdem Kammerer, Riedler; Kurzel-Runtscheiner; Braun, Methodenprobleme, S. 8 f.; Hunecke; Manegold, Universität, S. 152 ff.; Grüner, Riedler; Manegold, Alois Riedler.

rufen wurde, hatte er Stellen als Konstrukteur an der TH Wien und Professuren in München und Aachen inne. Während seiner Lehrtätigkeit unterhielt er zahlreiche Kontakte mit der Industrie. Bei seiner Berufung nach Berlin handelte er aus, daß er an der Hochschule ein privates Konstruktionsbüro einrichten könne.[104] Nur so, argumentierte er, sei es überhaupt möglich, qualifizierte Mitarbeiter an die Hochschule zu ziehen, die dann ihre Erfahrungen an die Studenten weitergeben könnten.

Nach seiner Berufung initiierte er – wie er selbst schrieb – einen siebenjährigen Krieg[105] gegen das Übergewicht der Theorie im Ingenieurstudium, der – zumindest vorläufig – mit dem 1896 erfolgten Rücktritt Reuleaux' vom Lehramt, der Streichung der Kinematik im Lehrplan und mehreren Neuberufungen von konstruktiven Ingenieurwissenschaftlern endete. Damit ist schon angedeutet, daß die Auseinandersetzungen zwischen – wie sie sich selbst nannten – »Theoretikern« und »Praktikern« an den Technischen Hochschulen ihr Zentrum in der Berliner Maschinenbauabteilung besaßen. Aber auch alle anderen Hochschulen wurden – in mehr oder weniger großem Umfang – von den Auseinandersetzungen ergriffen. Riedler und den »Praktikern« ging es darum, die Technischen Hochschulen stärker mit der Industrie zu verbinden. Reuleaux und seine Kinematik bildeten hierbei nur eher untergeordnete, aber mit einem gewissen Symbolwert ausgestattete Ansatzpunkte der Kritik. Mit größerem zeitlichen Abstand – aus der Perspektive von 1919 – konnte Riedler die Verdienste Reuleaux' unvoreingenommener würdigen:

»Reuleaux gebührt das sehr große, zu wenig gewürdigte Verdienst, durch seine geistvolle, umfassende philosophische Darstellung der Maschinen und der Technik erstmalig in weiten Kreisen, insbesondere auch wissenschaftlichen, Verständnis für die Technik verbreitet und die Bedeutung der wissenschaftlichen Technik verkündet zu haben.«[106]

Ansatzpunkte für eine Auseinandersetzung mit der theorieorientierten Ausprägung des Maschinenbaustudiums an den Tech-

104 Riedler, Schnellbetrieb, S. VI f. Dieses Buch enthält auch eine Auswahl der Ingenieurarbeiten Riedlers.

105 Wirklichkeitsblinde, S. 122. Zur Rivalität zwischen Riedler und Reuleaux vgl. auch Dominik, S. 41 f.

106 Reiche; vgl. Z.VDI 14 (1870), Sp. 45 f., 15 (1871), Sp. 586 u. 23 (1879), Sp. 142-144; Ludewig, Sp. 549 f.; Richter, Methodenentwicklung, S. 16 u. 35.

nischen Hochschulen hatte es bereits vorher gegeben. Dazu gehörten Forderungen, ökonomischen Gesichtspunkten im Konstruktionsunterricht eine größere Geltung zu verschaffen. Bereits 1869 hatte der Beratende Ingenieur H. v. Reiche (gest. 1883) ein an Konstrukteure in der Industrie gerichtetes Buch »Die Maschinenfabrikation. Entwurf, Kritik, Herstellung und Veranschlagung der gebräuchlichsten Maschinenelemente« publiziert.[107] Nachdem Reiche 1875 Professor für Maschinenbaukunde an der RWTH Aachen geworden war, setzten er und seine Kollegen es auch im Hochschulunterricht ein. Das Neue an Reiches Werk lag darin, daß er Konstruktion, Fertigung und Kalkulation sowie weitere Gesichtspunkte integrativ behandelte, mit dem Ziel, »rationell zu construiren«. Dieser Ansatz fand grundsätzlich Beifall von industrieller Seite, wenn auch ein Maschinenbaudirektor bemerkte, daß die Art der Ausführung sich für die Hochschule nur bedingt eigne, da sie praktische Erfahrungen im Maschinenbau voraussetze.[108] Jedenfalls sei es richtig, »dass unsere Studirenden auch mit den positiven Werthzahlen des industriellen Lebens ... rechnen lernen« müßten. Redtenbachers Lehrmethode – gemeint war deren ausschließliche Ausrichtung auf technische Funktionalität – sei heute veraltet.

Von größerer Bedeutung war die Auseinandersetzung um die Rolle der Mathematik in den technischen Wissenschaften und im technischen Unterricht. Das Hauptproblem bei der analytischen Erfassung von Maschinen lag in der Modellbildung.[109] Die Versuche mathematischer Durchdringung konstruktiver Aufgaben konnten in zwei Dilemmata enden. Entweder wurden sie mit einem großen mathematischen Apparat bearbeitet, ohne daß die diesen Rechnungen zugrunde liegenden modellhaften Vorstellungen adäquat waren. Oder die im Studium durchgerechneten Konstruktionsaufgaben erschöpften sich in besonders einfachen Spezialfällen, die für die im späteren Berufsleben auftauchenden komplizierten Probleme wenig nützten. Allzuoft – so erläuterte der Stuttgarter Maschinenbauer Adolf Ernst in deutlicher Anspielung auf Grashof[110] – gehe es in der theoretischen Maschi-

107 Blum, Betrachtungen; zu Reiche Sp. 91 f., das Zitat Sp. 98.
108 Wirklichkeitsblinde, S. 117-119 (Zitat S. 119).
109 Vgl. zum Folgenden König, Wissenschaft.
110 Maschinenbaulaboratorien, S. 1354 f.

nenlehre um die allgemeine Lösung eines mathematisch-technischen Problems, das sich

»noch nicht in den Formen einer betriebsfähigen Maschine verkörpern lässt ... Ohne auf die Ausführungseinzelnheiten (sic!) einzugehen, kann die theoretische Maschinenlehre aber keinen Anspruch erheben, eine brauchbare Konstruktionstheorie zu sein. Sie bleibt ein Skelett, dem noch Fleisch und Blut und innere Organe hinzugefügt werden müssen, um das zu bieten, was der Maschineningenieur für seine Ausbildung und selbständige Leistungsfähigkeit unbedingt braucht«.

Wenn Riedler und seine Kollegen gegenüber dieser in ihren Augen stattfindenden Überschätzung der Mathematik in der Technik Anschauung, Beobachtung und Versuch als Aufgaben des technischen Unterrichts betonten, so waren die Maschinenbauabteilungen dafür denkbar schlecht gerüstet. Die Lehre an den Technischen Hochschulen bestand aus theoretischen Vorlesungen, Demonstrationsvorträgen mit Modellen, Konstruktions- und Zeichenübungen. Die an vielen Hochschulen vorhandenen mechanischen Werkstätten fertigten in erster Linie solche Modelle an. Den größten Einblick in die industrielle Technik erhielten die Studenten noch auf Exkursionen. Erst in den letzten Jahrzehnten des 19. Jahrhunderts bemühte man sich, an den Hochschulen Laboratorien und Versuchsstätten zu schaffen, die sowohl der Lehre wie der Forschung dienen sollten. Begonnen hatte dies mit der Einrichtung von Materialprüfungsanstalten seit den späten sechziger Jahren. Bei den Arbeits- und Werkzeugmaschinen, die sich damals der Berechnung weitgehend entzogen, wiesen seit den siebziger Jahren Hochschullehrer wie Friedrich Kick (1840-1915) in Prag und Ernst Hartig (1836-1900) in Dresden auf die Bedeutung von Experimenten hin und setzten diese Einsicht in Forschung und Lehre um.[111]

Die Einrichtung eines Maschinenbaulaboratoriums hatten Carl Bach (TH Stuttgart) und andere Hochschullehrer bereits 1884 gefordert.[112] Neuen Auftrieb erhielten diese Forderungen, als auf der Ausstellung von Philadelphia 1876 und der Weltausstellung von Chicago 1893 der hohe Stand des amerikanischen Werkzeugmaschinenbaus deutlich wurde. Nach seinem Besuch der

111 Richter, Methodenentwicklung; Z.VDI 28 (1884), S. 490-492.
112 S. u. S. 73.

Weltausstellung und einer Rundreise durch die USA erstattete Alois Riedler im Auftrag des preußischen Kultusministers einen Bericht über die amerikanischen technischen Lehranstalten.[113] Riedler betonte in dieser sehr differenzierten Abhandlung, daß es bei der Vielzahl sehr unterschiedlicher technischer Schulen in den USA außerordentlich schwierig sei, zu allgemeinen Aussagen zu kommen. Ohne Einschränkung als vorbildlich bezeichnete er den amerikanischen Laboratoriumsunterricht, bei dem die Studenten selbständig Versuche durchführten und diese protokollierten, und empfahl die Einrichtung von Maschinenbaulaboratorien an den deutschen Hochschulen.[114] Nach intensiven Beratungen, die sich auch allgemeiner mit dem Praxisbezug der Ingenieurwissenschaften befaßten, machte sich der VDI 1895 mit den sogenannten Aachener Beschlüssen die Forderungen Riedlers zu eigen. Die Mittelzuweisungen der preußischen Regierung für diesen Zweck erfolgten außergewöhnlich schnell. Bereits 1896 konnte das erste Maschinenlaboratorium an der TH Berlin eröffnet werden. Auch die anderen Regierungen ließen sich nicht lange drängen. 1903 besaßen alle Hochschulen in Deutschland entsprechende Einrichtungen, das Schlußlicht bildete die TH Braunschweig.[115]

Daß sich durch die Einführung des Laboratoriumsunterrichts, der übrigens von Reuleaux abgelehnt wurde,[116] das Problem der Revision der Lehrpläne stellte, war klar. Bereits in der Vordiskussion im VDI ging der Stuttgarter Maschinenbauer Adolf Ernst,[117] ein Exponent der »Praktiker«, auf diese Frage ein.[118] Ernst, der sich nachdrücklich für die Einrichtung von Maschinenbaulabo-

113 Riedler, Amerikanische technische Lehranstalten, 1893. 1894 erschien dieser Bericht – jetzt mit kritischen Betrachtungen Riedlers versehen – in der Zeitschrift des VDI.

114 Zur Diskussion um die Einrichtung von Maschinenbaulaboratorien Manegold, Universität, S. 148 ff.

115 Albrecht, S. 332.

116 Braun/Weber, S. 289.

117 Über Adolf Ernst s. den Nachruf in der Z.VDI 51 (1907), S. 1485–1487; Haßler; Zweckbronner, Ingenieurausbildung, S. 155 f. und 179 ff.; Ernsts Spezialgebiet waren die Hebezeuge; vgl. Ernst, Hebezeuge; s. zur Frage der Neuorganisation des Unterrichts auch Riedler, Maschinen-Ingenieurwesen, S. 133 ff.

118 Maschinenbaulaboratorien.

ratorien aussprach, nutzte die Gelegenheit für eine Auseinandersetzung mit der theoretischen Maschinenlehre. Für ihn war es keine Frage, daß die Einführung des Laboratoriumsunterrichts auf Kosten der theoretisch-abstrakten Fächer erfolgen müsse: der theoretischen Maschinenlehre, der theoretischen Mechanik sowie der Mathematik. Im Pflichtbereich genüge es, die Mathematik nur im Grundstudium und nur bis etwa zu den partiellen Differentialgleichungen vorzutragen, denn die Technische Hochschule solle schließlich Konstrukteure und Industrielle und nicht Mathematiker ausbilden.

Damit war eine Auseinandersetzung eröffnet, die unter dem Stichwort »Antimathematikerbewegung« in die Geschichte der Technikwissenschaften eingegangen ist.[119] Abgesehen von den Laboratoriumsübungen ging es auch darum, mehr Zeit für die sich ausdifferenzierenden technischen Fächer zu gewinnen. Der Anteil der Mathematik in den Studienplänen der Maschinenbauer betrug damals knapp 15 %, lag aber in den beiden ersten Studienjahren weit höher.[120] Darüber hinaus berührte dieser Streit auch Grundsätzliches. Die Vertreter der »Antimathematikerbewegung« forderten, die mathematischen Vorlesungen für Ingenieure von technisch beschlagenen Lehrkräften halten zu lassen, damit die Verbindung des mathematischen Stoffs mit technischen Problemen verdeutlicht werden könne. Hinter dieser Forderung standen unterschiedliche Auffassungen darüber, ob die Mathematik an den Technischen Hochschulen als eigenständige grundlegende Wissenschaft oder als Hilfswissenschaft für die Ingenieurwissenschaften zu betrachten sei. An den meisten Hochschulen hatte man bekannte Mathematiker von den Universitäten berufen, die »reine«, auf hohem Niveau stehende Mathematik betrieben und häufig nach einiger Zeit wieder an die Universitäten abwanderten.[121]

Nachdem zahlreiche Ingenieurprofessoren und der VDI sich in diesem Sinne ausgesprochen hatten, erließen 33 Professoren der Mathematik und der theoretischen Mechanik, praktisch alle

119 Klemm, Rolle, S. 89; Manegold, Universität, S. 249 ff.; Purkert/Hensel, S. 70 ff.; Hensel/Ihmig/Otte, und zwar vor allem der Beitrag von Susann Hensel, Auseinandersetzungen, S. 55 ff.

120 Papperitz, S. 12; Hensel/Ihmig/Otte, S. 24 f. u. 251.

121 Hensel, Auseinandersetzungen, S. 19 ff.

Fachvertreter an den Technischen Hochschulen, eine Gegenresolution, in der mit der Möglichkeit gedroht wurde, »daß die höhere theoretische Ausbildung der Techniker von den Universitäten übernommen wird, wodurch die Technischen Hochschulen zu Mittelschulen herabgedrückt würden«.[122] Diese Resolution spielte einerseits auf in dieser Zeit wieder in den Vordergrund tretende Bestrebungen an, die Universitäten um technische Fächer zu erweitern, andererseits stellte sie sich ganz auf den traditionellen Standpunkt, daß die Wissenschaftlichkeit der Technischen Hochschulen einzig aus den theoretischen Fächern, insbesondere der Mathematik als Grundwissenschaft, erwachse. Die Gegenresolution der Ingenieurprofessoren ließ nicht lange auf sich warten:

»Zwischen den Begriffen ›technisch‹ und ›theoretisch‹, das heißt wissenschaftlich, kann ein Gegensatz in dem Sinne nicht zugegeben werden, dass die technischen Lehrfächer keine theoretisch-wissenschaftliche Behandlung verlangten. Diese verbinden vielmehr, wie kaum ein anderes, die beiden Verstandesthätigkeiten des sichtenden Beobachtens und des logischen Schließens aus den so gewonnenen Grundlagen.«[123]

Der Streit endete damit, daß der Stundenanteil der Mathematik an den meisten Hochschulen und im besonderen Umfang an der TH Berlin zugunsten des Laboratoriumsunterrichts und des Konstruktionsunterrichts reduziert wurde.[124] Außerdem bemühten sich die Mathematiker an den Technischen Hochschulen in Kooperation mit ihren Ingenieurkollegen, ihren Unterricht mehr auf die Vorkenntnisse und Bedürfnisse der Ingenieurstudenten abzustellen. Mit ihrer Forderung, den Mathematikunterricht durch auch technisch ausgebildete Lehrkräfte erteilen zu lassen, konnten sich die Ingenieurprofessoren nicht durchsetzen. In einer Zeit zunehmender Spezialisierung und der Verlängerung der Studienzeiten hätte dies große Schwierigkeiten aufgeworfen.

In seinen zahlreichen programmatischen Beiträgen zur Entwicklung der Ingenieurausbildung hatte Alois Riedler immer die Bedeutung von eher konstruktiv orientierten Lernzielen, wie der

122 Z.VDI 41 (1897), S. 114; die beiden Resolutionen sind teilweise abgedruckt bei Hensel/Ihmig/Otte, S. 284-287.
123 Z.VDI 41 (1897), S. 1368 f.
124 Hensel/Ihmig/Otte, S. 78 ff. u. 288-300.

Entwicklung des Beobachtungs- und Anschauungsvermögens, gegenüber den mehr theoretisch orientierten, wie dem logischen Schließen, der Beweisführung und Begriffsbildung, betont. Um zu verstehen, was die Ingenieurprofessoren unter den Begriffen anschauliches und begriffliches Denken verstanden, ist ein Artikel von Otto Kammerer hilfreich, einem Abteilungskollegen von Riedler in Berlin, der in vielen Punkten dessen Auffassungen teilte.[125] Von der Fähigkeit, komplexe Zusammenhänge in Begriffen zusammenzufassen, unterschied Kammerer das anschauliche Denken als die »Fähigkeit, räumliche Vorstellungen zu wiederholen und neu zu bilden«, was für die Technik weitaus wichtiger sei. In der Mathematik gebe es mit Analysis und Algebra mehr dem begrifflichen und mit der darstellenden Geometrie und speziellen graphischen Darstellungsmethoden mehr dem anschaulichen Denken entsprechende Bereiche. In den Technikwissenschaften bezeichnete Kammerer Grashof als typischen Vertreter eines eher begrifflichen Denkens.

Nach Riedler bewegte sich der Konstruktionsunterricht an den deutschen Technischen Hochschulen auf einem hohen, aber noch entwicklungsfähigen Niveau. In seinem Bericht über die amerikanischen technischen Lehranstalten hatte er über den dortigen Konstruktionsunterricht ein geradezu vernichtendes Urteil gefällt.[126] Das Niveau sei niedriger als bei den deutschen niederen technischen Mittelschulen. Man könne eher von Zeichenunterricht als von Konstruktionsunterricht sprechen. Wenn der amerikanische Maschinenbau in verschiedener Hinsicht führend war, dann konnte dies – nach Riedler – jedenfalls nicht mit dem dortigen Konstruktionsunterricht zusammenhängen.

Diese Äußerungen von Riedler, der von Zeitgenossen als »berühmte(r) Konstrukteur« bezeichnet wurde,[127] machen neugierig, wie der Konstruktionsunterricht bei Riedler selbst ausgesehen hat. Leider läßt sich diese Frage aufgrund des zur Verfügung stehenden Quellenmaterials nur unzureichend beantworten. Abgesehen von einer günstigen Beurteilung, die wir gleich noch zitieren werden, besitzen wir eine ausführliche, eher negative – allerdings auch Jahrzehnte später niedergeschrie-

125 Anschauliches Denken, Zitat S. 1.
126 Riedler, Amerikanische technische Lehranstalten, 1894, S. 512 u. 631.
127 Z.VDI 40 (1896), S. 376.

bene – Charakteristik von Georg Siemens, einem entfernten Verwandten der Industriellenfamilie.[128] Georg Siemens begann im Jahre 1900 sein Maschinenbaustudium an der TH Berlin. Im Rückblick beklagte er die »Massenabfertigung« durch die akademischen Lehrer, die durch ihre Industrietätigkeiten zu sehr in Anspruch genommen waren. Bei Riedler, dem er zwar eine »glänzende Lehrbegabung«, aber auch »gänzlichen Mangel an Systematik« attestierte, hörte er Maschinenelemente.

»Seine Vorlesung bestand darin, daß er uns eine Anzahl mehr oder weniger zusammenhangloser Brocken hinwarf. In diesen Brocken steckte manch wertvolle Erfahrung, und sie wurden erläutert durch rasch hingeworfene Skizzen von einer Eleganz und Klarheit, wie ich das später nie wieder gesehen habe. Leider machte er die Wirkung seines Vortrages, abgesehen von dessen völliger Zusammenhanglosigkeit, zum großen Teil dadurch wieder zunichte, daß er ihn mit Invektiven spickte gegen jeden und jedes, was ihm nicht paßte. Er übte eine geradezu impertinente Art höhnischer Kritik an seinen zahlreichen Gegnern, so daß seine Freunde und Bewunderer sagten, er sei eine ›Kampfnatur‹; in Wirklichkeit gehörte er zu jenen, die niemals zugeben, sich geirrt zu haben.«

Auch Siemens' Urteil über den seines Erachtens zu umfangreichen Konstruktionsunterricht, der aber wahrscheinlich nicht durch Riedler persönlich gegeben wurde, lautete wenig günstig:

»Immer, wenn ich glaubte, eine Lösung gefunden zu haben, hieß es: ›So geht das nicht‹, oder ›So macht man das nicht‹, und dann begann die Sisyphusarbeit wieder von vorn. Dabei war niemals klar zu erkennen, welchen Weg man nun zu beschreiten hatte, um sicher zum Ziel zu kommen.«

Riedler verlangte von den Technischen Hochschulen, daß sie einen »steten Zusammenhang mit der ausführenden Praxis, mit ihrer unfehlbaren Kritik, ihren unmittelbaren Erfahrungen, ihren immer neuen Forderungen und Aufgaben« bewahrten.[129] Die Hochschulen sollten zur Produktion erziehen. In viel größerem Maße als bisher müsse das Kriterium der Wirtschaftlichkeit beim technischen Schaffen beachtet werden. Dabei spielten auch

128 Siemens, S. 32-39 u. 52 f.; die längeren Zitate S. 38 u. 53. Das negative Urteil Georg Siemens' relativiert der spätere Professor für Verbrennungskraftmaschinen an der TH Berlin, Friedrich Sass, der um 1905 Riedlers Vorlesungen besuchte. Sass, S. 656 f.

129 Schnellbetrieb, S. V.

nationalpolitische Motive eine Rolle: Die deutsche Industrie sollte gerüstet werden, um den »Kampf ums Dasein« am Weltmarkt siegreich zu bestehen.

Analysiert man die Publikationen Riedlers über bestimmte Maschinengattungen, wie zum Beispiel über Dampfmaschinen, Groß-Gas- und weitere Verbrennungsmaschinen sowie Kompressoren,[130] so fällt die exakte zeichnerische Wiedergabe der behandelten Maschinen auf. Außerdem werden die jeweiligen Konstruktionen einer differenzierten Kritik unterzogen. Dabei tauchen Kriterien auf, wie leichte Herstellbarkeit, Reparaturfreundlichkeit, Brennstoffökonomie, Wartungsbedarf und Betriebskosten, die als Unterpunkte von Wirtschaftlichkeit interpretiert werden können. In seiner Arbeit über Groß-Gasmaschinen verweist Riedler auf Zielkonflikte in der technischen Arbeit, so zwischen der theoretischen Forderung eines möglichst hohen Druck- und Temperaturgefälles und dem für die Kühlung zu treibenden Aufwand.[131] An zahlreichen Stellen seines Werks betont er, daß bei konstruktiven Entscheidungen immer eine Fülle unterschiedlichster technischer und wirtschaftlicher Gesichtspunkte zu beachten sei. Offensichtlich ging er diesen Fragen als Konstrukteur und Hochschullehrer bei einzelnen Objekten nach, aber nie systematisch im Zusammenhang.

Hinweise auf Riedlers konstruktive Auffassungen enthält auch sein 1896 erstmals erschienenes, von ihm selbst als »Kampfschrift« bezeichnetes[132] Buch über »Das Maschinen-Zeichnen«. Zielgruppe des Buches waren einerseits die Ingenieurstudenten, andererseits Ingenieure, die Maschinenzeichnen im schulischen oder industriellen Bereich vermitteln sollten. Grundlagen für den Zeichenunterricht an den Technischen Hochschulen, der dem Konstruktionsunterricht vorausgehen müsse, könnten – so Riedler – schon im künstlerischen Zeichenunterricht an der Schule gelegt werden, nämlich richtiges Sehen, Raum- und Formvorstellung, plastisches Denken und Ausdrucksvermögen.[133] Die zentrale Aussage in Riedlers Werk ist, daß sich die Art der

130 Dampfmaschinen; Schnellbetrieb; Groß-Gasmaschinen.

131 Groß-Gasmaschinen, S. 2.

132 Riedler, Maschinen-Zeichnen, 2. Auflage, S. III.

133 Maschinen-Zeichnen, S. 1-3. Vgl. zu diesem Werk Riedlers auch Hertwig, S. 12; Wißner, S. 98-100, sowie die Rezensionen zur 1. Auflage in Elektrotechnische Zeitschrift (1896), S. 450, u. Anna-

Zeichnung aus ihrem Zweck ergebe.[134] »Die Maschinenzeichnung ist das Mittel, die Vorstellung des Konstrukteurs für einen bestimmten Zweck auszudrücken.« Dabei unterscheidet er vor allem Werkzeichnungen zum Zwecke der Kommunikation des Konstrukteurs mit den Arbeitern und unter diesen wieder für die Fertigung bestimmte Werkstattzeichnungen, Montagepläne, Rohrpläne usw. sowie Projektzeichnungen für Nichtsachverständige. In der Regel müßten bemaßte Werkzeichnungen ohne weitere mündliche und schriftliche Erläuterungen zur Anfertigung des Dargestellten ausreichen. Grundsätze für die Bemaßung, die abgekürzte Darstellung von häufig vorkommenden Maschinenelementen wie Zahnräder und Schrauben und für die Anfertigung von Stücklisten werden ausführlich diskutiert. Während Redtenbacher die Gewindegänge von Schrauben noch durch Schrägstriche andeutete, stellte Riedler sie in weiter schematisierter Form dar, die vom Prinzip her der heute üblichen entspricht.[135]

An einigen Stellen seines Buches geht Riedler auf das Konstruieren und den Konstruktionsunterricht ein. Skizzieren soll während des gesamten Studiums im Konstruktionsunterricht geübt werden und nicht nur in Anfängerkursen.[136] Originell ist die Methode Riedlers, fehlerbehaftete Konstruktionszeichnungen, die er Handbüchern oder Schülerarbeiten entnahm, und korrekte nebeneinanderzustellen. Dabei entstammen die Kriterien seiner Kritik häufig der Herstellung.[137] So werden Hohlgußstücke »konstruiert«, die nicht herstellbar sind. Es wird gezeigt, daß die Bevorzugung eckiger statt runder Formen die Fertigung erschwert usw. Bei vielen Zeichnungen bemängelt er, daß nur einzelne Kriterien wie zum Beispiel Festigkeit berücksichtigt würden, nicht aber andere wie Reibung, Abnützung und Herstellbarkeit.

Teile des Buches stellen unübersehbar eine Auseinandersetzung

len für Gewerbe & Bauwesen 39 (1896), S. 458, S. 32 f. u. Nr. 459, S. 51-53. In der letzten Rezension setzt sich der Verfasser kritisch mit Riedlers polemischem Stil auseinander und wendet sich gegen die auf Reuleaux gemünzten Angriffe.

134 Maschinen-Zeichnen, S. 5 (Zitat) u. 26 ff.

135 Nedoluha, S. 84 u. Tafel 3; bzw. Redtenbacher, Resultate, passim.

136 Riedler, Maschinen-Zeichnen, S. 93 ff.

137 Maschinen-Zeichnen, S. 17 ff.

mit Reuleaux dar. So entstammen einige der als fehlerhaft gekennzeichneten Zeichnungen Reuleaux' »Constructeur«. Bei der besonders schlechten Skizze eines Studenten weist er darauf hin, daß dieser die Kinematik »mit hervorragendem Erfolge« studiert habe.[138] Den von Reuleaux propagierten Maschinenbaustil, bei dem auch historisierende Architekturformen vorkommen, lehnt er grundsätzlich ab.[139] Dagegen vertritt er den funktionalistischen Standpunkt, daß die Form allein aus den technischen Anforderungen hervorgehen müsse. Schließlich wendet er sich gegen die – von Reuleaux an der TH Berlin gepflegten – schön ausgeführten »Schulzeichnungen« durch »Dilettanten des Maschinenbaus«, gegen bunte Abtönungen, Schattierungen, Reflexlichter in Komplementärfarben usw.[140] Auch die bis dahin übliche farbliche Kennzeichnung unterschiedlicher Materialien hält er für überholt, da mittlerweile im Maschinenbau zu viele Materialien verwendet würden.[141] Das von Riedler propagierte und gelehrte Ideal ist die exakte, bemaßte, dem jeweiligen Zweck angepaßte Schwarzweißzeichnung, bei der das Kriterium der rationellen Fertigung beachtet worden ist. Damit ist Riedler einer der Begründer des modernen technischen Zeichnens an der Hochschule.

Riedler nahm mit seinem Buch früh Tendenzen aus den USA und Deutschland auf, die unter dem Begriff der Rationalisierung zusammengefaßt worden sind: Übergang zum Austauschbau, zur Serien- und Massenfertigung, Entwicklung zum Großbetrieb und zunehmende Arbeitsteilung. Wiewohl Riedler diese Tendenzen unterstützte, übersah er – besonders in seinen späteren Schriften – doch nicht deren Gefahren und Schattenseiten:

»Der Großbetrieb braucht viele sofort taugliche und billige Mitarbeiter für seine vielfach geteilte Arbeit, er muß an allgemeinen Unkosten sparen, auch an Ingenieurarbeit. Er muß die meisten Mitarbeiter in *engbegrenzte Teilarbeit* einstellen, schon wegen der Geheimhaltung der Bestrebungen, Erfolge und Fehlschläge. Er muß die Sondergebiete wieder unterteilen, sachlich und auch nach Berechnung, Entwurf, Ausführung

138 Maschinen-Zeichnen, S. 94 f.

139 Maschinen-Zeichnen, S. 103 ff. u. 24 f.; vgl. hierzu u. a. Moll/Reuleaux, S. 86-90 u. 912-980.

140 Maschinen-Zeichnen, S. 5 f.; zu Reuleaux' Zeichenunterricht vgl. Consentius.

141 Riedler, Maschinen-Zeichnen, S. 76 ff.

und Untersuchung, Betrieb usw. Die Ingenieure vieler Abteilungen sind so streng auseinandergehalten, daß den Teilarbeitern der Zusammenhang und Einblick in technische oder wirtschaftliche Verhältnisse ganz verborgen bleibt. Reicht die Teilung der Arbeit nicht aus, dann muß weiter unterteilt werden, bis schließlich die Einzelarbeit wissenschaftliche Bildung gar nicht mehr erfordert, sondern nur noch Einlernen und Einüben.«[142]

Mit diesem Zitat ist schon ein Bruch in der Biographie Riedlers angedeutet, der sich bereits vor dem Weltkrieg anbahnte, durch den Krieg aber besonders deutlich wurde. Zunächst erhielt er für sein »Maschinen-Zeichnen« besonderes Lob von den Protagonisten des Rationalisierungsgedankens, so von Fritz Neuhaus, Direktor bei Borsig und einer der wichtigsten Wegbereiter der Normierung in Deutschland.[143] Neuhaus hatte Anfang der neunziger Jahre des 19. Jahrhunderts Vorlesungen bei Riedler gehört, an denen er die »klare, leicht verständliche, durch Beispiele so geschickt erläuterte, auch hier oft drastische Darstellungsweise« hervorhob. Neuhaus betonte 1913 anläßlich des Erscheinens der zweiten Auflage des Riedlerschen Buches, daß dieses nicht nur für den Studenten, sondern auch für den in der Praxis stehenden Ingenieur außerordentlich wertvoll sei.

»Es ist meines Wissens das erste Werk, das in klarer übersichtlicher Form die Anweisungen über das Maschinenzeichnen zusammenstellt, die die meisten größeren Fabriken gezwungen waren, für ihren eigenen Bedarf zusammenzustellen. Ich habe nichts Theoretisches darin finden können, nur aus der Praxis Geschöpftes und in der Praxis Bewährtes.«

Riedler selbst hatte in seinem Werk vermerkt, daß seit Redtenbacher über diesen Gegenstand nichts mehr veröffentlicht worden sei.[144] Von einem Rezensenten wurde er allerdings auf ein erstmals 1889 erschienenes Werk eines österreichischen Gewerbelehrers sowie eines Berliner Ingenieurs aufmerksam gemacht, das sich aber von der ganzen Anlage her in erster Linie an technische Zeichner und weniger an Konstrukteure wandte.[145] Die Verfasser fühlten sich offensichtlich von Riedler angegriffen und setzten ihr Werk – meines Erachtens mit Stoßrichtung gegen ihn –

142 Zerfall, S. 306. Vgl. auch Wirklichkeitsblinde, S. 122 u. 132.
143 Z.VDI 57 (1913), S. 1511 f. Zu Neuhaus s. u. S. 141 f.
144 Riedler, Maschinen-Zeichnen, S. 4.
145 Weyde/Weickert, Zitat S. VI; vgl. Loebner.

von einem »hochwissenschaftlichen« ab, das sie als »hochfliegende polemisierende, lediglich für die Schule zugeschnittene« Abhandlung charakterisierten. Wichtiger als diese auch von Profilisierungssucht bestimmten Auseinandersetzungen ist für uns die Frage nach grundsätzlichen Unterschieden zwischen beiden Arbeiten. Wenn man von den verschiedenen Zielgruppen absieht, dann liegen diese darin, daß Riedlers Kontrahenten der Werkstatt einen etwas größeren Spielraum bei der Umsetzung der Zeichnungen einräumen.[146] Außerdem halten sie an der Kennzeichnung der Materialien durch Farben fest und an der Forderung nach »schöner« Gestaltung der Zeichnungen, wobei sie besonders an die Außenwirkung zum Beispiel von Angebotszeichnungen dachten. Auch Reuleaux benutzte die Veröffentlichung des zweiten Bandes seines Lehrbuchs der Kinematik im Jahre 1900, um – vor allem mit künstlerischen Argumenten – die Forderung nach Schattierung und Kolorierung von Maschinenzeichnungen zu erneuern.[147] Bei Werkstattzeichnungen lehnte Reuleaux eine Bemaßung ab.[148]

Weiter sah Reuleaux in der Durchsetzung der Riedlerschen Richtung an der TH Berlin ein »grundsätzliches Zurückgehen« von »der gerade in frischer Entwicklung aufblühenden Gesetzforschung« »auf die Stufe des ›Vorbildes‹«. Vergleicht man die Intentionen von Reuleaux' »Kinematik« und Riedlers »Maschinen-Zeichnen«, dann läßt sich erkennen, daß diese unterschiedliche Anwendungsfelder und Zielgruppen ins Auge faßten. Die »Kinematik« als Versuch einer systematischen Erfindungslehre konnte vor allem bei Neu- und eventuell Verbesserungskonstruktionen eine Hilfe bieten. Das »Maschinen-Zeichnen« gab zwar auch dafür Hinweise, zielte aber vor allem auf Varianten- und Detailkonstruktion. Damit deckte Riedler den bei weitem größten Teil des Berufsfelds der Konstrukteure und der üblichen Konstruktionsaufgaben ab, während sich Reuleaux' Arbeit mehr auf Erfinder und leitende Konstrukteure hin orientierte. Dem entsprach, daß Reuleaux und Riedler jeweils unterschiedliche Auffassungen von den Aufgaben der Hochschule besaßen. Nach Meinung Riedlers sollten die Technischen Hochschulen für die

146 Für dies und das Folgende Weyde/Weickert, S. 69, Tafel 3 u. S. 1 f.
147 Reuleaux, Lehrbuch, Bd. 2, besonders S. XIII f. u. 108-113 (Zitate S. XIII u. 110).
148 Dominik, S. 41.

gesamte praktische Ingenieurarbeit ausbilden, eine Arbeitsteilung zwischen den THs und den entstehenden technischen Mittelschulen lehnte er ab. Reuleaux dagegen wollte an den Technischen Hochschulen eine wissenschaftliche Elite unter den Technikern heranziehen.

An der TH Berlin setzte Riedler seine Konzeption des Konstruktionsunterrichts weitgehend durch. Der Konstruktionsunterricht erfuhr eine erhebliche quantitative Ausdehnung, unter anderem kenntlich an dem Anstieg der Zahl der an der TH Berlin beschäftigten Konstruktionsingenieure von drei im Jahre 1902 auf dreizehn im Jahr 1908.[149] Nach der Jahrhundertwende begann Riedlers Stern jedoch allmählich zu sinken.

1907 gründete er an der TH Berlin zwar das Institut für Verbrennungskraftmaschinen und Kraftfahrzeugtechnik, das erste dieser Art in Deutschland, zog sich danach aber immer stärker aus der Berliner Hochschulpolitik zurück. Die Gründe dafür liegen zum einen in der Persönlichkeitsstruktur Riedlers, zum anderen in der Entwicklung der Technischen Hochschulen. Verbindlichkeit im Ton und Kompromißbereitschaft waren Riedlers Sache nicht. Im Gegenteil hielt er nie mit seinen Ansichten hinterm Berg, sondern neigte eher dazu, diese in polemischer und verletzender Weise zuzuspitzen. Dazu kamen sachliche Differenzen mit seinen Ingenieurkollegen. An der Berliner Maschinenbaufakultät war er bald nach der Jahrhundertwende weitgehend isoliert. Auch mit der Berliner Industrie überwarf er sich, als er um 1907 entschieden gegen Pläne, in Berlin eine technische Mittelschule zu errichten, Stellung bezog.[150] Letzten Endes ging es ihm dabei darum, die Berufsgruppe der Ingenieure auf die Hochschulabsolventen zu beschränken und für diese Titelschutz zu erreichen. In welchem Ausmaß sich Riedler bei der Industrie unbeliebt gemacht hatte, zeigen die Angriffe, die der Industrielle und nationalliberale Abgeordnete Beumer im Jahre 1908 im preußischen Landtag gegen ihn richtete.[151] Beumer warf Riedler vor, er vernachlässige seine Lehraufgaben im Interesse seines privaten Ingenieurbüros. In den Übungen bekämen ihn die Studenten kaum mehr zu Gesicht. Während Beumer hierfür eindrucks-

149 Stenographische Berichte, Bd. 515, S. 2546.
150 König, Ingenieure, S. 247 f.
151 Stenographische Berichte, Bd. 515, S. 2539-2550; 517, S. 4194-4198 u. 4203-4211.

volle Belege anführte, standen seine weiteren Vorwürfe eher auf schwankendem Boden und wurden vom Vertreter des Kultusministeriums überzeugend zurückgewiesen. Er behauptete, die Ausdehnung des Konstruktionsunterrichts auf Kosten der mathematisch-naturwissenschaftlichen Grundlagenfächer habe dazu geführt, daß die Industrie keine Berliner Maschinenbauabsolventen mehr einstelle. Schließlich brachte er den Rückgang der Berliner Studentenzahlen mit Riedlers Wirken in Verbindung.

Kann man in diesen Auseinandersetzungen eher eine Arabeske über Riedlers Persönlichkeit erblicken, so ist für unsere Zusammenhänge Riedlers Wendung gegen die zunehmende Differenzierung und Spezialisierung der Ingenieurfächer von größerer Bedeutung. Mit dem wissenschaftlichen Aufstieg der Polytechnischen Schulen seit den sechziger Jahren des 19. Jahrhunderts hatte sich die Zahl der dort gelehrten Fächer außerordentlich vermehrt. Während bis etwa 1890 der Ausbau vor allem in den bautechnischen Fächern stattfand, ging danach die größte Dynamik vom Maschinenbau aus. Dabei erfolgte diese Differenzierung einerseits nach Maschinentypen beziehungsweise technisch-industriellen Anwendungsgebieten. So wurden zum Beispiel eigene Lehrstühle für Dampfmaschinenbau (einschließlich Dampfturbinen), Verbrennungskraftmaschinen und Kraftfahrwesen, Luftschiffahrt, Flugtechnik und Aerodynamik oder Werkzeugmaschinen geschaffen. Andererseits fanden technische Querschnittsfragen und Grundlagendisziplinen, wie Thermodynamik, Maschinenelemente oder Werkstoffkunde, eine selbständige Vertretung. Schließlich sind noch maschinenunabhängige berufliche Spezialisierungen zu nennen, wie Studiengänge für Verwaltungsingenieure, Laboratoriumsingenieure usw.

Schon in der Diskussion um die Einrichtung der Maschinenbaulaboratorien in den neunziger Jahren hatte die Frage der Differenzierung der Maschinenbauwissenschaften eine wichtige Rolle gespielt. In seinem Plädoyer für Maschinenbaulaboratorien sprach sich Adolf Ernst entschieden gegen die bisherige Trennung von Theorie und Praxis im Maschinenbauunterricht aus, welche bis auf Gustav Zeuner und die Jahrhundertmitte zurückging.[152] Die theoretische und praktische Behandlung eines »Konstruktionsgebiets« einschließlich Berechnungsverfahren, Kon-

152 Ernst, Maschinenbaulaboratorien, S. 1354 f. u. 1358 (Zitat S. 1355).

struktions- und Laboratoriumsübungen solle jeweils durch *einen* Fachvertreter erfolgen. »Dampfmaschinentheorie und konstruktive Ausführung stehen jedenfalls in viel innigerem Zusammenhang als Dampfmaschinen- und Turbinentheorie oder als Dampfmaschinen- und Turbinenbau.«

Offensichtlich entfernte sich Alois Riedler im Laufe der Zeit von diesen Auffassungen. Jedenfalls datiert er rückblickend aus der Perspektive nach dem Ersten Weltkrieg den Beginn des »Zerfalls« der Technischen Hochschulen auf die Zeit um 1902/03, als an der TH Berlin eine neue Prüfungsordnung mit stärkerer Differenzierung der Ausbildungsrichtungen in Kraft trat.[153] Explizit spricht er sich auch gegen neue Fachgebiete wie Fabrikations- oder Betriebslehre aus. Riedler ging es einerseits darum, die technischen Fächer zu größeren Gebieten zusammenzufassen, andererseits wollte er Technik und Wirtschaft stärker miteinander verbinden.[154] Darauf weisen Begriffe wie Dampfwirtschaft oder Stoffwirtschaft hin, die er in die Diskussion brachte. Der Unterricht sollte stärker paradigmatisch und nicht enzyklopädisch angelegt werden. Kern des Ingenieurstudiums sollte eine neue »Gestaltungs- und Betriebslehre« bilden.

Damit stellt sich die Frage, inwieweit er den Begriff des »Gestaltens« vom »Konstruieren« absetzte, das unter seiner Leitung an der TH Berlin um die Jahrhundertwende eine Blüte erlebt hatte.[155] Sein Begriff des Gestaltens geht über den des Konstruierens und des Zeichnens hinaus. Während bei den beiden letzteren die Formen im Mittelpunkt stünden, so bei der Gestaltungslehre die gewünschten Wirkungen technischer und wirtschaftlicher Art. Die Beispiele, die in diesem Gestaltungsunterricht behandelt würden, seien beliebig. Generell sei dieser Unterricht ein Mittel, um schaffensfähige, selbständige, wirtschaftlich denkende und ihrer Verantwortung bewußte Ingenieure heranzuziehen. Dagegen werde der einseitige Konstrukteur

»immer nur als Zeichner eingeschätzt und bezahlt ... Bezahlung erfolgt wesentlich nur nach erzieltem Gewinn, der im Bereich der bloßen Konstrukteure nicht in die Erscheinung tritt, wenigstens nicht in den Augen

153 Riedler, Zerfall sowie Wirklichkeitsblinde, S. 184 ff.

154 Diese angestrebte Verbindung zwischen Technik und Wirtschaft stellte eine generelle Tendenz nach dem Ersten Weltkrieg dar. Vgl. Düwell; Schilling, Zur Ausbildung; Gundler.

155 Riedler, Zerfall, S. 332 f.

der Kaufleute. Erst wenn der Ingenieur *wirtschaftlich* mitarbeitet in Herstellung, Betrieb, Verkauf, wenn er *Können* und *Wirtschaft* vereinigt, dann werden die Leistungen gelohnt«.

1.4. Die Überwindung des Gegensatzes zwischen Theorie und Praxis durch Spezialisierung

1.4.1. Carl Bach: Maschinenbau als experimentelle Erfahrungswissenschaft

Wenn im Folgenden auch auf Carl Bach eingegangen wird, dann weniger wegen dessen eher knappen Aussagen über das Konstruieren – wiewohl Bach auch als praktischer Konstrukteur und Konstruktionslehrer Wesentliches leistete –, sondern deswegen, weil sein Werk gewissermaßen eine Synthese zwischen der mehr praktischen und der mehr theoretischen Richtung im Maschinenbau darstellt und weil er diese unter Anwendung der durch die Materialprüfungsanstalten und Maschinenbaulaboratorien gegebenen experimentellen Möglichkeiten zu einem neuen methodischen Ansatz in den Technikwissenschaften zusammenführte.

Carl Bach (1847-1931)[156] besaß eine abgeschlossene Schlosserlehre und Werkmeisterausbildung. Vor, während und nach seinem Studium arbeitete er immer wieder als Maschinenbauer, bei Richard Hartmann in Chemnitz, in der Gießerei der Gebr. Sulzer in Winterthur, bei W. Knaust in Wien, in englischen Firmen und zuletzt als Direktor bei der Lausitzer Maschinenfabrik in Bautzen – insgesamt eine Industrietätigkeit von etwa zehn Jahren. Dabei tat er sich besonders mit der Konstruktion von Dampfmaschinen und Feuerspritzen hervor. Sein Studium absolvierte er in Dresden, Stuttgart und in Karlsruhe bei Franz Grashof.

Von Bautzen aus wurde er 1878 als Professor für Maschineningenieurwesen nach Stuttgart berufen, wo er bereits während seines Studiums Assistent für die Konstruktionsübungen gewesen

156 Zu Leben und Werk Carl Bachs s. dessen Autobiographie und Schriftensammlung Mein Lebensweg sowie Köttgen u. a.; Braun, Methodenprobleme, S. 9 f.; Mauersberger, Herausbildung, S. 41 f.; Stützner; Zweckbronner, Ingenieurausbildung, S. 172 ff.; Hensel, Zum Verantwortungsbewußtsein; Naumann.

war. Sein Lehramt übte er bis 1922 aus. Bereits 1884 wurde in Stuttgart ein Laboratorium für Materialprüfungen eröffnet, das aus kleinen Anfängen allmählich ausgebaut wurde. 1914 arbeiteten dort immerhin 37 Mitarbeiter, vor allem an Forschungen im Auftrag der Industrie.

In Stuttgart forderte Bach, daß alle Immatrikulanden mehrere Jahre in der industriellen Praxis gearbeitet haben müßten. Immerhin konnte er durchsetzen, daß bereits 1883 in der württembergischen Staatsprüfungsordnung ein einjähriges Praktikum festgeschrieben wurde; die anderen deutschen Hochschulen folgten damit erst um die Jahrhundertwende.

Analysiert man die Schriften und Äußerungen Bachs, dann stellt man zahlreiche Gemeinsamkeiten mit Riedler und anderen »Praktikern« fest. Auch bei ihm findet man den häufigen Verweis auf die »Wirklichkeit«, die »Tatsachen«, auf die – auch strafrechtliche – »Verantwortlichkeit« des Ingenieurs; er appelliert an die Ingenieure, sich immer Rechenschaft über die »Grundlagen der Rechnungen« abzulegen, und bestreitet einen »Gegensatz von Theorie und Praxis«. Von Riedler unterscheidet ihn zunächst das Temperament. Persönliche und polemische Angriffe auf Andersdenkende wird man bei ihm vergebens suchen; seine Darlegungen sind immer moderat im Ton und an der Sache orientiert. Und schließlich legte er seine Auffassungen weniger in programmatischen Schriften als in Hand- und Lehrbüchern nieder, die über Jahrzehnte als Standardwerke in Gebrauch waren.

Seine »Elasticität und Festigkeit« erreichte zwischen 1889 und 1924 neun Auflagen. Während die Festigkeitslehre vorher nahezu ausschließlich auf mechanischen Überlegungen und rechnerischen Ableitungen aufbaute, entwickelte er sie zur Erfahrungswissenschaft. Erfahrungswissenschaft, das bedeutete nicht nur, daß Betriebserfahrungen berücksichtigt wurden, sondern vor allem, daß er systematisch Versuche durchführte und fremde Versuche auswertete. Für die Ergebnisse wurde, was zur damaligen Zeit keineswegs selbstverständlich war, immer der Gültigkeitsbereich mit angegeben. Was den mathematischen Apparat anbelangt, so ließ er sich von dem Grundsatz der Einfachheit und Angemessenheit leiten.

Sein bekanntestes Werk wurden »Die Maschinenelemente«; es behandelte die in den Maschinen vorkommenden wichtigen, jeweils den gleichen Zwecken dienenden Bauelemente. Zwischen

1881 und 1922 erschienen 13 Auflagen mit insgesamt 30 000 bis 40 000 verkauften Exemplaren sowie Übersetzungen in schwedischer, französischer und russischer Sprache. Was unterschied nun dieses Werk von Redtenbachers »Resultaten« und Reuleaux' »Konstrukteur«, in denen ja auch Zusammenstellungen von Maschinenelementen enthalten waren. Redtenbachers und Reuleaux' Werke stellten gewissermaßen eine Verbindung von Theorie und Praxis dar, da sie einerseits auf der Mechanik aufbauten, andererseits über die Methode der Verhältniszahlen und über die Erfahrungen der Verfasser die Praxis integrierten. Wie schon Riedler lehnte dagegen Bach die Methode der Verhältniszahlen, die noch bis ins 20. Jahrhundert hinein in Gebrauch war, prinzipiell ab, da sie »den Anfänger im Konstruieren zum mechanischen Arbeiten« verleite. Dagegen lautete sein Programm:

»Immer erfolgt die Bestimmung der Abmessungen unmittelbar aus den wirkenden Kräften, sofern nicht Rücksichten auf Herstellung, Transport, Montage oder Abnützung maßgebend sind.«[157]

Das heißt, an die Stelle der Verhältniszahlen konnten Berechnungen, Betriebserfahrungen, im besonderen aber Versuche treten. Näher erläutert Bach an anderer Stelle seine Prinzipien in Auseinandersetzung mit der theoretisch-mathematischen Schule:

»In neuerer Zeit hat sich eine andere Richtung mehr und mehr Geltung zu verschaffen gewusst, eine Richtung, welche zwar auch die Gesetzmäßigkeit der Vorgänge zu ergründen und in das Gewand der Mathematik zu kleiden sucht, welche jedoch bestrebt ist, dies erst dann zu thun, nachdem sie durch den Versuch die Erfahrungsgrundlagen für die Rechnungen nach Möglichkeit sichergestellt hat, welche es ablehnt, die gefundenen Ergebnisse zu verallgemeinern, so lange das vorliegende Versuchsmaterial hierzu ungenügend erscheint, und welche einen Hauptwert auf die lebendige Anschauung von den thatsächlichen Vorgängen legt.«[158]

Ein überschwengliches Zeugnis, daß Bachs »Maschinenelemente« diesen programmatischen Ansprüchen gerecht wurden, stellte ihnen Rudolf Diesel aus.[159] Diesel bemerkte bei den Arbeiten

157 Bach, Mein Lebensweg, S. 44 (Zitat aus der 1. Auflage der Maschinenelemente 1881).
158 Äußerung aus dem Jahre 1889. Zitat nach Z.VDI 38 (1894), S. 1361.
159 Nach Zweckbronner, Ingenieurausbildung, S. 174 f.

an seinem Motor, daß er mit den gängigen Verhältniszahlen wenig anfangen konnte.

»Als ich mich in meiner Hilflosigkeit in der damaligen Literatur umsah, stieß ich auf die eben erschienene 2. Auflage von C. Bach, Die Maschinenelemente, die mich so begeisterte, daß ich kurz entschlossen meinen Motor liegen ließ und mit Heißhunger Bachs Buch von der ersten bis zur letzten Seite studierte, eine Arbeit, die mich – bei meiner sonstigen angestrengten praktischen Tätigkeit – fast ein Jahr in Anspruch nahm. Diese Zeit war aber nicht verloren, denn dann konnte ich – so glaube ich wenigstens – konstruieren; ich hatte aus dem Buche gelernt, förmlich mitzufühlen, was in jedem Maschinenorgan vor sich geht, wie ein Turner bei seinen Übungen fühlt, wie seine Glieder gedehnt, gedrückt, gebogen werden; die Maschine war mir ein lebendes Wesen geworden, das ich ganz verstand und mit dem ich mich eins fühlte«.

Bach war sich bewußt, daß die von ihm mitgeteilten Ergebnisse immer von sich verändernden Rahmenbedingungen abhingen, in seinen Worten, »daß es niemals möglich sein wird, die unzählige Menge der oft von Ort zu Ort wechselnden Rücksichten technischer, geschäftlicher und allgemein menschlicher Natur, welche der Maschineningenieur immer und immer wieder bei seinen Arbeiten zu nehmen hat und deren Beachtung eben zur Charakteristik des gediegenen Konstrukteurs gehört, in das Prokrustesbett einer oder mehrerer Zahlen zu zwingen«.[160] In den Vorworten zu den verschiedenen Auflagen der »Maschinenelemente« bringt Bach an zwei Stellen Beispiele dafür, daß die allgemeinen wirtschaftlichen Rahmenbedingungen die Berechnungsgrundlagen für die konstruktive Arbeit wesentlich verändert haben bzw. daß deren Veränderung gefordert wird. 1913, anläßlich der 11. Auflage, hebt er den Grundsatz hervor, daß »darüber, ob eine zugelassene Belastung mit Recht noch als zulässig gelten kann oder nicht, in der Hauptsache die Betriebserfahrungen« entscheiden.[161] Nun würden aber in letzter Zeit Maschinen früher ausgetauscht, so daß die Ansprüche an die Lebensdauer geringer seien und damit die zulässigen Materialbelastungen höher angesetzt werden dürften. In der 1919 erschienenen 12. Auflage weist er dagegen an ihn herangetragene Forderungen auf Reduzierung der zulässigen Belastungswerte, die mit der Materialknappheit

160 Bach, Mein Lebensweg, S. 43 (Maschinenelemente, 1. Auflage 1881).
161 Mein Lebensweg, S. 62 f.

und dem hohen Preisniveau begründet wurden, unter Hinweis auf die schlechtere Materialgüte im Vergleich zur Vorkriegszeit zurück.[162] Die bei der eher spröden Ausbreitung seines Materials möglicherweise auftauchenden Verständnisprobleme versucht Bach durch eingestreute Beispiele zu mildern, in denen der Gang konstruktiver Überlegungen entwickelt wird. Auf graphostatische Darstellungsmethoden, deren Wert er für bestimmte Fragestellungen durchaus anerkennt, verzichtet er. Auch Hinweise auf die Herstellung klammert er weitgehend aus, wobei er auf das vorbildliche Lehrbuch von Reiche und auf die in dieser Hinsicht nützliche Wirkung des Werkstattpraktikums hinweist. Diese Vernachlässigung der Herstellung brachte ihm den Tadel Riedlers ein, der diese Form von Arbeitsteilung nicht anerkennen wollte.[163] Einig war sich Bach mit Riedler darin, daß – und diese Gefahr tauchte nach der Jahrhundertwende auf – der Laboratoriumsunterricht nicht auf Kosten des Konstruktionsunterrichts eingeführt werden dürfe. Im Konstruktionsunterricht sah er ein zentrales Fach an der Technischen Hochschule, in dem unabhängig von der späteren Berufslaufbahn das »Wissen zum Können« erweitert werde unter Berücksichtigung von »Werkstatt (Herstellung), Betrieb (Verwendung) und Wirtschaftlichkeit (Kosten)«.[164]

Bachs Lebenswerk ist das beste Beispiel für die Durchsetzung eines neuen Methodenideals in den Technikwissenschaften. Dabei bildete die Einrichtung der Materialprüfungs- und Maschinenbaulaboratorien die Voraussetzung für die Überwindung der Gegensätze zwischen Theorie und Praxis, die den wissenschaftlichen Maschinenbau in den neunziger Jahren bestimmt hatten. Jetzt konnte sich eine spezifische technikwissenschaftliche Methode herausbilden, die auf vier Säulen ruhte:

- auf der Rezeption naturwissenschaftlicher Ergebnisse und deren Umsetzung in technische Regeln,
- auf der Entwicklung von den technischen Problemen angemessenen mathematischen Berechnungsweisen,
- auf dem systematischen Experimentieren unter praxisnahen Bedingungen,

162 Mein Lebensweg, S. 67.
163 Riedler, Wirklichkeitsblinde, S. 191.
164 Bach, Mein Lebensweg, S. 57 (Maschinenelemente, 9. Auflage 1903).

– auf dem Sammeln und Sichten von Erfahrungen aus der industriellen Praxis und deren Umsetzung in technische Regeln.

Erst nachdem diese vier methodischen Vorgehensweisen ausgebildet waren, wurde es möglich, spezifische technikwissenschaftliche Modelle zu schaffen, die die technischen Probleme adäquat abbildeten. Während der Praxisbezug der Technikwissenschaften im 19. Jahrhundert häufig als Makel empfunden wurde und man sich bemühte, ihn durch Theoretisierung und Anlehnung an Mathematik und Naturwissenschaften zu überwinden, wurde Praxisbezug von den Technischen Hochschulen in der Folgezeit eher als Stärke und Ausweis ihrer spezifischen Wissenschaftlichkeit herausgestellt. Erst jetzt hatten die Technikwissenschaften ihre Entwicklung zu eigenständigen Wissenschaften weitgehend abgeschlossen.

Die Maschinenbaulaboratorien waren in erster Linie für Lehr-, in zweiter Linie aber auch für Forschungszwecke eingerichtet worden. Ein Selbstverständnis, das die Forschung in die Aufgaben der Hochschulen miteinbezog, hatte sich erst allmählich seit den achtziger Jahren des 19. Jahrhunderts durchgesetzt. Dabei handelte es sich zunächst noch eher um ein Postulat der Hochschullehrer als um eine Zustandsbeschreibung. Erst mit den Maschinenbaulaboratorien waren die materiellen Voraussetzungen für die Einlösung dieses Postulats geschaffen worden. Jetzt konnte die Kooperation zwischen Hochschule und Industrie ausgebaut werden, die vorher an die Person einiger Ingenieurprofessoren gebunden war.[165] Mit eine Folge dieser Entwicklung war, daß bei Berufungen zunehmend auf Industrieerfahrung Wert gelegt wurde.

1.4.2. Aurel Stodola: Theorie und Praxis der Turbinenkonstruktion als Einheit

Wie Bach repräsentiert Aurel Stodola die beiden bereits genannten wichtigen Tendenzen in der Entwicklung des wissenschaftlichen Maschinenbaus um die Jahrhundertwende: die Versöhnung zwischen Theorie und Praxis und eine zunehmende fachliche Spezialisierung, welche quasi die Voraussetzung für diese Ver-

165 Vgl. hierzu z. B. König, Hochschullehrer.

söhnung bildete. Aurel Stodola (1859-1942)[166] studierte Maschinenbau und Mathematik an der Polytechnischen Schule Budapest und an der Eidgenössischen Polytechnischen Schule Zürich. Nach verschiedenen kürzeren Tätigkeiten in der Industrie arbeitete er sechs Jahre als leitender Ingenieur bei der im Dampfmaschinenbau tätigen Firma Ruston & Co. in Prag. 1892 erhielt er einen Ruf auf die Professur für »Maschinenbau und Maschinenkonstruieren« nach Zürich, die er bis zu seiner Pensionierung 1929 innehatte. Nach seinem Ausscheiden erfuhr dieser Bereich eine weitere Aufteilung.

Stodolas wissenschaftliches Werk konzentriert sich weitgehend auf die Dampf- und Gasturbine, für die er – dies sein eigener Begriff – eine grundlegende »Konstruktionslehre« entwarf.[167] Im Jahre 1897, als die Auseinandersetzungen zwischen Maschinenbauern und Mathematikern einen Höhepunkt erreicht hatten, bezog Stodola in einem auf dem Ersten Internationalen Mathematiker-Kongreß in Zürich gehaltenen Vortrag eine vermittelnde Stellung.[168] Im Sinne der Mathematiker bezeichnet er die Mathematik als »grundlegende Wissenschaft« für den Techniker, beklagt aber auch die geringe Brauchbarkeit des Gelernten in der technischen Praxis und meint außerdem, daß der Umfang der Mathematik an den Technischen Hochschulen gekürzt werden müsse, um die für den Laboratoriumsunterricht notwendigen Stunden zusammenzubringen. Aus seiner Skepsis gegenüber einer ausgedehnten analytisch-mathematischen Behandlungsweise technischer Probleme macht er keinen Hehl und empfiehlt statt dessen geometrisch-synthetische Methoden. Zu dieser Zeit war Stodola bereits damit beschäftigt, graphische Berechnungsverfahren für die thermodynamische Behandlung von Verbrennungsvorgängen zu entwickeln. Dahinter stand wie auch schon bei Bach das Streben nach Angemessenheit und Einfachheit des mathematischen Apparates, was Stodola auch mit der Zeitknappheit der in der Industrie tätigen Ingenieure begründet.[169]

166 Zu Leben und Werk Stodolas s. Noack; Schweizerische Bauzeitung 121 (1943), S. 73-78; Mayr, Stodola; Braun, Einführung.

167 Stodola, Dampfturbinen. Der Begriff »Konstruktionslehre« bereits im Vorwort zur 1. Auflage.

168 Stodola, Beziehungen. Für Stodolas Vermittlung zwischen Theorie und Praxis s. auch Stodola, Gedanken, S. 2-7.

169 Dampfturbinen, 4. Auflage, S. IV.

Den normalen, mathematisch nicht außergewöhnlich begabten Konstrukteur warnt er sogar, zu tief in die mathematische Physik einzudringen.

»Belasten wir uns mit zu viel von den Feinheiten der Funktionentheorie, so verdeckt diese wie eine dunkle Wolke, den freien Blick; die geistige Frische und die Freiheit des Gedankenspieles, die ebenso zu schöpferischen Taten wie zur Wahrnehmung kleinerer naheliegender Vorteile erforderlich sind, gehen verloren ..., sonst kommt es zum tragischen Konflikt der Gewissenhaftigkeit mit dem Ziele der Ingenieurtätigkeit: die an sich lobenswerte vertiefte Erforschung des Vorhandenen wird zur Hauptsache – der *technische Fortschritt* verschwindet aus dem Gesichtsfelde. Wir bleiben an den Fußangeln einer unlösbaren Differentialgleichung hängen, während draußen reiches Leben flutet und neue Erfindungskeime sprossen.«

In einer Fußnote charakterisiert er zwei extreme Ausformungen des konstruktiven Temperaments, die es zu vermeiden gelte: den »in sich versunkenen Theoretiker« und den »leichtfertigen ›Erfinder‹, der die Unklarheit seiner physikalischen Ausbildung durch sanguinisches Temperament ersetzen zu können glaubt«. Schließlich spricht sich Stodola in dem zitierten Vortrag explizit für eine Auflösung der theoretischen Maschinenlehre aus, welche in Teilen in die technische Mechanik, technische Physik, technische Thermodynamik bzw. in die einzelnen Maschinenbaufächer überführt werden müsse.

In den Vorworten zu seinem 1903 erstmals in Buchform veröffentlichten Werk über die Turbinen äußert sich Stodola grundsätzlich über die Beziehung zwischen Theorie und Praxis auf diesem Gebiet und im Maschinenbau allgemein.[170] Die Ingenieure wüßten »sehr wohl, daß der Maschinenbau durch das groß angelegte praktische Experiment vielfach mit spielender Leichtigkeit Aufgaben gelöst hat, welchen die Forschung jahrelang ratlos gegenüberstand«. Zwar wäre es nicht unmöglich, »den Maschinenbau ganz auf die durch das Großexperiment unterstützte Empirie zu begründen«, aber wirtschaftlich wäre dieses Verfahren jedenfalls nicht, weil man bei wissenschaftlicher Durchdringung der Probleme bestimmte Lösungen ausschließen könne. Für die »schöpferische Tätigkeit« des praktischen Ingenieurs bleibe dann immer noch ein weites Feld. Jedenfalls sei der

170 Dampfturbinen, 1. Auflage, S. III f., u. 4. Auflage, S. III.

moderne Maschinenbau »aus der Periode planlosen, auf mehr oder weniger glücklichen ›Einfällen‹ beruhenden Probierens auf die Stufe der *wissenschaftlichen Methode* emporgehoben worden«.

Stodola spezialisierte sich auf die Dampf- und Gasturbinen und verband bei ihrer Betrachtung Theorie und Praxis. Die vor allem auf thermodynamischen Überlegungen beruhende Dampfturbinentheorie bildet den ersten Teil seines Lehrbuches; es folgen konstruktive Abhandlungen der einzelnen Turbinentypen. Naturwissenschaftliche Deduktionen, wissenschaftliche Experimente und praktische Betriebserfahrungen fließen zu einem konsistenten Werk zusammen. Stodola geht auch ausführlich auf Fertigungsfragen ein. Da Dampfturbinen zu seiner Zeit aber als Einzel- oder Kleinserienkonstruktionen entstanden, mußte er sich wenig mit Problemen der Rationalisierung und Massenproduktion beschäftigen, deren soziale Wirkungen er in späteren Veröffentlichungen negativ beurteilt.[171]

1.5. Die Lehre an den Technischen Hochschulen

Was die Maschinenbaulehre an den Polytechnischen Schulen und Technischen Hochschulen anbelangt, so interessieren uns hier zunächst in groben Umrissen die Verschiebungen zwischen den Fächern und Fächergruppen und schließlich genauer die Entwicklung des konstruktiven Unterrichts und die Diskussionen über dessen Bedeutung und Ausgestaltung. Zunächst spielten um 1850 die propädeutischen Fächer, die häufig an sogenannten Vorschulen vermittelt wurden, eine wichtige Rolle. Viele der in die Polytechnika Eintretenden besaßen eine so geringe schulische Vorbildung, daß sie zunächst ihre elementaren Defizite vor allem im Bereich der Mathematik, der Naturwissenschaften und der sprachlichen Fächer beseitigen mußten. Nachdem in der zweiten Hälfte des Jahrhunderts die Anforderungen an die schulische Vorbildung der Eintretenden sukzessive erhöht wurden, schlossen die Polytechnika die Vorschulen. Mathematik und Naturwissenschaften wurden nun – wie es auch heute noch ist – zu integralen Teilen des Maschinenbaustudiums.

171 Oelsner, S. 14.

Die ebenfalls an den Allgemeinen Abteilungen vertretenen geisteswissenschaftlichen Fächer, die in Zusammenhang mit der Anlehnung der Technischen Hochschulen an die Universitäten weiter ausgebaut wurden, erhielten den Charakter von allgemeinen Bildungsfächern, wobei es den Studenten überlassen blieb, ob sie von diesem Angebot Gebrauch machten oder nicht. Im eigentlichen technischen Bereich fand bereits um die Jahrhundertmitte eine grundlegende Differenzierung zwischen theoretischer Maschinenlehre und praktischem Maschinenbau statt. Der praktische Maschinenbau, der zu dieser Zeit fachlich nur wenig differenziert war, wurde als der eigentliche konstruktive Bereich verstanden. Es gab Vorlesungen und Übungen, wobei die Übungen meist durch Konstrukteure abgehalten wurden, die Industrieerfahrung besaßen.[172] Vor den Konstruktionsübungen, deren Schwerpunkt in der zweiten Studienhälfte lag, fanden in großem Umfang Zeichenübungen statt.[173] Dabei wurde sowohl Freihand- wie Linearzeichnen nach Vorlagen geübt. Eigens für die Erstellung solcher Vorlagen besaß das Berliner Gewerbeinstitut eine Kupferstecherei. Es ging nicht um ein technisches Zeichnen im modernen Sinne, sondern um möglichst schöne und exakte perspektivische Wiedergaben. In den siebziger Jahren führte Reuleaux an der Berliner Gewerbeakademie das Atempo-Zeichnen ein, bei dem die Studenten im Gleichschritt nach dem Vorbild des Lehrers zeichneten. Später ging man aber auch hier zur individuellen Kritik und Korrektur der Schülerarbeiten über.[174] Schließlich diente noch Modellieren mit den Werkstoffen Ton und Holz der Schulung des Formensinnes.[175]

Rückblickend auf den Beginn seiner Lehrtätigkeit um 1880 charakterisierte Carl Bach das Verhältnis zwischen theoretischer Maschinenlehre und praktischem Maschinenbau folgendermaßen:

»In der theoretischen Maschinenlehre wurden die wissenschaftlichen Grundlagen des Maschinenbaus behandelt, und zwar meist nur soweit sie sich der mathematischen Behandlung zugänglich erwiesen und soweit der Vortragende sie selbst kannte. Das, was der Vortragende nicht wohl be-

172 Vgl. z. B. für Karlsruhe zu Redtenbachers Zeiten: Redtenbacher, Maschinenbau, Bd. 1, S. VIII; Keller, Zum Gedächtnisse, S. 365.

173 Vgl. Lipsmeier, S. 118-120.

174 Consentius; Lipsmeier, S. 285.

175 Lipsmeier, S. 199 f.

handeln konnte oder wohl auch nicht behandeln mochte, von dem pflegte er in der Vorlesung zu sagen, das werden Ihnen meine Kollegen, die den praktischen Teil behandeln, geben. Die ›praktischen Kollegen‹, wenn ich kurz so sagen darf, erklärten von demjenigen, was sie nicht behandeln wollten oder nicht behandeln konnten, das wird der Kollege in seinen theoretischen Vorträgen bringen. Auf diese Weise ergab sich eine Kluft zwischen den beiden Richtungen, in welche von beiden Seiten das hineingeworfen wurde, was ihnen nicht paßte oder mit den Mitteln, die ihnen zur Verfügung standen, nicht behandelt werden konnte. Der Grund für dieses eigenartige Verhalten lag zu einem großen Teil darin, daß man damals eben keine Männer hatte, die nicht nur die wissenschaftlichen Grundlagen, sondern auch die konstruktive, fabrikatorische und wirtschaftliche Seite der ihnen obliegenden Aufgaben beherrschten.«[176]

Selbst wenn man dieser zugespitzten Beschreibung eines im Parteienstreit Befangenen einen gewissen Vorbehalt entgegenbringt, macht sie doch zweifellos Strukturprobleme dieser dichotomischen Gliederung deutlich. Die Alternative Bachs und seiner Fachkollegen, die sich seit den neunziger Jahren durchsetzte, hieß: Differenzierung der technischen Fächer. Wie zum Beispiel von Stodola vorgeschlagen, wurde die theoretische Maschinenlehre zwischen der Jahrhundertwende und dem Ersten Weltkrieg an den einzelnen Technischen Hochschulen aufgelöst und teilweise anderen Fächern zugeschlagen.[177]

Hinsichtlich ihres Abstraktionsgrads kann man die Kinematik, wie sie an den Hochschulen gelehrt wurde, mit der theoretischen Maschinenlehre vergleichen. Nach seiner Berufung führte Reuleaux sie an der Berliner Gewerbeakademie ein. Dort wurde eigens für die Kinematik ein Hörsaal mit 200 Sitzplätzen eingerichtet.[178] Dieser Saal erhielt einen Experimentiertisch, auf dem kinematische Modelle mit einer kleinen hydraulischen Maschine betrieben wurden. In die zahlreichen nach Reuleaux' Angaben gebauten Modelle war im Sockel die sich unter Verwendung von Reuleaux' kinematischer Zeichensprache[179] ergebende Formel eingraviert. Schließlich wurden die Bewegungen der Modelle durch Spezialinstrumente gemessen und aufgezeichnet, bzw. die

176 Bach, Lebensweg, S. 29 f. Vgl. auch Körting, Redtenbacher, S. 450.
177 Vgl. hierzu Rößler, S. 1069.
178 Reuleaux, Neuer Hörsaal; Ludewig, Sp. 158 u. 272.
179 S. o. S. 40 f.

Bewegungen waren auf Glastafeln markiert oder durch Draht nachgebildet. Die Berliner Sammlung erlangte bald eine große Berühmtheit, wurde nachgebaut und an Hochschulen in aller Welt geliefert.

Die Kinematik verbreitete sich schnell im Unterricht der Technischen Hochschulen, allerdings nicht an allen. 1895 wurde in einem der Kinematik gegenüber eher skeptisch-ironischen Beitrag mitgeteilt, daß sie an ihrer Hochburg, der TH Berlin, in wöchentlich acht Stunden gelehrt werde, in Braunschweig in vier, in Darmstadt in zwei Stunden, in Hannover innerhalb der theoretischen Maschinenlehre, während man in Karlsruhe ganz auf sie verzichte.[180] Wenn die Genauigkeit der Zahlenangaben auch mit Vorsicht zu betrachten ist, gibt diese Äußerung doch die ganz unterschiedliche Wertschätzung der Kinematik an den einzelnen Hochschulen wieder. Nachdem Reuleaux sich von seinem Berliner Lehramt zurückgezogen hatte, wurde sie dort aus dem Pflichtprogramm gestrichen, die anderen Hochschulen folgten spätestens bis zum Ersten Weltkrieg.

Die hier in erster Linie aus den hochschuldidaktischen Publikationen herauspräparierten Tendenzen in der Entwicklung des Ingenieurstudiums können überprüft werden durch eine Längsschnittanalyse der Studienpläne. Eine solche wurde für die vorliegende Arbeit am Beispiel der TH Berlin durchgeführt, wobei sich ein Vergleich zwischen den Studienplänen um 1880 und der Jahrhundertwende als besonders aussagekräftig erwies.[181] Während um 1880 die Zeichenübungen, die auch Maschinenzeichnen, Freihandzeichnen und Ornamentzeichnen umfaßten, und das Modellieren noch im Pflichtbereich auftauchten, waren diese Fächer um die Jahrhundertwende in den Wahlbereich abgedrängt und zehn Jahre später ganz verschwunden. Ähnlich erging es der Kinematik, die im Wahlbereich weiterhin durch einen Schüler Reuleaux' angeboten wurde. Gewinner waren im um die Jahrhundertwende geltenden Studienplan die Laboratoriumsübungen und die konstruktiven Fächer. Während für die ersten drei Studienjahre – bei formal bestehender Lernfreiheit – genaue

180 Z.VDI 39 (1895), S. 925. Bestätigt wird der ganz unterschiedliche Umfang der Kinematik an den einzelnen Hochschulen durch Wochenschrift des VDI (1880), S. 163.

181 Programm; vgl. für Braunschweig Albrecht, bes. S. 164-170 u. 384-392.

Empfehlungen gegeben wurden, war das vierte Studienjahr für die Spezialisierung der Studenten in einem technischen Teilbereich gedacht.

Damit kommen wir zu den konstruktiven Fächern, das heißt zum praktischen Maschinenbau allgemein und den im Laufe der Zeit an Zahl zunehmenden speziellen Maschinenbaufächern, welche sowohl als Vorlesungen wie als Übungen angeboten wurden. Während der Inhalt der Vorlesungen teilweise aus den oben behandelten Hand- und Hilfsbüchern hervorgeht, wissen wir über die benutzten Hilfsmittel und besonders über die Konstruktionsübungen nur wenig. Einen gewissen Einblick in die Zeit um 1870 gibt uns die Unterrichtsausstellung im Rahmen der Wiener Weltausstellung 1873.[182] Für den erklärenden Vortrag wurden Wandtafeln mit Maschinenabbildungen in möglichst grellen Farben benutzt. Weiter gab es als Hilfsmittel des Unterrichts Modelle unterschiedlicher Art, abgesehen von den schon erwähnten kinematischen sehr vereinfachte Modelle von ganzen Maschinen und Anlagen, die – wie kritisch bemerkt wurde – manchmal sehr Spielzeug ähnelten. Schon Redtenbacher hatte in Karlsruhe selbstgeschaffene Triebmodelle von fehlerhaft und richtig gebauten Maschinen verwendet. An der Polytechnischen Schule Hannover zählte man 1874 mehr als 2200 Maschinenmodelle und 11400 Vorlageblätter. Maschinenelemente waren nach den Handbüchern von Redtenbacher und Reuleaux aus Holz gefertigt, wenn sich auch allmählich die Verwendung echter eiserner Industrieprodukte durchzusetzen begann. In den Konstruktionsübungen benutzte man in zahlreichen Ausführungen vorhandene Vorlageblätter, die – zumindest in den Anfängerübungen – abgezeichnet wurden. Dabei handelte es sich nicht etwa um Werkstattzeichnungen aus Maschinenfabriken, denn diese gab es um diese Zeit noch kaum, sondern um von verschiedenen Herstellern von Unterrichtsmitteln eigens entworfene Blätter, die die technische Wirklichkeit mehr oder weniger gut abbildeten.

Es ist anzunehmen, daß die Maschinenzeichnungen und Konstruktionsentwürfe mit der Zeit realitätsnäher wurden, wenn wir darüber auch im einzelnen kaum informiert sind. Es erwies sich

182 Ludewig, Sp. 158-166 u. 266-278. Vgl. auch Körting, Redtenbacher, S. 450; Mende.

zunehmend als problematisch, daß die Zahl der für die Prüfungen verlangten Studienzeichnungen und -entwürfe zu groß war, als daß eine realitätsnahe Ausarbeitung hätte erfolgen können. In der zweiten Hälfte des 19. Jahrhunderts legte allerdings nur eine Minderheit der an den Technischen Hochschulen Studierenden ein Abschlußexamen ab. Üblich war vielmehr, daß man die Hochschule eine Zeitlang besuchte und beim Eintritt in die Industrie, die ohnehin auf Zeugnisse wenig Wert legte,[183] gegebenenfalls diesen Besuch durch die von der Hochschule ausgestellten Semestral- bzw. Jahreszeugnisse belegte.

Dagegen waren für den Eintritt in den Staatsdienst, der in Preußen für Maschinenbauer allerdings erst seit 1876 überhaupt möglich war, genaue Prüfungsordnungen vorgeschrieben. Gegen Ende des 19. Jahrhunderts, als der Ingenieurberuf zunehmend professionalisiert wurde, unterzogen sich immer mehr Studenten diesen Abschlußprüfungen, selbst wenn sie nicht vorhatten, in den Staatsdienst zu gehen, da mit diesen Prüfungen ein viel größeres Sozialprestige verbunden war als mit den Hochschulprüfungen. Auf diese Weise beeinflußten der technische Staatsdienst und dessen normierte Ausbildungsanforderungen die Technischen Hochschulen auch noch in einer Zeit, als sie sich nach ihrem Selbstverständnis zunehmend zu Ausbildungsstätten für die Industrie entwickelt hatten. Der Einfluß des technischen Staatsdienstes ging erst zurück, als um die Jahrhundertwende die Bezeichnung Diplom-Ingenieur gesetzlich geschützt und die Diplom-Prüfung als erste Staatsdienstprüfung anerkannt wurde. Wesentlichen Einfluß auf die Lehre – und dies nachzuweisen war der Sinn dieses Exkurses – besaßen also die Bestimmungen für die Staatsdienstprüfungen.

Was die Studienzeichnungen anbelangt, so verlangten die preußischen Vorschriften für die Staatsdienstprüfungen von 1886 folgende Entwürfe für die Zulassung:[184] eine Dampfmaschine mit Einzeldarstellungen von Steuerung, Regulator und Schwungrad, eine Dampfkesselanlage, eine Wasserkraftmaschine, eine Wasser- oder Lasthebemaschine oder ein Gebläse, eine Werkzeugmaschine oder eine Arbeitsmaschine, eine Maschine aus dem Gebiet des Eisenbahnmaschinenwesens und eine eiserne Brücke.

183 Schlink, Ueber die sociale Stellung, Sp. 316.
184 Ernst, Bemerkungen, Zitat S. 725.

Adolf Ernst, der diesen Teil der Vorschriften im allgemeinen für brauchbar erachtete, merkte nur kritisch an, daß bei Maschinenbauern die Anforderungen in bezug auf den Brückenentwurf sehr bescheiden sein müßten. Auch mit dem Entwurf einer Werkzeugmaschine sei »bei der Summe von Specialerfahrungen, welche dieses Gebiet erheischt«, der Maschinenbaustudent überfordert, und »die hierfür gelieferten Entwürfe werden sich entweder als praktisch unbrauchbar oder aber als Copien vorhandener Ausführungen erweisen«. Hierzu ist ganz allgemein zu sagen, daß sich der wissenschaftliche Maschinenbau in dieser Zeit vor allem auf die Kraft- und auf einfache Arbeitsmaschinen konzentrierte, während die Werkzeugmaschinen, die wissenschaftlich viel schwerer zu durchdringen waren und bei denen der Zugang über das Experiment viel leichter war als der über Rechnungen, eher ein Schattendasein fristeten.[185]

Die Zahl der verlangten Entwürfe mußte sich besonders dann als zu hoch erweisen, als unter wesentlichem Einfluß Riedlers[186] in den neunziger Jahren des 19. Jahrhunderts die Ansprüche an die Maschinenentwürfe erhöht wurden. Riedler hob die bestehende Trennung zwischen Zeichen- und Konstruktionsunterricht auf. Die Entwicklung des Formengefühls, die man mit dem Abzeichnen von Maschinen fördern wollte, sei eine Aufgabe der höheren Schule und nicht der Hochschule. An die Zeichnungen, die im Rahmen des Konstruktionsunterrichts erstellt wurden, seien die gleichen Anforderungen zu richten wie an die Zeichnungen in der Industrie, wobei Riedler sich an den modernen, arbeitsteilig organisierten größeren Maschinenfabriken orientierte. Für eine Maschine oder Anlage wurde also im Extremfall ein ganzer Satz von Zeichnungen gefordert: von den ersten Skizzen über die Angebotszeichnung, den Gesamtentwurf bis zu den Werkstattzeichnungen, Montageplänen usw.

Wenn an einer preußischen Hochschule 1908 für die Zulassung zur Hauptprüfung außer den Protokollen der Laboratoriumsprüfungen Entwürfe für eine Kolbenmaschine, eine Kreiselradmaschine, eine Werkzeugmaschine oder größere Lasthebemaschine, eine Kraftanlage und einen Dampfkessel verlangt wurden, so war dies zwar schon weniger als für die Staatsprüfun-

185 Vgl. Folz, passim.

186 S. o. S. 64-66. Vgl. auch die dagegen vorgebrachten Argumente von Reuleaux, Lehrbuch, Bd. 2, S. 109 f.

gen in den achtziger Jahren, aber bei den gestiegenen Anforderungen immer noch zuviel. Die Stimmen, die sich gegen diese Überfrachtung wandten, da man doch »in der Regel bei keinem der Entwürfe über rein Aeußerliches« hinauskomme, nahmen zu.[187] Statt dessen wurde vorgeschlagen, nur noch eine Aufgabe nach freier Wahl voll auszuarbeiten und in den anderen Gebieten die Ansprüche zu reduzieren.

Tendenziell setzte sich diese Auffassung durch, wie besonders die Stellungnahme des Deutschen Ausschusses für das technische Schulwesen (DAtSch)[188] zum Konstruktionsunterricht deutlich macht. Der weitgehend vom VDI kontrollierte DAtSch war 1908 gegründet worden, als es in Preußen um eine Reform der technischen Mittelschulen, der Vorläufer der heutigen Fachhochschulen, ging. Auf seinen Sitzungen trafen sich vor allem Ingenieurprofessoren und Vertreter der Industrie, aber auch Repräsentanten der Unterrichtsverwaltung, um unverbindliche Empfehlungen der »Praxis« – so das Selbstverständnis des DAtSch – für die weitere Entwicklung des technischen Schulwesens zu beraten und zu verabschieden. In den 1914 veröffentlichten Empfehlungen zur Lehre an den Technischen Hochschulen machte man deutlich, daß der bisherige schwerpunktmäßige konstruktive Unterricht durch die Vermittlung wirtschaftlichen Wissens ergänzt werden müsse.[189] Zum Konstruktionsunterricht hatte man folgendes anzumerken:

»Die auf dem Gebiete des Maschineningenieurwesens zu bearbeitenden Entwürfe müssen unter weitgehender Wahrung der Selbständigkeit der Studierenden als Werkzeichnungen soweit in allen Einzelheiten durchgeführt werden, wie dies in der Praxis geschieht. Um hierfür die erforderliche Zeit zu gewinnen, ist es als genügend anzusehen, wenn die konstruktive Tätigkeit nicht auf allen Gebieten gleichmäßig eingehend geübt wird, sondern größere Entwürfe nur in wenigen Hauptgebieten angefertigt werden. Für die andern Gebiete genügen dagegen Berechnungen und darauf gegründete Handskizzen oder nur teilweise durchgeführte (in Blei gezeichnete) Entwurfblätter. Den Konstruktionszeichnungen sind stets die ihre Grundlage bildenden Berechnungen, Handskizzen und sonstige Vorermittlungen beizufügen. Besonderer Wert ist auf die Förderung des Gefühles für Formen und Abmessungen zu legen.«

187 Wagener, S. 385 f. (Zitat S. 386).
188 Zum DAtSch s. König, Ingenieure, S. 243-245.
189 Z.VDI 59 (1915), S. 98 f., u. 58 (1914), S. 813 (Zitat).

Ein wichtiger weiterer Diskussionspunkt neben der Überbetonung des Konstruktionsunterrichts war die Frage, an welcher Stelle des Studiums der Konstruktionsunterricht anzusiedeln sei und welche Fächer bis zu seinem Beginn bereits abgeschlossen sein sollten. Dabei setzte sich seit den neunziger Jahren des 19. Jahrhunderts immer mehr die Auffassung durch, daß der Konstruktionsunterricht sozusagen der Abschluß und die Krönung des Studiums bilden solle, in dem alles zusammenfließen müsse, was insgesamt gelernt worden sei. So forderte Adolf Ernst, daß der in seinem Umfang einzuschränkende mathematische und naturwissenschaftliche Pflichtbereich sowie die technische Mechanik und die Grundzüge der Festigkeitslehre abgeschlossen sein müßten, ehe man mit den Maschinenelementen als dem Einstieg in den Konstruktionsunterricht beginne.[190] »Ohne diese Grundlage in den Kenntnissen der Studirenden gelangt der Lehrer dahin, sich auf eine technologische Beschreibung ausgeführter Maschinenteile zu beschränken und für die Abmessungen der Formen, wie das leider trotz aller verurteilenden und vernichtenden Kritik zum Teil noch üblich ist, wertlose Verhältniszahlen anzugeben«.

Das gleiche Problem stellte sich hinsichtlich des technologischen Unterrichts. Die Klagen über die geringen technologischen Kenntnisse der Berufsanfänger waren alt. Lapidar berichtete 1874 ein Industrieller: »Sie construiren ... Schmiedestücke, welche sich nie schmieden, Gussconstructionen, welche sich nie formen lassen.«[191] Abhilfe versuchte man an den Hochschulen durch die Intensivierung des technologischen Unterrichts zu schaffen, der meist in den beiden letzten Studienjahren angesiedelt war. Dies wurde nach der Jahrhundertwende zunehmend als problematisch empfunden. An der Technischen Hochschule Berlin verlegte man die mechanische Technologie unter dem Gesichtspunkt nach vorn,

»daß es nicht möglich sein kann, mit Erfolg Konstruktionsunterricht zu erteilen, wenn nicht auf einer vorausgehenden Stufe der Studierende bis zu einem gewissen erreichbaren Grade soweit vorgeschult ist, daß er sich bei der Konstruktion Rechenschaft ablegt über die Gesichtspunkte für die Auswahl des Materials, über die Möglichkeit, das Material in die

190 Ernst, Maschinenbaulaboratorien, S. 1353.
191 Elsaesser, Sp. 316.

erforderliche Form zu überführen, über die Mängel des Materials, die in seiner Eigenart oder in der Art seiner Vorbehandlung zum Zweck der Formgebung begründet liegen«.[192]

Damit hatte man in Berlin eine Lösung gefunden, um die Studenten in einem Teilbereich mit Problemen der Fertigung vertraut zu machen. Doch die Probleme gingen tiefer. 1889 wurde in einer Zuschrift an die Zeitschrift des VDI festgestellt: »Bis jetzt kann die Industrie in den meisten Fällen von den Hochschulen nur *Maschineningenieure* empfangen, die wohl für den Konstruktionstisch gut erzogen sind, für den Betrieb und die Verwaltung aber so gut wie gar nichts mitbringen.«[193] Um diesen allgemein erkannten Mißständen abzuhelfen, gab es zwei Möglichkeiten, die auch beide an den Technischen Hochschulen realisiert wurden. Wie wir gesehen haben, unternahm man Anstrengungen, um fertigungstechnische wie auch allgemeine betriebswirtschaftliche Kenntnisse [194] in das Studium zu integrieren. Die andere Möglichkeit war die der Spezialisierung, das heißt der Aufbau eigenständiger Institute und Studiengänge im Bereich der Fertigungstechnik. Pionier auf diesem Gebiet wurde Ernst Hartig in Dresden, wo bereits 1879/80 eine Unterabteilung bzw. Sektion für Fabrikingenieure eingerichtet wurde.[195] Hartig wirkte auch insofern bahnbrechend, als er lange vor Einrichtung der Maschinenbaulaboratorien systematische Messungen und Experimente an Werkzeug- und Arbeitsmaschinen in sächsischen Fabriken und in einem hochschuleigenen Laboratorium durchführte. An anderen deutschen und ausländischen Hochschulen verliefen dagegen Bemühungen, Studiengänge für Fabrikingenieure einzurichten, zunächst wenig erfolgreich.[196] Einen neuen Schub erhielten diese Bestrebungen erst wieder, als 1904 an der TH Berlin

192 Heyn, S. 201.

193 Pfuhl, S. 62. Die Klagen über die geringe praktische Brauchbarkeit der TH-Absolventen bzw. ihre Inkompetenz, was die Fertigung anbelangt, sind zahlreich. Ich verweise hier nur beispielhaft auf Z.VDI 18 (1874), S. 309, u. Ludewig, Sp. 546.

194 Vgl. hierzu König, Ingenieure, S. 267-269; Zachmann; Gilson, S. 152-159.

195 Richter, Beitrag, S. 47 f. Vgl. auch Sonnemann u. a., S. 71, u. Hartig, Experiment.

196 Wochenschrift des VDI (1880), S. 162-165, und Z.VDI 33 (1889), S. 62 f.

eine Professur für »Werkzeugmaschinen und Fabrikbetriebe« eingerichtet und mit Georg Schlesinger besetzt wurde.

Die zunehmende Differenzierung der Technikwissenschaften und die Einführung des Laboratoriumsunterrichts warf um die Jahrhundertwende verstärkt die Fragen nach der weiteren Entwicklung der Studiengänge des Maschinenbaus und dem relativen Anteil des konstruktiven Bereichs auf. Besonders die »Praktiker« wie Riedler und Bach wandten sich energisch gegen Bestrebungen, den Konstruktionsunterricht zu reduzieren. Eine gewisse Differenzierungsmöglichkeit wurde eröffnet durch die an den preußischen Hochschulen nach 1902 erfolgte Untergliederung der Studiengänge des Maschinenbaus. Man unterschied – mit Variationen von Hochschule zu Hochschule: [197]

1. die konstruktive Richtung:
   a) Maschineningenieur;
   b) Elektroingenieur (eine selbständige elektrotechnische Abteilung gab es an den preußischen Hochschulen noch nicht);
2. die technisch-wirtschaftliche Richtung:
   a) Betriebsingenieur (mit der Einrichtung dieses Studiengangs ging die TH Breslau voran);
   b) Verkehrsingenieur;
   c) Verwaltungsingenieur (dieser Studiengang zielte erfolglos auch auf den allgemeinen staatlichen Verwaltungsdienst);
3. die technisch-physikalische Richtung:
   Laboratoriumsingenieur (mit diesem Studiengang sollten Ingenieure für staatliche und industrielle Forschungseinrichtungen ausgebildet werden).

Mit dieser Differenzierung wurde die Dominanz des Konstruktiven im Maschinenbau relativiert, wenn auch der Studiengang der (konstruktiven) »Maschineningenieure« noch auf längere Zeit der bei weitem wichtigste blieb.

197 Schilling, Zur Frage, S. 431.

1.6. Karl Laudien: Anfänge einer Konstruktionslehre unter dem Einfluß der Rationalisierungsbewegung

Die Gegensätze zwischen »Theoretikern« und »Praktikern« im Maschinenbau schienen sich in der Zeit um den Ersten Weltkrieg durch Spezialisierung aufgelöst zu haben. Fachvertreter für Dampfmaschinen, Dampfturbinen, Verbrennungskraftmaschinen, Werkzeugmaschinen oder Hebezeuge behandelten jetzt sowohl theoretische Grundlagen wie praktische Konstruktionsfragen der in ihren Zuständigkeitsbereich fallenden Maschinengruppe. Eine gruppenübergreifende konstruktive Bedeutung besaß vor allem die Behandlung der Maschinenelemente, das heißt derjenigen Maschinenteile, welche in allen möglichen Maschinen enthalten sind. Neben dem wissenschaftlichen Standardwerk von Carl Bach entstanden nach der Jahrhundertwende zahlreiche weitere Lehr- und Handbücher über Maschinenelemente. Im allgemeinen gliederten diese die Maschinenelemente in funktional zusammengehörige Gruppen und konzentrierten sich auf die Fragen ihrer Dimensionierung und Berechnung. Allgemeine konstruktive Probleme wurden zunächst kaum systematisch behandelt, wenn auch die maschinenübergreifende Bedeutung der Maschinenelemente noch am ehesten ein Potential für Überlegungen in Richtung konstruktiver Verallgemeinerungen enthielt.

Zwei Einflüsse waren es vor allem, welche in der Zwischenkriegszeit Überlegungen zu einer allgemeinen Konstruktionslehre anregten und forcierten. Dazu gehörte die Rationalisierungsbewegung der Ingenieure. Der Rationalisierungsbewegung ging es darum – ganz allgemein formuliert –, durch ein Bündel von technischen und organisatorischen Maßnahmen die Relation von Aufwand und Ertrag und damit das betriebswirtschaftliche Ergebnis des Unternehmens zu verbessern. Die wichtigsten Grundsätze dieser Rationalisierungsbewegung waren bereits vor dem Ersten Weltkrieg entwickelt worden; während der wirtschaftlichen Krisenlagen in der Zwischenkriegszeit wuchs der Rationalisierungsdruck. Zunächst hatte sich die Rationalisierung auf die Fertigung konzentriert, erfaßte aber zunehmend auch die Konstruktion. Dies zeigte sich darin, daß dem bislang dominierenden Konstruktionsgesichtspunkt der Funktionsfähigkeit immer deutlicher der Konstruktionsgesichtspunkt Wirtschaftlichkeit zur Seite gestellt wurde. Für die akademischen Vertreter der Maschinenbaufächer und besonders die Fachleute für Maschinenelemente stellte sich die Frage, wie sie dieser Verschiebung in der Gewichtung der konstruktiven Anforderungen Rechnung tragen konnten.

Der zweite Einfluß, der in Richtung einer allgemeinen Konstruktionslehre wirkte, kam von den Konstrukteuren selbst. Trotz aller Verallgemeinerungsbemühungen dominierte doch im 19. Jahrhundert die Vorstellung, daß es sich zumindest bei Neu- und Verbesserungskonstruktionen um individuelle Konstruktionsaufgaben handele, was von Fall zu Fall eine spezifische Lösung erfordere. Erfolgreiches Lösen solcher Konstruktionsaufgaben – so die allgemeine Überzeugung – basiere vor allem auf langjähriger konstruktiver Erfahrung. Ein Studium könne allenfalls eine gute Grundlage schaffen, um solche Erfahrungen zu erwerben, sie aber keinesfalls ersetzen oder auch nur das Sammeln von Erfahrungen wesentlich verkürzen. Jungen Konstrukteuren die Gelegenheit zum Sammeln von Erfahrungen zu geben hieß, Zeit und damit Geld zu investieren; Erfahrung bildete also einen Kostenfaktor, dessen Notwendigkeit bei zunehmendem ökonomischem Druck kritischer betrachtet wurde. Die Hoffnungen, welche die »Theoretiker« in die naturwissenschaftliche Durchdringung und mathematische Modellierung der Maschinen gesetzt hatten, hatten zwar Früchte für die Weiterentwicklung von Maschinengruppen getragen, aber kaum für das allgemeine konstruktive Arbeiten. Es lag deshalb nahe, daß die am Konstruktionsprozeß interessierten Hoch- und Mittelschullehrer verstärkt qualitative Ansätze in Betracht zogen, so eine Systematik allgemeiner Konstruktionsziele und Konstruktionsgesichtspunkte, was in Richtung einer allgemeinen »Konstruktionslehre« führte. Eben in diese Richtung gingen in der zweiten Hälfte der zwanziger Jahre die Diskussionen der im VDI organisierten Konstrukteure.[198] In ihrer »Gemeinschaftsarbeit« wurden Grundüberlegungen für eine »Konstruktionslehre« entwickelt und Schlüsselbegriffe wie »Konstruktionsregeln«, »ver-

198 S. u. S. 160-163; Erkens, Beiträge; Erkens, Fortbildung, S. 39; Laudien, Erziehung, S. 758.

gleichende Konstruktionsbeispiele« oder »konstruktives Denken« geprägt, welche die Verfasser von Hand- und Lehrbüchern später aufgriffen. Einzelne Personen als Urheber sind dafür kaum auszumachen.

Ein Lehrbuch über Maschinenelemente, das in Richtung einer allgemeinen Konstruktionslehre wies, stammte von dem Mittelschullehrer Karl Laudien.[199] Laudien lehrte nacheinander an den preußischen höheren Maschinenbauschulen in Hagen, Breslau und Stettin. Die höheren Maschinenbauschulen waren vom preußischen Staat auf Drängen der Industrie seit den neunziger Jahren des 19. Jahrhunderts ins Leben gerufen worden, um eine Lücke im System der technischen Bildung zu schließen, welche die Verwissenschaftlichung der Technischen Hochschulen aufgerissen hatte.[200] Daß es gerade ein Mittelschullehrer war, der zu Ansätzen für eine Konstruktionslehre gelangte, muß nicht unbedingt verwundern. Der größte Teil der Konstrukteure kam von den technischen Mittelschulen; und die Mittelschullehrer waren wegen der kürzeren Studienzeiten in besonderem Maße gezwungen, den komplexen Stoff zu komprimieren und zu systematisieren.

Die zwischen 1907 und 1931 erschienenen fünf Auflagen der Laudienschen »Maschinenelemente« zeigen, wie langsam allgemeinere konstruktive Gesichtspunkte in die technische Bildung Eingang fanden. Die »Maschinenelemente« waren als Lehrbuch für den technischen Unterricht gedacht, sollten aber auch dem Selbststudium von Praktikern dienen. Nach dem Vorwort der ersten Auflage stützten sie sich auf Bach, waren jedoch weniger wissenschaftlich und rückten den konstruktiven Standpunkt besonders in den Vordergrund. Der Inhalt war noch ganz konventionell nach der Funktion der Maschinenelemente gegliedert. Ein Kapitel umfaßte Maschinenelemente zur Verbindung von Ma-

199 Laudien, Maschinenelemente, fünf Auflagen zwischen 1907 u. 1931. Den Hinweis auf Laudien verdanke ich meinem früheren Mitarbeiter Reiner F. Oelsner, jetzt am Baden-Württembergischen Landesmuseum für Technik und Arbeit in Mannheim. Die fünf Auflagen der Maschinenelemente enthalten einige spärliche Angaben zur Biographie Laudiens. Vgl. auch Laudien, Erziehung; Laudien, Vergleichende Konstruktionsbeispiele.

200 Zur Geschichte der preußischen technischen Mittelschulen s. Lundgreen, Techniker; Jost; Sodan; Weber.

schinenteilen, wie zum Beispiel Nieten, eines Maschinenelemente der drehenden Bewegung, wie zum Beispiel Achsen, ein weiteres Maschinenelemente zur Aufnahme und Fortleitung von Flüssigkeiten, wie zum Beispiel Röhren, und so fort. Diesen Aufbau des Buches behielt Laudien bis einschließlich der 1925 erschienenen vierten Auflage grundsätzlich bei, wenn auch der Umfang beträchtlich wuchs.

Erst die 1931 erschienene fünfte Auflage beschritt neue Wege in Richtung einer – so der von ihm selbst benutzte Begriff – »Konstruktions*lehre*«.[201] Die technische Kritik rezipierte den besonderen Charakter des Laudienschen Maschinenelemente-Buches kaum. Einzig der Rezensent in »Maschinenbau – Der Betrieb« charakterisierte es als »ein für den Konstrukteur in seiner Art einzigartiges Werk«, welches eigentlich besser »Konstruktionsgrundlagen im Maschinenbau« zu betiteln sei. Laudien selbst war sich über die Schwierigkeiten eines solchen Unternehmens durchaus im klaren: »Es wird noch viel Zeit vergehen, bis wir zu einer wirklich durchgehenden Konstruktionslehre kommen, wenn solches überhaupt möglich ist«. Laudien ging die Aufgabe an, indem er – nicht unbedingt überzeugend – zwei Arten von »Konstruktionsregeln« erarbeitete. Die einen faßte er unter dem Begriff der »Formenlehre« zusammen, damit sollten vor allem Fehler vermieden werden; die anderen unter dem Begriff der »Konstruktionsgesichtspunkte«, was Hinweise für das Lösen von Aufgaben beinhaltete.

Die »Formenlehre« gliederte sich in zwei Teile: nach der Art der Herstellung und für verschiedene Belastungsfälle.[202] Im ersten Teil handelte Laudien nacheinander Fertigungsverfahren wie Gießen, Schmieden, Schweißen und spanende Bearbeitung ab. Dabei bemühte er sich, allgemeine Regeln herauszuarbeiten, wie zum Beispiel bei der spanenden Bearbeitung: »Beschränkung der Bearbeitung auf das unbedingt Nötige«, »Beschränkung der Bearbeitungsfläche auf das Mindestmaß«, »Vermeidung schräg zueinander stehender Flächen« oder »Vermeidung von Außenabrundungen«. Der zweite Teil bezog sich auf Belastungsarten wie Zug, Druck, Biegung und Verdrehung. Auch hier gelangte er

201 Laudien, 5. Auflage, Vorwort, S. V f. Rezensionen in: Maschinenbau – Der Betrieb 10 (1931), S. 656; Dingler's Polytechnisches Journal 112 (1931), Bd. 346, H. 6, S. 109; Z.VDI 41 (1931), S. 1291.

202 Laudien, 5. Auflage, S. 185 ff. u. S. 314 ff.

zu verallgemeinernden Aussagen, wie einem Vergleich verschiedener Gußprofile nach den aufzuwendenden Modellkosten.

Das Kapitel über »Konstruktionsgesichtspunkte«[203] ging von der Frage aus, wie man von den aufzunehmenden Kräften zur konstruktiven Gestalt komme. Nach einer allgemeinen Behandlung der Kraftflüsse innerhalb eines Maschinenteils und zwischen den Maschinenteilen formulierte Laudien Regeln, die der Vereinfachung der Konstruktion dienten. Dazu gehörten:

- »Nicht mehr als nötig«. Gemeint ist, daß konstruktive Forderungen nicht doppelt bzw. über den geforderten Umfang hinaus erfüllt werden sollten.
- »Sparen durch Vereinfachung der Außenform. Gerade Linie statt Kurve«.
- »Sparen durch Zusammenziehen von Konstruktionsteilen«. Abgesehen von Ausnahmen sei ein Teil besser als mehrere miteinander verbundene.
- »Sparen durch Knappbauen«. Der Konstrukteur solle sich um eine Verkleinerung der Maschinenteile bemühen, was sich im allgemeinen günstig auf die ganze Konstruktion auswirken werde.

Laudien war weit davon entfernt zu glauben, auf dem von ihm gewiesenen Weg gelange man zu einem Lösungsoptimum. Beim Konstruieren stehe man vor dem Problem, miteinander konkurrierenden Forderungen gerecht zu werden.[204] Als wichtigste zählte er auf:

- »gut« im Sinne von »zuverlässig, zweckentsprechend«,
- »sparsam im Betrieb«,
- »billig in der Herstellung«.

Dazu kämen weitere spezielle Bedingungen, woraus »eine Unzahl verschiedenartiger Formen entstehen (könnte), die *alle* dem Endziel der *besten* Konstruktion mehr oder weniger nahekommen« würden. Laudiens Vorstellungen gingen dahin, durch einen kritischen Vergleich zwischen Konstruktionsvorschlägen zu einer Entscheidung zu kommen. Letzten Endes sei – er beruft sich dabei auf Riedler – wegen der Vielzahl konstruktiver Gesichtspunkte eine »Entscheidung von Fall zu Fall« nötig.[205] Aufgrund dieser vielfältigen Anforderungen glaubte Laudien nicht, auf

203 Ebenda, S. 346 ff.
204 Ebenda, S. XVII-XX.
205 Ebenda, S. 397.

Konstruktionsbeispiele als didaktisches Mittel verzichten zu können.[206] Indem er aber bei jedem Aufgabenbeispiel die zu bedenkenden Gesichtspunkte behandelte, wollte er sich von der Anlehnung an das Vorbild einzelner Konstruktionen lösen und zu »konstruktivem *Denken*« erziehen.

1.7. Zusammenfassung

Für die Herausbildung des wissenschaftlichen Maschinenbaus in Deutschland um die Mitte des 19. Jahrhunderts hat kein zweiter Technikwissenschaftler eine so große Rolle gespielt wie Ferdinand Redtenbacher.[207] Redtenbacher versuchte einen Mittelweg zwischen der französischen sich an die Mechanik anlehnenden Schule und der englischen Empirie zu beschreiten, wobei er – je nach ihrer Leistungsfähigkeit für die Lösung konkreter Fragen – mehr theoretische oder mehr empirische Methoden miteinander kombinierte.

Darüber hinaus ist er für unser Thema, die Geschichte des Konstruierens, von besonderer Bedeutung, weil er als erster – und über mehrere Jahrzehnte alleiniger – deutscher Technikwissenschaftler ansatzweise Konstruieren als Prozeß betrachtete. Dabei nannte er eine Reihe von Kriterien, die beim Konstruieren zu beachten sind, und entwickelte für die Dimensionsbestimmung mit seinen »Verhältniszahlen« eine Methode, die bis ins 20. Jahrhundert hinein angewandt wurde. Letzten Endes handelt es sich bei dieser Methode um einen Versuch, die beim Konstruieren »intuitiv« verfolgte Praxis rational zu rekonstruieren und damit lehrbar zu machen. Seine ebenfalls auf Jahrzehnte singulär dastehenden Ausführungen zum Maschinenzeichnen erfassen die einzelnen Arten von Zeichnungen systematisch nach ihrem Zweck. Im übrigen spiegeln diese Ausführungen, bei denen eine Bemaßung noch nicht auftaucht, den zeitgenössischen Stand des praktischen Maschinenbaus wider, in dem eine strenge arbeitsteilige Trennung zwischen Konstruieren und Fertigen noch nicht stattgefunden hatte.

Redtenbachers »Resultate für den Maschinenbau« gehörten zusammen mit Reuleaux' »Konstrukteur« und Reiches »Maschi-

206 Ebenda, S. V f.
207 S. o. S. 16-28.

nenfabrikation« in der zweiten Hälfte des 19. Jahrhunderts zu den verbreitetsten von Ingenieurprofessoren verfaßten Hilfs- und Handbüchern für Ingenieurstudenten und in der Praxis tätige Ingenieure.[208] Diese Gattung der Hilfs- und Handbücher repräsentierten auch die »Hütte, des Ingenieurs Taschenbuch«, erstmals 1857 erschienen,[209] »Freytags Hilfsbuch für den Maschinenbau«, zuerst 1904, und der 1915 erstmals erschienene Dubbel, »Taschenbuch für den Maschinenbau«. Alle diese Bücher enthielten Formeln und Tabellen sowie Ausführungen über Hilfswissenschaften, Maschinengattungen, Maschinen und Maschinenelemente, die beim Konstruieren zu Rate gezogen werden konnten. Während aber Redtenbachers »Resultate« neben den Maschinenelementen die Grund- und Hilfswissenschaften ausführlicher behandelten und außerdem nach Maschinentypen gegliedert waren, beschränkte sich Reuleaux' »Konstrukteur« abgesehen von der Festigkeitslehre auf die Maschinenelemente. Darin kündigte sich schon die Zerlegung der konstruktiven Fragestellungen bei Reuleaux in Zweckbestimmung, kinematischen Zusammenhang und Dimensions- beziehungsweise Festigkeitsbestimmung an, wobei der »Konstrukteur« für das letztere zuständig war.

In der Folgezeit schuf Reuleaux mit seiner Kinematik ein konsistentes Beschreibungssystem für den Aufbau der Maschinen. Während sich Reuleaux in seiner Kinematik mehr von Logik und Philosophie leiten ließ, bildete Franz Grashofs etwa gleichzeitig erschienene »Theoretische Maschinenlehre« das paradigmatische Werk für die analytisch-mathematische Behandlung des Maschinenbaus, wobei die bei Redtenbacher inkorporierten wirtschaftlichen Fragestellungen völlig ausgeklammert wurden. Wenn auch in ganz unterschiedlicher Ausprägung stellen die Arbeiten von Reuleaux und Grashof den Höhepunkt der zwischen 1860 und 1890 die Maschinenwissenschaften beherrschenden Bestrebungen dar, die Maschinentechnik theoretisch zu durch-

208 Belege dafür bei Ludewig, Sp. 267, u. Z.VDI 23 (1879), Sp. 143.

209 Wenn man einer Notiz Glauben schenkt, daß von den ersten Auflagen der »Hütte« bis 1862 je 2000 Exemplare verkauft wurden, dann waren dies Zahlen, mit denen die Handbücher der Professoren wohl kaum mithalten konnten. Die Vermutung liegt nahe, daß letztere eher an den Hochschulen gelesen wurden, die »Hütte« eher in der Industrie Verwendung fand. Z.VDI 6 (1865), Sp. 245.

dringen. Je weiter aber dieses Vorhaben erfolgreich betrieben wurde, um so mehr entfernte man sich von den Problemen des praktischen Maschinenbaus. Die Gründe für diese häufig als »Übertheoretisierung« bezeichnete Entwicklung waren ausschließlich sozialer Natur. Die Technischen Hochschulen und die Hochschullehrer orientierten sich einerseits an der rechtlichen und sozialen Stellung der Universitäten, andererseits theoretisch und methodologisch an den Standards der etablierten Universitätswissenschaften, im Falle von Franz Grashof besonders an der Mathematik und von Reuleaux besonders an der Philosophie.

Die sich an den Technischen Hochschulen in den neunziger Jahren des 19. Jahrhunderts durchsetzenden »Praktiker« versuchten diesen Verlust an Praxisrelevanz auf mehrerlei Art wiedergutzumachen.[210] Die Ablehnung der Kinematik und die Initiativen gegen die Überbetonung der Mathematik stellen die eher destruktive Komponente der Aktivitäten der »Praktiker« dar. Als konstruktiver erwiesen sich drei weitere Komponenten: die Gründung der Maschinenbaulaboratorien, der Ausbau des Konstruktionsunterrichts und eine forcierte Differenzierung der technischen Fächer. Mit der Gründung der Maschinenbaulaboratorien wurden die organisatorischen Voraussetzungen dafür geschaffen, das methodische Instrumentarium der Technikwissenschaften um Experimente im großen Maßstab zu erweitern, wenn es auch schon vorher Ansätze in diese Richtung gegeben hatte. Erst jetzt konnten die verschiedenen in den Technikwissenschaften angewandten Methoden zu einem spezifisch technikwissenschaftlichen methodischen Instrumentarium zusammengeführt werden.

Beim inhaltlichen Ausbau des Konstruktionsunterrichts mußte man bis auf Redtenbacher zurückgreifen. Unter der Dominanz der »Theoretiker« hatte es nur wenige Überlegungen zum Konstruktionsunterricht gegeben, der ja eine Art Verbindungsglied zwischen Theorie und Praxis darstellt. Bei der Ausgestaltung des Konstruktionsunterrichts orientierte man sich an der mittlerweile in Gang gekommenen Entwicklung zur großbetrieblichen Arbeitsteilung. Neben das bis dahin dominierende Kriterium der

210 Aus der Sicht des »Praktikers« wird diese Entwicklung knapp und instruktiv zusammengefaß bei Kammerer, Technische Hochschulen, S. 1178.

technischen Funktionsfähigkeit trat eine stärkere Beachtung von Kriterien der Wirtschaftlichkeit. Die meisten Konstruktionshandbücher nannten hinfort explizit solche Kriterien, die beim Konstruieren zu beachten seien,[211] was aber nicht wesentlich über Redtenbacher hinausging. Eine methodische Durchdringung des Konstruktionsprozesses fand dagegen kaum statt; auch weiterhin spielte das Vorbild guter Konstruktionen die wichtigste Rolle, wobei diese jetzt allerdings eher der industriellen Praxis als dubiosen Vorlagewerken entnommen wurden.

Eine weitere Reaktion auf die Bewegung der »Praktiker« war die zunehmende Differenzierung der technischen Wissenschaften und Fächer. Versuche, wie die von Reuleaux oder Grashof, das gesamte Maschinenwesen wissenschaftlich darzustellen, wurden nicht mehr unternommen. Prägnante hier angeführte Beispiele für diese Entwicklung waren die »Maschinenelemente« von Bach und die Konstruktionslehre der Dampf- und Gasturbinen von Stodola, bei denen das teilweise neu gewonnene technische Methodenspektrum eingesetzt wurde. Das Maschinenbaustudium wurde in verschiedene Studiengänge differenziert, wenn auch die konstruktiven weiterhin das Übergewicht behielten. Einen solchen Weg der Spezialisierung wollte Alois Riedler, der wichtigste Exponent der Praktikerbewegung in den neunziger Jahren des 19. Jahrhunderts, nicht mitgehen, zumindest nicht in dieser Konsequenz. Gegen die stattfindende Entwicklung stellte er sein Konzept einer »Gestaltungs- und Betriebslehre« als Kern des Maschinenbaustudiums, ohne diese allerdings sehr präzise auszuarbeiten.

Das Scheitern der Theoretisierung des Maschinenbaus und der auch das Konstruieren erfassende zunehmende Rationalisierungsdruck führten um 1930 zu Bemühungen, das Konstruieren systematisch zu durchdringen, um zu einer allgemeinen »Konstruktionslehre« zu gelangen. Ein markantes Beispiel hierfür war das Maschinenelemente-Lehrbuch von Karl Laudien. In diesem Buch verband Laudien eine konventionelle Darstellung der Maschinenelemente mit allgemeinen Konstruktionsregeln und didaktisch-systematisch aufbereiteten Konstruktionsbeispielen. Auf diese Weise erfuhr das Konstruieren nach dem Vorbild be-

211 Z. B. Haeder, S. 1; Grove, S. 2 f. (wobei unter dem Kriterium Betriebssicherheit auch der Schutz der Arbeiter subsumiert wurde) (vgl. auch Z.VDI 47 (1903), S. 900-903; Z.VDI 55 (1911), S. 1982 f.).

währter Konstruktionen eine systematisch-verallgemeinernde Ergänzung, welche vor allem Wirtschaftlichkeitsgesichtspunkte in den Vordergrund stellte.

Im Untersuchungszeitraum dominierte im Maschinenbau – zumindest bis zum Ersten Weltkrieg – die Auffassung, daß der technische Unterricht quasi im Konstruieren kulminiere. Das Berufsbild des Konstrukteurs war die der ganzen technischen Ausbildung zugrundeliegende Zielprojektion. Damit gewinnt die Frage an Bedeutung, was man in dieser Zeit unter dem Begriff des Konstruierens eigentlich verstand und – zur zusätzlichen Klärung – wie man das Konstruieren vom Erfinden unterschied. Hilfreich zur Beantwortung dieser Frage ist die von Peter Klimentitsch von Engelmeyer und anderen gebrauchte Unterscheidung zwischen der technologischen Ausarbeitung einer Maschine, das heißt der Festlegung von Zweck und Funktion, der kinematischen Ausarbeitung einer Maschine, das heißt der räumlichen Anordnung der wichtigsten Teile und damit auch der durch diese hervorgerufenen Bewegungen, sowie der konstruktiven Ausarbeitung im engeren Sinne, das heißt der Dimensionierung und der Materialwahl. Zusätzlich wurde der gesamte Prozeß als Konstruieren im weiteren Sinne bezeichnet. In dieser Unterscheidung kann man gleichzeitig Ansätze für eine Zergliederung des Konstruktionsprozesses erkennen, wenn diese auch nicht sonderlich ausgearbeitet wurden.

Während die angeführte doppelte Bedeutung des Begriffs Konstruktion den allgemeinen Sprachgebrauch in dieser Zeit bildete, war die Verwendung des Begriffes Erfinden außerordentlich unterschiedlich. So bezogen Redtenbacher und Engelmeyer den Begriff des Erfindens eher auf den technologischen Bereich, Reuleaux auf den kinematischen und Wiebe auf den Gesamtprozeß, das heißt, er behandelte Erfinden und Konstruieren im weiteren Sinn als Synonyme.[212] Daraus kann man zumindest schließen, daß der Begriff des Erfindens in dieser Zeit umstritten war und daß Übereinstimmung allenfalls darüber bestand, daß mit Erfinden mehr gemeint war als nur Konstruieren im engeren Sinne. Völlig einig war man sich dagegen darüber, daß im Erfinden und Konstruieren ein irreduzibles künstlerisches Moment der Intui-

212 Wiebe, Maschinen-Baumaterialien, S. 4; vgl. auch Woldt, S. 13-20; Lipsmeier, S. 202.

tion enthalten sei.[213] Es wurde höchstens darüber diskutiert, welche Maßnahmen nötig seien, um die erforderlichen Begabungen zu pflegen und weiterzuentwickeln. Dieses im Konstruieren enthaltene Moment der künstlerischen Intuition wurde von vielen Ingenieuren in mehr oder weniger feierlicher Weise beschworen. Hier soll Heinrich Seidel, der den Konstrukteurberuf in den siebziger Jahren des 19. Jahrhunderts an den Nagel hängte und sich der Schriftstellerei verschrieb, mit einem eher heiteren Kommentar zu Wort kommen:[214]

> »Konstruieren ist Dichten!« hab' ich gesagt,
> Als ich mich noch für die Werkstatt geplagt.
> Heut' führ' ich die Feder am Schreibtisch spazieren
> Und sage: »Dichten ist Konstruieren!«

Wir haben uns in diesem Kapitel auf die Technikwissenschaften und auf die Ingenieurausbildung konzentriert, wenn auch immer wieder auf Zusammenhänge mit der Konstruktionspraxis in der Industrie verwiesen wurde, welche den thematischen Gegenstand des nächsten Kapitels bildet. Als Überleitung wollen wir hier die Frage der Wechselwirkungen zwischen Hochschule und Industrie, zwischen Konstruktionstheorie und Konstruktionspraxis ansprechen. Es klang an vielen Stellen unserer Arbeit an, daß häufig die Konstruktionstheoretiker und Hochschullehrer das nachvollzogen, was in der industriellen Konstruktionspraxis schon Verbreitung gefunden hatte. Dies galt – um einige markante Beispiele zu nennen – gleichermaßen für Redtenbachers Verhältniszahlen, für Riedlers Anleitungen zum Maschinenzeichnen und für Laudiens Ansätze einer Konstruktionslehre sowie das von ihm propagierte werkstattgerechte Konstruieren. Also gerade diejenigen Überlegungen der Hochschullehrer zum Konstruieren, welche noch am ehesten einen Anspruch auf Praxisrelevanz erheben konnten, wurzelten zumindest teilweise in der Konstruktionspraxis.

Mit dieser Feststellung sollen die von den Hochschulen kommenden Ansätze für eine Konstruktionstheorie jedoch nicht gering bewertet werden. Mit ihren Arbeiten bemühten sich die Pro-

213 Vgl. hierzu zum Beispiel die Äußerungen Kretzschmann, Sp. 251; Z.VDI 40 (1896), S. 376; 43 (1899), S. 850 f.; 46 (1902), S. 1092; 55 (1911), S. 1982; Franke, S. 76.

214 Seidel, S. 140.

fessoren um eine Systematisierung von Kriterien, Methoden und Vorgehensweisen, welche die Konstrukteure in der Industrie häufig wenig systematisch oder sogar ganz unbewußt beachteten und verfolgten. Damit wirkten die Hochschullehrer nicht nur bei der Verbreitung konstruktiver Gesichtspunkte mit, sondern wiesen auch auf Schwach- und Fehlstellen der Konstruktionspraxis hin. Wenn wir damit auch unsere Behauptung eines Primats der Konstruktionspraxis über die Konstruktionstheorie relativieren, so ändert dies nichts an der allgemeinen Folgerung, daß die Technischen Hochschulen weniger Orte der Generierung von Wissen als vielmehr mit ihrer Lehre Orte der Vervielfältigung von Wissen waren.[215]

215 Dieser Aspekt wird methodisch genauer für die Elektrotechnik herausgearbeitet in: König, Technikwissenschaften.

2. Konstruieren in der Industrie

2.1. Typen der Konstruktionspraxis: Untersuchungsansatz und Zusammenfassung

Eine historische Untersuchung der Konstruktionspraxis in der Industrie muß in erster Linie der Frage nachgehen, welche wesentlichen Veränderungen des Konstruierens über die Zeitachse hinweg stattgefunden haben. Diese Gesamtfrage kann in zahlreiche Einzelfragen aufgelöst werden. Besonderes Augenmerk wurde auf die *funktionale Stellung des Konstruierens* innerhalb des Unternehmens und hierbei wieder auf das Verhältnis zwischen Konstruktion und Fertigung gelegt. Das wichtigste, aber nicht das einzige *Mittel der Kommunikation zwischen Konstruktion und Fertigung* stellte die technische Zeichnung dar. Untersucht wurden ferner die *Hilfsmittel des Konstruierens*, zu denen einerseits die zeichnerischen Hilfsmittel, andererseits auch Bücher, Zeitschriften, Normalien und andere schriftliche und mündliche Informationen gehören, auf die der Konstrukteur bei seiner Arbeit zurückgreift. Diese Hilfsmittel können nur dann adäquat benutzt werden, wenn beim Konstrukteur bereits durch *Ausbildung und berufliche Erfahrung* eine Grundlage vorhanden ist. Konstruieren ist ein Prozeß, an dem Vertreter verschiedener Berufsbilder, zum Beispiel Konstrukteure, Zeichner und Pauser, zusammenwirken. Es geht also auch um die *funktionale und hierarchische Differenzierung* der Konstruktionsabteilung. Schließlich ist nach Verschiebungen bei den *Normen und Kriterien* zu fragen, die vom Konstrukteur in den Konstruktionsprozeß eingebracht werden. In unserem Untersuchungszeitraum und für unseren Untersuchungsgegenstand spielen hierbei vor allem Fragen der Funktionsfähigkeit sowie der Wirtschaftlichkeit, insbesondere die Fertigungsfreundlichkeit der Konstruktionen, eine Rolle.

Dabei stößt jeder Versuch, das aus den Quellen erschlossene empirische Material systematisch zu ordnen, auf das allgemeine historische, hier aber besonders virulente Phänomen der »Gleichzeitigkeit des Ungleichzeitigen«. Das heißt, im selben Zeitraum waren neuere und ältere Arten und Organisationsformen des Konstruierens nebeneinander gebräuchlich, wobei die Industriebranche – es gab rückständigere und modernere Bereiche – sowie die Betriebsgröße eine wichtige Rolle spielten. Jeder Versuch einer historischen Herausarbeitung verschiedener Phasen des Konstruierens steht also vor der Schwierigkeit, daß die einzelnen »Phasen« große zeitliche Überschneidungsbereiche aufweisen. Es liegt daher die Frage nahe, ob es überhaupt sinnvoll ist, Phaseneinteilungen vorzunehmen. Auf der anderen Seite zeigt sich aber doch, daß sich tendenziell allgemeine Entwicklungsrichtungen des Konstruierens aufweisen lassen. Ein Ausweg aus diesem Dilemma wird hier dadurch gefunden, daß historische Typen für das Konstruieren in der industriellen Praxis gebildet werden. Diese Typen repräsentieren vorherrschende Entwicklungstendenzen in historischen Zeiträumen, wobei jedoch bei der zeitlichen Verortung dieser Typen große Überschneidungen zu beachten sind.

Die im folgenden für den Untersuchungszeitraum zwischen den Anfängen der Industrialisierung in Deutschland in den ersten Jahrzehnten des 19. Jahrhunderts und etwa 1930 zu benennenden Typen sind als Ergebnisse der Auswertung der Quellen entstanden. Da die Typen auf einem hohen Abstraktionsniveau angesiedelt sind, ist es schon aus Gründen der Transparenz des Forschungsprozesses notwendig, das ihnen zugrundeliegende empirische Material auszubreiten. Dabei werden eine Fülle von Fragen gestellt und beantwortet, welche nur teilweise in die typisierende Beschreibung Eingang gefunden haben. Wenn die Benennung der Typen vor allem die Beziehung zwischen Fertigen und Konstruieren thematisiert, dann wird damit dem Umstand Rechnung getragen, daß durch die Begriffe Konstruieren und Fertigen die beiden wichtigsten Bereiche der innerbetrieblichen technischen Ontogenese, der Entstehung der einzelnen technischen Sachsysteme, abgedeckt werden und daß sich wesentliche Veränderungen des Konstruktionsprozesses einerseits durch Verschiebungen in der Arbeitsteilung zwischen beiden Bereichen, andererseits durch wechselseitige Beeinflussungen ergeben haben.

Für den Untersuchungszeitraum werden vier historische Typen des Konstruierens in der industriellen Praxis unterschieden:

- der Typ der *Meisterkonstruktion*, der gekennzeichnet ist durch die Einheit von Konstruktion und Fertigung;

Benennung	Beginn um	Verhältnis zur Fertigung	Mittel der Kommunikation
Meister-konstruktion	1820	Einheit	mündliche Anweisungen, Modelle, Skizzen, unbemaßte Werkstattzeichnungen
Erfinder-konstruktion	1850	Herauslösung	unbemaßte Werkstattzeichnungen
Konstrukteurs-konstruktion	1870	Trennung	bemaßte Werkstattzeichnungen
Firmen-konstruktion	1890	Zusammen-wirken	bemaßte Schwarzweiß-Werkstatt-zeichnungen, Stücklisten (Arbeitsvorbereitung als Mittelinstanz)

Abb. 1: Typen des Konstruierens im deutschen Maschinenbau

- der Typ der *Erfinderkonstruktion*, mit dem sich die Konstruktion aus der Fertigung herauszulösen beginnt;
- der Typ *Konstrukteurskonstruktion*, bei dem Konstruktion und Fertigung relativ scharf voneinander getrennt sind;
- der Typ *Firmenkonstruktion* oder auch *Rationelles Konstruieren*, bei dem unter dem Einfluß der Rationalisierungsbewegung Konstruktion und Fertigung zwar weiterhin organisatorisch getrennt sind, aber inhaltlich aufeinander bezogen werden.

Im dem durch den Typ *Meisterkonstruktion* gekennzeichneten Zeitraum bildeten Konstruieren und Fertigen eine Einheit. Die technischen Produkte wurden vollständig in der Werkstatt gestaltet. Dabei handelte es sich in erster Linie um Verbesserung von Vorhandenem, das aus der eigenen oder aus fremder Produktion stammte. Damit ist schon angedeutet, daß in diesem Typ die über Jahre und Jahrzehnte erworbene technische Erfahrung eine ausschlaggebende Rolle spielte. Wenn dieser Typ hier als *Meisterkonstruktion* bezeichnet wird, dann soll damit auf den Anteil der

Fertigung, und dort vor allem der Meister – wohl seltener der Arbeiter –, bei der Gestaltung der technischen Produkte hingewiesen werden. Bei kleineren Betrieben konnten die Funktionen von Meister und Besitzer des Unternehmens – man denke an Johann Georg Halske in der Anfangszeit von Siemens & Halske – in einer Person vereinigt sein. Waren sie getrennt, so hing die Art der Produktentwicklung und -gestaltung von der technischen Kompetenz des Unternehmers ab. Besaß dieser keine technische Kompetenz, so fiel dem Meister die Hauptrolle zu. Besaß der Unternehmer technische Kompetenz, dann wurden die Produkte in einem kommunikativen Prozeß zwischen Unternehmer und Werkstatt entwickelt, wobei die wichtigsten Kommunikationsmittel des Unternehmers mündliche Anweisungen und Skizzen waren, durch die aber nur grobe Hinweise für den Aufbau der Produkte gegeben wurden und umfangreiche Gestaltungsmöglichkeiten bestehen blieben. Dominierte dieser Typ in den Anfängen der Industrialisierung in Deutschland, so blieb er im kleingewerblichen und handwerklichen Bereich bei manchen Produkten bis ins 20. Jahrhundert hinein erhalten.

Diese zeitliche Verortung gilt auch für den zweiten Typ, die *Erfinderkonstruktion*, bei dem sich die Konstruktion allmählich aus der Fertigung herauslöste. Der Begriff der Erfinderkonstruktion deutet dabei darauf hin, daß Erfinden, Entwickeln und Konstruieren bei diesem Typ häufig von den gleichen Personen ausgeübt wurden und in der historischen Wirklichkeit kaum voneinander getrennt waren. Betriebsorganisatorisch begann diese Herauslösung zumeist durch die Einrichtung einer Stabsstelle beim technischen Direktor oder einem der Werksleiter, denen die Fertigungsstätten unterstanden. Mitarbeiter dieser Stabsstelle wirkten an der Produktentwicklung mit oder bei der Umstellung von Fertigungsverfahren. Von Anfang an bestanden dabei Tendenzen zur Verselbständigung und Ausdifferenzierung. Innerhalb dieser Stabsstellen betraf die früheste Differenzierung der Konstruktion im engeren Sinn die Trennung zwischen Konstrukteur und Zeichner, wobei sich die Zeichner nahezu ausschließlich aus dem Kreis der Arbeiter rekrutierten, aber auch relativ gute Chancen hatten, zu Konstrukteuren aufzusteigen.

Die organisatorische Herauslösung dieser Konstruktions- und Entwicklungsabteilungen bedeutete aber nicht, daß die Arbeitsteilung zwischen Konstruktion und Fertigung klar geregelt war. Angedeutet wird diese Problematik, wenn man sieht, daß die bei diesem Typ übliche Werkstattzeichnung als wichtigstes Kommunikationsmittel zwischen Konstruktion und Fertigung unbemaßt war und die Maschinenteile in Originalgröße abbildete. Damit mußte die Fertigung schon wegen der fehlenden Exaktheit der Zeichnungen einen Teil der gestalterischen Kompetenzen behalten. Darüber hinaus wurden von den Meistern als Träger der im Betrieb kumulierten Erfahrung auch konstruktive Änderungen vorgenommen. Der in der Zeit vor dem Ersten Weltkrieg häufig gebrauchte Begriff der »Meisterwirtschaft« bezog sich einerseits auf diese ungeklärten Fragen der Kompetenzabgrenzung zwischen Konstruktion und Fertigung, andererseits aber auch auf die beim späteren Eindringen der Betriebsingenieure in die Fertigung auftretenden Differenzen.

Eine relativ scharfe Trennung zwischen Konstruktion und Fertigung fand erst in dem durch den dritten Typ, die *Konstrukteurskonstruktion*, repräsentierten Zeitraum statt. In den in der Phase der deutschen Hochindustrialisierung seit etwa 1870 entstandenen Großbetrieben des Maschinenbaus gab es jetzt innerhalb der technischen Büros eigene Konstruktionsabteilungen, deren Mitarbeiterschaft in Konstruktionsleiter, Konstrukteure ganzer Maschinen, Detailkonstrukteure, Zeichner, Pauser usw. weit ausdifferenziert war. Innerhalb der Firmen setzten in dieser Zeit Bemühungen ein, die zeichnerischen Darstellungen zu normieren. Während im gesamten Untersuchungszeitraum bis zum Ersten Weltkrieg die zeichnerische Grundausstattung des Konstrukteurs mit Reißzeug und Reißbrett weitgehend unverändert blieb, veränderten die verschiedenen Lichtpausverfahren jetzt teilweise das Berufsbild des Zeichners und erleichterten die Erstellung und Verteilung der Werkstattzeichnungen. Die entscheidende Voraussetzung für die Trennung von Konstruktion und Fertigung aber bildete die genau bemaßte Werkstattzeichnung und die Fähigkeit der Meister und Facharbeiter, diese in räumliche Gebilde umzusetzen. Metaphorisch könnte man den damit verbundenen Wandel als die Ablösung der »Herrschaft der Werkstatt« durch die »Herrschaft des Büros« bezeichnen. In vielen Betrieben wurde diese Entwicklung erst in der Zwischenkriegszeit abgeschlossen.

Die in der Hochindustrialisierung vollzogene scharfe Trennung zwischen Konstruktion und Fertigung brachte auch Nachteile mit sich. In den Jahren um die Wende vom 19. zum 20. Jahrhundert häuften sich Klagen über eine mangelnde Koordinierung zwischen beiden Bereichen oder – präziser auf die Konstruktion bezogen – Klagen darüber, daß ohne Kenntnis der Fertigungsprozesse bzw. nicht fertigungsfreundlich genug konstruiert werde. Zusätzlich führte der zunehmende nationale und internationale Konkurrenzkampf dazu, daß über die Funktionsfähigkeit der Produkte hinaus in größerem Maße deren Wirtschaftlichkeit in den Blick geriet. Konsequenzen für die Konstruktion wurden im Zusammenhang mit der in den neunziger Jahren des 19. Jahrhunderts einsetzenden Rationalisierungsbewegung gezogen. Bislang ist die Rationalisierungsbewegung vorwiegend unter ihrem wichtigsten Aspekt, nämlich der Kompetenzverlagerung in der Fertigung von der Werkbank ins Betriebsbüro oder – auf die handelnden Personen bezogen – von den Meistern und Facharbeitern zu den Ingenieuren, betrachtet worden. Hier wird die Veränderung der Konstruktion durch die Rationalisierungsbewegung mit den Begriffen *Firmenkonstruktion* bzw. *Rationelles Konstruieren* angedeutet. Dabei soll der Begriff der *Firmenkonstruktion* besagen, daß man sich – unter Beibehaltung der organisatorischen Trennung – verstärkt darum bemühte, Fertigung und Konstruktion als inhaltlich aufeinander zu beziehende Schritte bei der Schaffung konkurrenzfähiger Produkte zu begreifen und entsprechend zu organisieren. Eine zentrale Rolle bei diesem Bemühen übernahmen in Kooperation zwischen Konstruktion und Fertigung erstellte betriebsinterne Normalien, die bei der Konstruktion von Maschinen zu beachten waren.

Arbeitsorganisatorisch führte die Rationalisierung der Konstruktion zu einer stärkeren Bürokratisierung und Arbeitszerlegung. Dabei muß die Frage nach den Auswirkungen auf die Qualität der Konstruktionsarbeit durchaus differenziert beantwortet werden. Was sozusagen in der Breite durch die zunehmende Spezialisierung der Konstrukteure verlorenging, konnte durchaus in der Tiefe, durch tiefere Durchdringung der zu lösenden Konstruktionsaufgaben, gewonnen werden. Der durch diese kurze Beschreibung charakterisierte vierte Typ der Konstruktion war auch noch in der Zeit nach dem Zweiten Weltkrieg von Bedeutung, wenn er auch für diesen langen Zeitraum einer weiteren Ausdifferenzierung bedarf.

2.2. Meisterkonstruktion: Einheit von Konstruktion und Fertigung

Mit am besten sind wir über die realhistorische Ausprägung des Typs der *Meisterkonstruktion* in der Frühzeit der 1847 gegründeten Firma Siemens & Halske informiert. In dieser vor allem für den Bau von Telegraphen gegründeten Firma trat, was die Konstruktion anbelangt, 1867/68 eine wichtige Änderung ein, als unter Leitung des studierten Physikers Friedrich von Hefner-Alteneck ein Konstruktionsbüro oder Zeichenzimmer eingerichtet wurde. Im Rückblick skizziert Hefner das Konstruieren bei Siemens & Halske vor seinem Eintreten in die Firma so: »Nach der alten feinmechanischen Schule ... wurde das Ausdenken der Apparate in der Werkstatt und gleichzeitig mit ihrem Aufbau gepflegt.«[216] Zieht man ergänzend zu dieser Aussage weitere Quellen hinzu, so ergibt sich das Bild eines kaum formalisierten Prozesses bei der Gestaltung der technischen Produkte, bei dem die Unternehmer, vor allem Werner Siemens, aber auch Johann Georg Halske, und die in der Werkstatt beschäftigten Meister und Arbeiter in einer Weise zusammenwirkten, die nicht mehr in den Einzelheiten, sondern nur noch in Umrissen erschlossen werden kann. Anregungen für Neu- und Verbesserungskonstruktionen scheinen von Siemens wie von der Werkstatt ausgegangen zu sein, wobei tendenziell prinzipielle Neuerungen wohl eher von Siemens, konstruktive Verbesserungen wohl eher von der Werkstatt kamen. Gebaut wurde nach mündlichen Anweisungen, nach Modellen oder nach Zeichnungen und Skizzen, die nur ungefähre Anhaltspunkte für den Bau boten und die in Kooperation zwischen Siemens und der Werkstatt entstanden.

Die Meister gingen im Zeitraum zwischen 1847 und 1867 ausschließlich aus den handwerklich ausgebildeten Arbeitern hervor.[217] Wenn sie darüber hinaus eine hervorgehobene Funktion im Betrieb bekleideten, durften sie sich auch Ingenieur nennen. Die seit den zwanziger Jahren des 19. Jahrhunderts vor allem

216 Heintzenberg, Friedrich von Hefner-Alteneck, S. 12. S. hierzu auch S. 20; Heintzenberg, Von der Werkstatt, S. 123 f., sowie Kocka, S. 64. Weitere Einzelinformationen über Konstruktion und Produktion bei Siemens & Halske finden sich bei Schmidt, Massenhafte Produktion, und bei Wittke.

217 Kocka, S. 73-75.

unter dem Gesichtspunkt der Gewerbeförderung gegründeten Polytechnischen Schulen spielten bei der Versorgung der Industrie mit technischem Personal eine eher untergeordnete Rolle. Die Mehrzahl der Absolventen ging in den Staatsdienst bzw. in allgemeine kaufmännische Berufe. Bereits 1847 wurde bei Siemens & Halske Friedrich Siemens, ein Bruder von Werner, als Zeichner eingestellt.[218] Wenn die genauen Aufgaben dieses Zeichners auch nicht eindeutig zu ermitteln sind, ist doch eher zu vermuten, daß er Apparate für Angebote an die Kunden oder für Werbezwecke abzuzeichnen hatte, als daß seine Zeichnungen als Kommunikationsmittel zwischen Siemens und der Werkstatt dienten. Wenn in den Gehaltslisten von Siemens in diesem Zeitraum Zeichner auftauchen, dann erhielten sie im Durchschnitt niedrigere Gehälter als die Facharbeiter. Grundsätzlich muß man von einer Funktionsvielfalt der ersten technischen Angestellten bei Siemens & Halske ausgehen. So wurde 1860 ein Angestellter als Materialverwalter, Konstrukteur, Ingenieur und Verwaltungsmann bezeichnet.[219]

Einer Funktionsdifferenzierung und -spezialisierung in Werkstatt und Büro stand nicht nur die Tradition der feinmechanischen Industrie, sondern auch die Struktur der Aufträge entgegen. In einem 1870 geschriebenen Brief klagte Werner Siemens, daß er seit 15 Jahren »Normalkonstruktionen« und die »Fabrikation weniger Typen« anstrebe, dabei aber bislang wenig erfolgreich gewesen sei.[220] Das Problem bestand darin, daß es sich bei den bedeutenden Kunden von Siemens & Halske um öffentliche Verwaltungen bzw. große private Unternehmungen im Bereich der Post, Telegraphie oder der Eisenbahnen handelte, die einerseits immer nur begrenzte Stückzahlen bestellten, andererseits genaue Vorstellungen bezüglich der Konstruktionen der von ihnen gewünschten Apparate vorbrachten, denen sich Siemens & Halske unterordnen mußten. Es handelte sich also um Auftragsfertigung und um einen Käufermarkt, wodurch innerbetriebliche Rationalisierungsmaßnahmen erschwert wurden.

218 Kocka, S. 83 u. 99.
219 Kocka, S. 97.
220 Zitiert nach Pentzlin, S. 480; vgl. Heintzenberg, Von der Werkstatt, S. 126.

2.3. Erfinderkonstruktion: Herauslösung der Konstruktion aus der Fertigung

Der zweite Typ, hier mit dem Begriff der »Erfinderkonstruktion« belegt, ist unter anderem dadurch gekennzeichnet, daß sich die Einheit zwischen Konstruieren und Fertigen aufzulösen begann.[221] Die Ausführungen von Redtenbacher in seinen »Prinzipien der Mechanik und des Maschinenbaues« über das Konstruieren und Zeichnen beziehen sich auf diesen Typ.[222] Jetzt wurden Personen benannt bzw. Organisationseinheiten geschaffen, denen vorzugsweise die Aufgabe des Konstruierens zugewiesen war. Häufig lagen die Anfänge dieser Organisationseinheiten in den Fabrikdirektoren zugeordneten Stabsstellen. Die Stabsstellen, welche schon früh als technische Büros bezeichnet wurden, neigten dazu, ihren anfänglich enger begrenzten Aufgabenbereich auszuweiten. Bald besaßen sie eine Fülle unterschiedlicher Aufgaben. In ihnen wurden Entwicklungspläne für die Fabrik erstellt, die Anschaffung neuer Maschinen für die Produktion geplant, Angebote für Kunden ausgearbeitet und abgeschlossene Aufträge nachkalkuliert. Zu den Aufgaben der technischen Büros gehörte auch die Konstruktion und Umkonstruktion von Maschinen. Dieser Aufgabenbereich konnte mehr oder weniger scharf von den anderen getrennt sein. Die Konstruktion konnte sich zur Abteilung innerhalb des technischen Büros entwickeln oder auch aus diesem herausgelöst und verselbständigt werden.[223] Dabei ging die Entwicklung im Maschinenbau schneller vonstatten als in der Elektrotechnik, wo der Grad der Mechanisierung geringer war und handwerkliche Traditionen eine größere Rolle spielten. So ist bereits in den frühen fünfziger Jahren des 19. Jahrhunderts bei den beiden Vorläuferfirmen der MAN, bei der Cramer-Klettschen Maschinenfabrik in Nürnberg und bei der Augsburger Maschinenfabrik, von Konstruktionsbüros die

221 Vgl. hierzu auch Neef, S. 90-93.

222 S. o. S. 21-27.

223 Bis zum Ersten Weltkrieg wird der Begriff »Technisches Büro« ganz unterschiedlich gebraucht. Die Spannweite reicht vom Synonym für das Konstruktionsbüro bis zum Sammelbegriff für sämtliche technischen Büroarbeiten, einschließlich Taylors Betriebsbüro. Vgl. hierzu Kerner, S. 289 f.; Waldemar Koch, S. 454 f.; Huth; Brzoska, S. 379; Valentin, S. 94.

Rede, ohne daß wir über deren Aufgaben und Organisation viel erfahren.[224]

In kleineren, aber auch in manchen größeren Unternehmen konnte die Konstruktionsaufgabe beim Besitzer liegen. So berichtet der russische Ingenieur und Techniktheoretiker Klimentitsch v. Engelmeyer von einem größeren deutschen Unternehmen im Jahre 1888, bei dem einzig der Besitzer, unterstützt von einem Verwandten, der als Zeichner fungierte, konstruierte.[225] Es handelte sich um die Sacksche Fabrik in Leipzig, einen großen Hersteller landwirtschaftlicher Maschinen mit damals etwa 600 Arbeitern. Sack und sein Helfer gaben die Zeichnungen direkt in die Werkstatt, wo man wohl nur sehr geringe Spielräume für Änderungen besaß. Engelmeyer kritisierte denn auch, daß auf diese Art und Weise schlechte Konstruktionen entstünden, da kein praktischer Maschinenbauer eingeschaltet würde. Im Vordergrund stand bei diesem Verfahren die funktionale und nicht die gestalterisch-geometrische Ausarbeitung.

Die Quellen- und Literaturlage legt es nahe, wiederum etwas ausführlicher auf die Entwicklung bei Siemens & Halske einzugehen. Auch dort entstand das Konstruktionsbüro durch die Ansiedlung von Stabsfunktionen bei der Fertigung. In den fünfziger Jahren des 19. Jahrhunderts wurde dem ältesten der Werkmeister, der sich Ingenieur nannte und Funktionen eines Werkstattvorstehers bekleidete, ein Büro mit einem Zeichner und einem Schreiber unterstellt.[226] Eine relative Eigenständigkeit erlangte dieser Nukleus eines Konstruktionsbüros erst – wie schon erwähnt – unter Hefner-Alteneck 1867/68.[227] Die damalige Einrichtung und der Ausbau des Konstruktionsbüros hingen zusammen mit der Expansion von Siemens & Halske, die sich in den Jahren um 1870 von einer feinmechanischen Werkstätte zur Fabrik entwickelten.[228] Dabei spielten der Auftrag zum Bau einer indoeuropäischen Telegraphenlinie sowie preußische Rüstungsaufträge vor und in den Kriegsjahren eine wichtige Rolle. Für den Übergang zur Produktion größerer Stückzahlen und zur

224 Rupieper, S. 37 u. 42.
225 Ueber das Entwerfen, Sp. 537 f.
226 Kocka, S. 75 f.
227 Zu Hefner-Alteneck Schoen und die dort angegebene Literatur.
228 S. hierzu vor allem Kocka, S. 117-131; Heintzenberg, Von der Werkstatt.

Serienfabrikation kauften Siemens & Halske amerikanische Werkzeugmaschinen. Werner Siemens sprach 1872 von einer Einführung »der amerikanischen Arbeitsmethode«. Eine Folge dieser Umstrukturierung der Firma von handwerklichen zu industriellen Fertigungsmethoden war, daß der die alten handwerklichen Traditionen verkörpernde Halske aus der Firma ausschied.

Wenn Werner Siemens 1869 schrieb: »Wir verwenden jetzt viel auf gute Konstruktion ... Unser Bestreben geht dahin, Normal-Konstruktionen einzuführen, welche dann billig fabriziert werden können und uns so die Konkurrenz erleichtern«,[229] dann werden damit die Zusammenhänge, in denen die Einrichtung des Konstruktionsbüros 1867 stand, deutlich. Wenn Werner Siemens hier allerdings von »Normal-Konstruktionen« sprach, dann ging es ihm ausschließlich um die Typisierung, das heißt um die Reduzierung der Zahl der gefertigten Maschinentypen und deren konstruktive Verbesserung und nicht um eine Normalisierung von Maschinenelementen, die für verschiedene Maschinen verwendet werden konnten. Deutlich wird dies, wenn man die Aufgaben, die Arbeitsweise und die Organisation des Hefnerschen Konstruktionsbüros genauer betrachtet. Hefners Aufgabenbereich war außerordentlich weit konzipiert. Dem von ihm geleiteten Büro war der Entwurf der Produkte, die Anfertigung der Arbeitszeichnungen, die Leitung der Versuche mit neuen Produkten, deren Revision vor der Versendung und die Oberaufsicht über die Telegraphen- und Wassermesserwerkstätten anvertraut.[230] Aus dieser Aufzählung wird deutlich, daß Hefner u. a. ein Aufgabenbereich zugeordnet war, den man – modern gesprochen – als Leitung der Entwicklungs- und Konstruktionsarbeiten bezeichnen könnte. Erfinden, Entwickeln und Konstruieren waren also in dieser Zeit bei Siemens & Halske noch nicht getrennt, sondern teilweise organisatorisch und darüber hinaus auch in einer Person vereinigt. Hefner ist denn auch vor allem durch seine Erfindungen und Entwicklungen bekannt geworden, von denen hier nur die Differential-Bogenlampe und die Dynamomaschine mit Trommelanker als die wichtigsten erwähnt werden sollen. In dieser Doppelfunktion als Entwicklungsingenieur und Konstruktionsleiter schob sich Hefner zwischen Siemens und

229 Matschoß, S. 354.
230 Heintzenberg, Hefner-Alteneck, S. 6 f.; Schoen, S. 236.

die Werkstatt, was mit dazu führte, daß Siemens seine eigenen Untersuchungen mehr und mehr in ein privates Labor verlagerte. Aber auch was die Konstruktionsarbeiten im engeren Sinne anbelangt, waren die Kompetenzen innerhalb der Firma noch nicht eindeutig festgelegt. Als Hefner mit seinen Aufgaben betraut wurde, war ihm ein Zeichner zugeordnet, zwei Jahre später waren es bereits vier; ein Bote diente dem Informationsaustausch mit der Modelltischlerei.[231] Zu den Zeichnern hatten neben Hefner auch Siemens und der Leiter der technischen Direktion, Carl Frischen, der sich vor allem durch Entwicklungsarbeiten auf dem Gebiet des Eisenbahnsignalwesens einen Namen machte, Zutritt. Auch ihre Skizzen wurden von den Zeichnern für die Werkstatt ins reine gezeichnet.

Die Einrichtung des Konstruktionsbüros bedeutete vor allem einen Funktionsverlust für die Meister, dem sie hinhaltenden Widerstand entgegensetzten. Siemens klagte noch 1872, »daß die Herren Ingenieure und Werkstattvorstände nicht lassen können, selbst zu konstruieren und zu erfinden«.[232] Hatten sie vorher bei Konstruktionsarbeiten mitgewirkt, so wurde ihr Aufgabenbereich jetzt auf die Fertigung eingeschränkt. Einer der Betroffenen, ein Meister und Werkstattvorsteher, erinnert sich: »Seit dem Bestehen des Konstruktionsbüros unter von Hefner wurde alle praktische Erfahrung niedergehalten, ja überhaupt jede eigene Meinung in Konstruktionsangelegenheiten unterdrückt.«[233] Daß diese mittelfristig wohl unumgängliche Arbeitsteilung vor dem Bestehen einer bürokratisch durchorganisierten Konstruktionsabteilung auch mit Verlusten erkauft wurde, zeigt eine Episode aus den neunziger Jahren.[234] Als eine Bestellung für Geschoß-Geschwindigkeitsmesser einging, wie sie bereits früher einmal ausgeliefert worden waren, stellte man fest, daß im Konstruktionsbüro keine Zeichnung existierte. Einer der Beteiligten berichtet:

»Ich erfuhr davon und erinnerte mich, bei Meister Schumacher vor Jahren einen solchen Apparat gesehen zu haben. Bei Schumacher stellte ich fest, daß dieser noch einen Satz Teile hatte, welche er damals als Muster

231 Kocka, S. 138 f.; Heintzenberg, Von der Werkstatt, S. 126 f.
232 Matschoß, S. 355.
233 Zitiert nach Kocka, S. 143.
234 Kocka, S. 227.

mehr gemacht hatte, was streng verboten war. Auch hatte er eine Anzahl Skizzen auf der Rückseite von Schmirgelpapier. Von wem die Konstruktion war, wurde nicht ermittelt«.

Wie sah nun die Arbeitsweise von Hefner als Konstrukteur und Entwickler aus, und welche Arbeitsteilung fand zwischen ihm und den Zeichnern im Konstruktionsbüro statt?[235] Es wird berichtet, daß er seine Konstruktionszeichnungen auf einem Rohrstuhl sitzend, ein kleines Reißbrett auf den Knien, anfertigte. Wenn Hefner selbst anführt, daß nach der Einrichtung des Konstruktionsbüros jetzt im Gegensatz zu früher »neue Apparate von vornherein durch genaue Werkzeichnungen (dargestellt werden), so daß geschickte Arbeiter sie ohne weiteres ausführen konnten«, so ist zu vermuten, daß Hefner in erster Linie skizzierte, die Werkzeichnungen aber durch die Zeichner angefertigt und durch Hefner kontrolliert wurden. Dabei konnte es sich im Rahmen der Verschränkung der Entwicklungs- und Konstruktionsarbeiten um Zeichnungen von Neukonstruktionen handeln, aber auch um Varianten älterer Konstruktionen. Bei der Funktionsüberlastung von Hefner kann es nicht verwundern, daß bald ein anderer Ingenieur die Leitung des Zeichen- oder Konstruktionsbüros übernahm. Aber zumindest nominell blieb Hefner bis in die achtziger Jahre des 19. Jahrhunderts Konstruktionsleiter für das gesamte Unternehmen.

Die oben zitierte Äußerung von Hefner, daß geschickte Arbeiter die Apparate ohne weiteres aufgrund der vom Konstruktionsbüro gelieferten Zeichnungen ausführen konnten, erscheint in einem neuen Licht, wenn man erfährt, daß die Zeichnungen unbemaßt waren und den Apparat bzw. seine Teile in natürlicher Größe abbildeten. In der Werkstatt wurden die Maße dann mit Meßwerkzeugen, in erster Linie wohl mit Zirkeln, von der Zeichnung abgegriffen und auf das Werkstück übertragen beziehungsweise für die Einstellung der Werkzeugmaschinen benutzt. Bei Siemens und den meisten anderen Industriebetrieben in dieser Zeit wurde auf Papier und auf Leinwand gezeichnet; beim älteren Maschinenbau war es auch üblich gewesen, die Werkzeichnungen auf Holzbrettern anzubringen und diese

235 S. hierzu Heintzenberg, Hefner-Alteneck, S. 12-14; Hermann Meyer, S. 3, u. Hefner-Alteneck, Ueber einheitliche Methoden (der über damals – 1901 – fast schon überholte Zeichenmethoden referiert).

aufzubewahren[236] oder sie zuerst mit Kreide auf Schiefertafeln zu zeichnen und dann erst auf Papier zu übertragen.[237] Es leuchtet ohne weiteres ein, daß bei dieser Art Zeichnungen die Fertigung einen mehr oder weniger großen Freiheitsspielraum bei der Gestaltung technischer Produkte behielt. Eine Normierung von Maschinenteilen oder Austauschbau gab es nicht. Für die Zusammensetzung der nach solchen Zeichnungen gefertigten Maschinenteile waren umfangreiche Nacharbeiten nötig. Zu welchen zeichnerischen Problemen der Verzicht auf Bemaßung und die Forderung nach Zeichnungen in Originalgröße beim Großmaschinenbau führen konnten, zeigt, wenn vielleicht auch in dichterischer Übertreibung, eine Passage aus einer Erzählung des Ingenieurs H. Seidel, in der dieser die Erstellung von Zeichnungen im Lokomotivbau auf einem riesigen Zeichenbrett schildert:

»Zuweilen hockte auch auf ihm ein besonders langbeiniger Zeichner, dem die Aufgabe zugefallen war, das Triebrad einer Schnellzugmaschine oder ein Schwungrad in natürlicher Größe zu entwerfen, für welches Zeichenmonstrum natürlich ein gewöhnlicher Tisch zu klein war. Er arbeitete daran mit einem Stangenzirkel von unabsehbarer Länge, einer überlebensgroßen Reißschiene und entsprechendem Dreieck. Bald kniete er auf dem Blatte, daß sein spitzes Hinterteil wie ein Gebirgsgipfel in die Luft ragte, bald lag er auf dem Bauche darauf wie ein Krokodil, das sich sonnt, bald auf der Seite gleich einem Seehund und schien sich bei dieser Art von Arbeit ganz besonders wohl zu fühlen.«[238]

Wenn hier darauf hingewiesen worden ist, daß nach den in der deutschen Frühindustrialisierung gebräuchlichen unbemaßten Werkstattzeichnungen nicht exakt gefertigt werden konnte, so ist umgekehrt zu fragen, ob der damalige Stand der Fertigungstechnik die Umsetzung von bis in den Bereich von Millimeterbruchteilen bemaßten Werkstattzeichnungen überhaupt ermöglicht hätte. Wenn Emil Rathenau, der spätere Gründer der AEG, der in den sechziger Jahren des 19. Jahrhunderts eine Maschinenfabrik leitete, bemerkte, daß zum Beispiel wegen der Vibrationen zu schwach dimensionierter Hobelmaschinen sehr ungenau gefertigt wurde,[239] dann deutet dies die Probleme zumindest an.

236 Vgl. Koehler, S. 203.
237 Z. B. schildert Redtenbacher dieses Verfahren, s. o. S. 25.
238 Heinrich Seidel, S. 159.
239 Riedler, Rathenau, S. 6; zur Entwicklung der Fertigungstechnik s. Benad-Wagenhoff.

Vieles spricht dafür, daß die Art und Weise der zeichnerischen Darstellung auf die fertigungstechnischen Möglichkeiten in einer durchschnittlichen Maschinenfabrik abgestellt war.

In dieser Zeit, in der sich Konstruktion und Fertigung organisatorisch auseinanderentwickelten, ohne daß bereits die zeichnerischen und fertigungstechnischen Grundlagen für diese Differenzierung voll ausgebildet waren, kam einer engen, durch leitende Ingenieure garantierten Kooperation zwischen beiden Bereichen besondere Bedeutung zu. Carl Bach, später Maschinenbauprofessor in Stuttgart,[240] berichtet aus seiner Industrietätigkeit in den siebziger Jahren des 19. Jahrhunderts, daß er als Fabrikdirektor selbst viel konstruierte, die Ausführung seiner Konstruktionen überwachte und mit auf Montage ging, um deren Mängel kennenzulernen.[241] Auch ein Siemens-Ingenieur erzählt, daß Konstruktions- und Werkstattfehler häufig bei Montagen oder Revisionsarbeiten zutage traten und daß bei Berichten darüber mit der Empfindlichkeit der Konstrukteure zu rechnen war.[242]

Hilfreich für die Kooperation zwischen Konstruktion und Fertigung konnte die auch noch in späterer Zeit übliche räumliche Nähe des Konstruktionsbüros zu den Werkstätten sein. Daraus resultierten allerdings unter Umständen schlechte Arbeitsbedingungen, wie sie Emil Rathenau für seine Tätigkeit als Konstrukteur in einem englischen Betrieb in den sechziger Jahren des 19. Jahrhunderts schilderte.[243] Rathenau war in einer »elende(n) Baracke« untergebracht, »die von den Schlägen der Dampfhämmer erzitterte(n). Auf den Zeichenbrettern häufte sich der Kohlenstaub«. Mag dies ein Extrembeispiel und dazu noch eines von außerhalb Deutschlands sein, so berichtet doch auch ein deutscher Konstrukteur für die frühen achtziger Jahre von dem im Konstruktionsbüro der Dampfmaschinenfabrik von Kuhn in Stuttgart herrschenden »höllischen Lärm«, der durch die nahe Kesselschmiede verursacht wurde.[244] Erst nachdem die technischen Voraussetzungen für eine schärfere Trennung zwischen Konstruktion und Fertigung geschaffen waren und ihre Bezie-

240 S. o. S. 72 ff.
241 Bach, Mein Lebensweg, S. 26 u. 30.
242 Hermann Meyer, S. 95.
243 Riedler, Rathenau, S. 11.
244 Poschenrieder, S. 93.

hungen stärker formalisiert wurden, fielen die sachlichen Gründe für den engen räumlichen Zusammenhang fort.

Bei der Betrachtung von Siemens & Halske haben wir gesehen, daß innerhalb des Konstruktions- oder Zeichenbüros – die beiden Begriffe wurden in dieser Zeit bei Siemens synonym benutzt – zumindest zwischen der Funktion des Konstrukteurs und jener der Zeichner unterschieden werden muß. Dazu kamen noch die Kopisten oder Pauser, die einfache Zeichnungen kopierten oder, da Lichtpausverfahren noch nicht zur Verfügung standen, mit Hand komplexere Zeichnungen auf Transparent-Pauspapier übertrugen. Die Inhalte dieser drei Berufsbilder sollen im folgenden nach der zeitgenössischen Literatur skizziert werden.[245] Zu Kopisten sollten Volksschulabsolventen, die während der Schulzeit Anlagen zum Zeichnen bewiesen hatten, als Lehrlinge im Konstruktionsbüro ausgebildet werden. Diese könnten sich, wenn sie Abend-, Sonntags- oder Privatunterricht im Zeichnen, in der Mathematik, in technischen und naturwissenschaftlichen Fächern nähmen sowie durch den Erwerb von Kenntnissen und Fähigkeiten bei ihrer praktischen Tätigkeit als Kopisten, zu Zeichnern und über Fachliteratur sogar zu auf bestimmte Branchen spezialisierten Konstrukteuren weiterbilden.

Auf den ersten Blick mag eine derartige vertikale Durchlässigkeit innerhalb des Konstruktionsbüros überraschen. Eine Analyse der Einstellungspolitik der zeitgenössischen Industrie bestätigt jedoch die Einschätzung. Dafür nur zwei Beispiele: Als Hefner, der immerhin studiert hatte, 1867 als Zeichner bei Siemens & Halske eintreten wollte, wurde er abgewiesen und verdingte sich eine Zeitlang als Arbeiter. Erst von hier stieg er dann, allerdings mit zusätzlichen Empfehlungen versehen, zum Konstrukteur auf. Als Emil Rathenau in den sechziger Jahren des 19. Jahrhunderts bei Borsig eintrat, waren die Konstrukteure und Zeichner bereits deutlich hierarchisch voneinander geschieden und auch in zwei verschiedenen Etagen untergebracht. Obwohl Rathenau bereits mehrere Jahre praktische Erfahrungen im Maschinenbau vorweisen konnte und überdies ein Maschinenbaustudium in Hannover und Zürich absolviert hatte, mußte er als Zeichner beginnen und wurde in erster Linie mit mechanischen

245 Insbesondere nach dem Artikel Das Personal; vgl. auch Rupieper, S. 45 u. 49.

Arbeiten betraut.[246] Zumindest zeigen die Beispiele, daß formale Qualifikationen im damaligen Maschinenbau kaum eine Rolle spielten und die Industrie mehr auf praktische Erfahrung sah, besonders auf in der jeweiligen Branche oder – noch besser – im eigenen Haus erworbene. Auf diese Art und Weise gab es für fleißige und begabte Mitarbeiter außerordentlich günstige Aufstiegsmöglichkeiten. Tendenziell wurden diese Aufstiegsmöglichkeiten bis zum Ersten Weltkrieg immer mehr zugunsten formaler schulischer Qualifikationen eingeengt, wenn auch noch in der Zwischenkriegszeit – jedoch als große Ausnahme – ein Aufstieg vom Pausjungen mit Volksschulbildung zum Konstrukteur möglich war.

Die hier verwendeten Begriffe Kopisten und Zeichner unterlagen in unserem Untersuchungszeitraum durchaus einem Bedeutungswandel. Für die Kopisten wurde mehr und mehr der Begriff Zeichner üblich, die bis dahin Zeichner Genannten bezeichneten sich als Konstrukteure. Angedeutet wird die Brisanz dieser zeitgenössischen Auseinandersetzung um die Begrifflichkeit durch den Bericht, daß Hefner einem bei Siemens Eintretenden, der als Berufswunsch Konstrukteur angab, entgegnete: »Der Konstrukteur, das bin ich.«[247] Die zu dieser Zeit »Zeichner« Genannten müssen also von ihrer Tätigkeit her definiert werden. Rekrutiert wurden sie entweder aus der Arbeiterschaft, oder sie hatten unterschiedlich lange Zeit an einer technischen Mittelschule oder Technischen Hochschule verbracht. Letzteren wurde dennoch empfohlen, ihnen anfänglich eher mechanische Arbeiten und erst später anspruchsvollere anzuvertrauen. Dazu gehörte die Zusammenstellung von Maschinen und Anlagen nach bereits vorhandenen Werkstattzeichnungen oder umgekehrt die Anfertigung von Werkstattzeichnungen mit Hilfe bereits fertiger Maschinenzeichnungen, nach Modellen, Modellbüchern oder in Anlehnung an ähnliche Werkstattzeichnungen. Am Ende dieser Qualifizierung sollte dann die relativ selbständige Anfertigung von Werkstattzeichnungen stehen. Für diese berufliche Entwicklungsstufe benutzte man später den Begriff des Detailkonstrukteurs mit dem Unterschied, daß der Eintritt in eine solche Funktion nicht mehr aufgrund im Konstruktionsbüro erworbener

246 Riedler, Rathenau, S. 7-9.
247 Heintzenberg, Hefner-Alteneck, S. 15.

Erfahrung, sondern aufgrund eines Studiums erfolgte. Den Zeichnern wurde empfohlen, sich häufiger in den Werkstätten und auf dem Modellboden zu informieren, vor allem um den in der Fabrik gebräuchlichen Maschinenbaustil zu rezipieren.

Im Unterschied zu den Zeichnern waren die »Konstrukteure« für ganze Maschinen verantwortlich. Über diese konstruktive Funktion hinaus wurde ihre Verantwortung für alle Zeichnungen, die in die Werkstatt gingen, betont. Wenn sie nicht aus den Reihen der Zeichner rekrutiert wurden, sollten sie ausreichende theoretische wie gleichermaßen praktische Kenntnisse nachweisen, in der Regel erworben durch eine abgeschlossene Lehre, ein Studium und eine praktische Tätigkeit in der Industrie. Für die ständig notwendige Weiterbildung der Konstrukteure wurde auf Fachzeitschriften, den Besuch anderer Betriebe und von Industrieausstellungen hingewiesen. Ausdrücklich als Fortbildungsorgan für die Empiriker, die keine technische Lehranstalt besucht hatten, verstand sich die seit 1868 erscheinende Zeitschrift »Der practische Maschinen-Constructeur«.[248] Den Konstrukteuren wurde empfohlen, auch entgegen in andere Richtungen gehender Wünsche von Kunden an den einmal eingeführten Bauweisen von Maschinen konsequent festzuhalten.

Die Ausstattung der Zeichner und Konstrukteure mit zeichnerischen Hilfsmitteln blieb im großen und ganzen von der Mitte des 19. Jahrhunderts bis zum Ersten Weltkrieg gleich.[249] Gezeichnet wurde auf flach oder leicht geneigt auf den Tischen liegenden Reißbrettern, das heißt Holzbrettern, auf denen das Zeichenpapier oder in früheren Zeiten die Leinwand aufgespannt war. Es gab zwar auch senkrecht stehende oder stark geneigte Reißbretter, bei denen durch technische Vorrichtungen die Parallelführung eines Lineals erreicht wurde, aber diese scheinen zumindest in der Maschinenbauindustrie nicht weit verbreitet gewesen zu sein.[250] Senkrecht stehende Reißbretter setzten sich erst im Zusammenhang mit der Zeichenmaschine durch, die um die

248 Vgl. Der practische Maschinen-Constructeur 1 (1868), S. 1 f.

249 S. hierzu Redtenbacher, Prinzipien, S. 299; Reuleaux, Konstrukteur, 4. Auflage, S. 151; Feldhaus, S. 100-105; Megede; Weyde/Weickert, S. 1-38; Riedler, Maschinen-Zeichnen, S. 122-129; Ruby, S. 176.

250 Eine entsprechende Abbildung aus der Berliner Werkzeugmaschinenfabrik Niles aus dem Jahr 1901 in: Z.VDI 45 (1901), S. 731; vgl. Megede, S. 44-46.

Zeit des Ersten Weltkriegs aus den USA kommend in Deutschland eingeführt wurde, obwohl ihre Erfindung schon einige Jahrzehnte früher datiert. Zirkel, Maßstäbe, Winkelbrettchen, gerade und Kurvenlineale waren seit langer Zeit bekannt. Wurde dieses Arbeitszeug wohl anfänglich meist in der Fabrik selbst hergestellt, bezog man es später über den Fachhandel. Jedenfalls gab Redtenbacher noch um die Mitte des 19. Jahrhunderts Hinweise, wie man mit Hilfe gewichtsbeschwerter elastischer Ruten Kurven zeichnen und aus abgedrehten Holzkegeln Platten mit Kegelschnittkurven herstellen könne.

Die Konstrukteure skizzierten mit Bleistift; ins Reine gezeichnet wurde mit Feder und Tusche, die jeweils frisch angerieben wurde. Die Zeichnungen wurden koloriert. Üblich war, daß man die wichtigsten Materialien farblich kennzeichnete. Hierzu verwandte man Pinsel und flüssige Farben oder Farbstifte; Schwämme für Korrekturen vervollständigten die Ausrüstung.

2.4. Konstrukteurskonstruktion: Trennung von Konstruktion und Fertigung

Wenn wir den dritten Typ des Konstruierens im Untersuchungszeitraum mit dem Begriff *Konstrukteurskonstruktion* belegen, dann wollen wir damit darauf hinweisen, daß sich jetzt erstmals ein Aufgabenbereich Konstruieren herausbildete, der nicht mit anderen Aufgaben der technischen Gestaltung wie Erfinden und Entwickeln verbunden und insbesondere vom Fertigungsbereich scharf getrennt war. Damit kam eine Entwicklung zum vorläufigen Abschluß, die Zeitgenossen, aber auch die Literatur häufig als Ablösung der »Herrschaft der Werkstatt« durch die »Herrschaft des Büros« kennzeichneten. Weniger prätentiös kann man diese Entwicklung dadurch charakterisieren, daß es um die konzeptionelle Leitung bei der technischen Gestaltung der Produkte ging. Während diese in der Zeit der Meisterkonstruktion in der Werkstatt, im Fertigungsprozeß selbst verankert war, wobei die technische Betriebsführung mit unterschiedlicher Intensität mitwirkte, sollte jetzt das Produkt bis ins kleinste Detail, nach der Klärung prinzipieller Fragen im kaufmännischen Bereich und in der Entwicklungsabteilung, durch das Konstruktionsbüro zeichnerisch festgelegt und der Fertigung zur genauen Ausführung übergeben werden. Der Gestaltungsspielraum, den die Fertigung bisher besessen hatte, sollte nach Möglichkeit vollständig wegfallen. Daß sich diese grundsätzlichen Intentionen nur allmählich durchsetzten, findet im folgenden Kapitel Erwähnung.

Mit der Entwicklung zur »Herrschaft des Büros« verbanden sich zwei wichtige Verschiebungen bei der Produktgenese. Zum einen trugen die Konstrukteure in größerem Umfang abstrakte theoretische Elemente in den Produktentstehungsprozeß hinein. Während die Gestaltung vorher teilweise unmittelbar am Produkt selbst erfolgte, fand sie jetzt weitgehend auf dem Papier statt. Dies entwertete im Umgang mit dem Produkt erworbene empirische Kenntnisse zwar nicht vollständig, aber bedingte ihre Ergänzung durch theoretisches Wissen, das von mathematisierten Beschreibungsmodellen technischer Sachverhalte bis zu formalisierten zeichnerischen Darstellungsweisen reichte. Damit wurden Kenntnisse erforderlich, die nur bedingt in der industriellen Praxis zu erwerben waren.

Zweitens traten die Erfordernisse der Fertigung hinter die Konzeption des Produkts zurück. Früher hatte man das Produkt vorwiegend in der Werkstatt durch Verbesserung und Veränderung des Vorhandenen entwickelt, die kumulierten Fertigungserfahrungen waren über die alten Produkte in die neuen eingeflossen. Durch die räumliche und funktionale Trennung von Konstruktion und Fertigung wurde es schwieriger, diese Erfahrungen zu integrieren. Beispielhaft beleuchtet der Geschäftsbericht von Ludwig Loewe aus dem Jahre 1870 das neue Denken, wobei die Fertigungsmethoden von Loewe gewiß nicht rückständig waren.[251] Am Anfang stand die Konstruktion einer »Modellnähmaschine«, welche Sachverständige begutachteten und der Aufsichtsrat genehmigte. Erst anschließend unternahmen Loewe und sein Fabrikingenieur eine Informationsreise zu amerikanischen Nähmaschinen- und Werkzeugmaschinenfabriken, an die man auch schon Aufträge zur Konstruktion und Herstellung von Werkzeugmaschinen vergab. Nach Deutschland zurückgekehrt, stellte man eine »Originalmaschine« her, wobei

251 Geschäftsbericht nach Wegeleben, S. 161-164. Vgl. auch das Lob der amerikanischen Waffenfertigung nach einem Modellgewehr durch einen deutschen ehemaligen Gewehrfabrikanten aus dem Jahr 1867 (Ruby, S. 144).

Fertigungsgesichtspunkte Berücksichtigung fanden, und zerlegte sie wieder in ihre Einzelteile. Erst jetzt folgte die Festlegung der Fertigung in allen Einzelheiten und die Anfertigung der Fertigungsmittel. Auf unsere Fragestellung übertragen bedeutete dies die Anpassung der Fertigung an das Produkt, wenn die Fertigung auch innerhalb des Unternehmens einen hohen Stellenwert besaß. Als – spätestens 1894 – das Prüffeld des starkstromtechnischen Charlottenburger Werks von Siemens & Halske dem Leiter der Konstruktionsabteilung unterstellt wurde, so war dies ein weiteres Beispiel für das neue konstruktionsorientierte Denken.[252] Wenn die Konstruktion das Produkt in allen Einzelheiten festlegte, war es nur logisch, ihr die Kontrolle darüber anzuvertrauen, ob das Ergebnis der Produktion den Festlegungen genügte.

Um eine weitgehende organisatorische und funktionale Trennung zwischen Konstruktion und Fertigung durchzuführen, bedurfte es mehrerer technischer und organisatorischer Voraussetzungen. Solange konstruktive und produktive Funktionen in einer Person oder einer Gruppe von Mitarbeitern vereinigt waren bzw. solange eine gut funktionierende informelle Kommunikation zwischen beiden Aufgabenbereichen bestand, war es nicht notwendig, die Geschäftsabläufe allgemein und die Beziehungen zwischen Produktion und Konstruktion in allen Einzelheiten zu regeln. Das räumliche und funktionale Auseinanderrücken zwischen Konstruktion und Fertigung erforderte dagegen formale Regelungen, die Klärung von Zuständigkeiten und die Schriftlichkeit der Kommunikation. Hinzu kam das Größenwachstum der Industriebetriebe in der Epoche der deutschen Hochindustrialisierung. Alle diese Faktoren bedingten und setzten Entwicklungstendenzen voraus, die man mit dem Begriff der Bürokratisierung zusammenfaßt. Durch die Firmen erstellte allgemeine Arbeitsordnungen, detaillierte Aufgabenbeschreibungen und Organisationsschemata sind äußere Zeichen dieses säkularen Trends. Ein weiteres Indiz für die Entwicklung der Industriebetriebe zu bürokratischen Großorganisationen stellt die relative Verschiebung zwischen dem Anteil der Arbeiter an der Gesamtbelegschaft zugunsten des Anteils der Angestellten dar. Dabei besaß das Konstruktionsbüro allerdings nur einen kleinen Anteil an dieser Entwicklung.

252 Kocka, S. 372.

In der durch den Typ der *Erfinderkonstruktion* bestimmten Entwicklungsphase des Konstruierens hatte das Konstruktionsbüro zentrale Aufgaben für den gesamten Betrieb inne. Seinen Aufgaben ging es entweder als Teil des multifunktionalen technischen Büros[253] nach oder als selbständige Organisationseinheit. In dem uns hier interessierenden Zeitraum lösten besonders Großbetriebe das zentrale Konstruktionsbüro zugunsten dezentraler Einheiten auf oder ergänzten es durch diese. Die Diversifizierung konnte nach Werken, nach Produktgruppen oder sonstigen funktionalen Kriterien erfolgen. So gab es 1890 allein im Charlottenburger Werk von Siemens & Halske ein Projektierungsbüro, zwei Konstruktionsbüros (für elektrische Maschinen), ein Büro für Zentralanlagen, das heißt Kraftwerke, einen Versuchssaal mit technischem Büro und ein Büro für Montagen.[254]

Eine weitere Voraussetzung wie auch eine Folge der Trennung von Konstruktion und Fertigung bildete die Umgestaltung der technischen Zeichnung, des wichtigsten Kommunikationsmediums zwischen beiden Bereichen. Das Ergebnis dieses Prozesses war die bemaßte Schwarzweiß-Werkstattzeichnung, die alle für die Fertigung des Produkts notwendigen Informationen enthielt. Dies erleichterte überdies eine Auftragsvergabe an Zulieferer. Die exakte Zeichnung ließ sich also sowohl als Hilfsmittel für die Arbeitsteilung innerhalb des Betriebes wie für Arbeitsteilungen zwischen verschiedenen Betrieben nutzen. Eingeführt wurde die exakte Werkstattzeichnung zuerst im klassischen Maschinenbau und erst später – in den neunziger Jahren des 19. Jahrhunderts – in der Elektrotechnik.[255] Ein Konstrukteur berichtet, daß, als er 1887 bei Siemens & Halske eintrat, dort zwar saubere Leinwandzeichnungen, diese jedoch ohne Mittellinien und Maße in Gebrauch waren. Wie er es bei seiner Tätigkeit im Dampfmaschinenbau Anfang der achtziger Jahre gelernt hatte, versah er die Zeichnungen seiner ersten Konstruktion, eines Läutwerks, mit Mittellinien und Maßzahlen. Angeblich äußerte der ausführende Meister, daß es »bei uns noch nicht vorgekommen (sei), daß eine derartige Maschinerie zusammengebaut wurde und gleich alles

253 Zum technischen Büro s. o. S. 111, sowie Siegrist, S. 94 ff.; Borgmann, S. 26 f.; König u. a., Warten, S. 334.

254 Kocka, S. 281.

255 Vgl. Poschenrieder, S. 99; Kocka, S. 256; Wißner, S. 93.

klappte«. Bei Siemens und anderen elektrotechnischen Firmen hatten sich aus der Feinmechanik stammende handwerkliche Traditionen länger gehalten. Der wichtigste Anstoß für Veränderungen kam, als sich seit Ende der achtziger Jahre der Bau elektrischer Maschinen verwissenschaftlichte, das heißt, daß man bei diesen die wichtigsten elektrischen Parameter im voraus berechnete und daraus die Abmessungen bestimmte.

Was war nun der genaue Unterschied zwischen den neuen und den alten technischen Zeichnungen? Bei den alten hatten neben den technisch funktionalen auch ästhetische Kriterien eine Rolle gespielt. Im allgemeinen war diese Richtung im Maschinenbau seit den sechziger Jahren des 19. Jahrhunderts auf dem Rückzug, aber es gab einige Vertreter wie Franz Reuleaux,[256] die auch noch nach der Jahrhundertwende an diesem Stil festhalten wollten. Solche Zeichnungen waren perspektivisch angelegt, koloriert und schattiert. Als Angebotszeichnungen für Kunden behielten sie noch längere Zeit ihre Bedeutung, ehe sie durch fotografische Aufnahmen abgelöst wurden. Der Übergang zur exakten bemaßten Werkstattzeichnung erfolgte nicht schlagartig. Übergangserscheinungen bildeten Teilbemaßungen, die Angabe von Maßstäben, beigefügte Beschreibungen oder Tabellen, welche die Hauptmaße enthielten.[257]

Mit dem Übergang zur Werkstattzeichnung gab man die Perspektive auf und stellte das Objekt nach den Kriterien der Eindeutigkeit und Vollständigkeit in orthogonalen Projektionen, im Grundriß, in Schnitten und verschiedenen Ansichten dar. Während man vorher vorwiegend ganze Maschinen gezeichnet hatte, bezogen sich die Zeichnungen jetzt vor allem auf Maschinenteile. Häufig vorkommende Maschinenelemente – das beste Beispiel: Schrauben – wurden nun nicht mehr mit ihren Gewindegängen ausgezeichnet, sondern durch zeichnerische Symbole und Zahlen gekennzeichnet – ein Verfahren, das mindestens seit 1875 in der deutschsprachigen Literatur bekannt war.[258] Gegebenenfalls versah man die Zeichnung mit Symbolen für die Bearbeitungsverfahren. Als Argument gegen die Schwarzweißzeichnung wurde angeführt, daß damit die Kennzeichnung der Werkstoffe durch Farben wegfiel. Allerdings verlor dieses Argument an

256 S. o. S. 68.
257 Lipsmeier, S. 158-162.
258 Nedoluha, S. 84 sowie Tafel 3.

Überzeugungskraft, als sich um die Jahrhundertwende die Zahl der Werkstoffe außerordentlich vermehrte. Darüber hinaus begünstigten die seit den siebziger Jahren des 19. Jahrhunderts entwickelten Lichtpausverfahren die Durchsetzung der Schwarzweißzeichnung.[259]

Eine weitere Voraussetzung für die Durchsetzung der exakten Werkstattzeichnungen war, daß diese von den Meistern bzw. den Facharbeitern gelesen werden konnten. Diese Fähigkeit konnten sie sich in der industriellen Praxis aneignen. Darüber hinaus gab es entsprechende methodisch ausgearbeitete Lehrangebote mindestens seit den dreißiger Jahren des 19. Jahrhunderts an den Handwerkerschulen, welche natürlich auch Veränderungen in der Industrie nachvollzogen.[260] Das diesem Angebot zugrundeliegende didaktische Prinzip lautete, über die Zeichenfähigkeit die Zeichenlesefähigkeit zu erwerben.

Das technische Büro in seiner Gesamtheit und das Konstruktionsbüro entwickelten sich zu den wichtigsten Arbeitsstätten für Ingenieure und besonders für Hochschulabsolventen. Eine auf das Jahr 1890 bezogene quantitative Analyse der Vorbildung von etwa 100 Angestellten des Charlottenburger Werks von Siemens & Halske zeigt, daß tendenziell die höher Qualifizierten in den technischen Büros zu finden waren.[261] Diese Attraktivität des technischen Büros hing einerseits damit zusammen, daß sich hier die an der Hochschule erworbenen Kenntnisse besser einsetzen ließen als in der Fertigung, andererseits mit seinen angenehmeren Arbeitsbedingungen.[262] Vor dem Ersten Weltkrieg arbeiteten – auch unter Verweis auf die »geistige Arbeit« – die technischen Büros kürzer als die Fertigungsstätten, die Büros etwa acht bis neun Stunden, die Fertigung zehn bis zwölf Stunden. Die Bürotätigkeit galt als saubere Arbeit, die mit einem höheren Sozialprestige verbunden war. Dies vermochten die für vergleichbare Stellen der Fertigung gezahlten höheren Gehälter nicht zu kompensieren. Um einen Eindruck von den in der Konstruktion üblichen Gehältern zu geben, hier einige Zahlen aus dem Charlottenburger Werk aus dem Jahr 1890: In den Gehalts-

259 Nedoluha, S. 122 f.; Ahrens; Schuberth, S. 3-8.
260 Lipsmeier, S. 124 ff. u. 207.
261 Kocka, S. 280.
262 Kocka, S. 282, 289 f. u. 568 f.; Siegrist, S. 108 f.; König u. a., Warten, S. 365 u. 385 f.; Günther, Bd. 1, S. 157.

listen tauchen die Konstrukteure, wobei es sich wahrscheinlich um Gruppenleiter handelte, mit 2000 bis 3000 Mark p. a. auf, die Leiter der Konstruktionsbüros mit 7000 bis 8000 Mark, also mit höheren Gehältern als ein Professor der Elektrotechnik an einer Technischen Hochschule zu dieser Zeit.

Wir möchten dieses Kapitel mit einigen Bemerkungen zur Arbeitsmarktlage abschließen.[263] Diese beziehen sich vor allem auf die Absolventen der Technischen Hochschulen. In bezug auf die Empiriker und die Absolventen der technischen Mittelschulen reicht das Material für zusammenfassende Aussagen nicht aus. Während in der Industrie vor 1880 nur eine geringe Nachfrage nach Hochschulabsolventen bestand und die Betriebe sich statt dessen auf ihren eigenen Nachwuchs stützten, verbesserte sich danach die Situation der akademischen Ingenieure erheblich. Für diese günstige Arbeitsmarktsituation lassen sich verschiedene verursachende Faktoren benennen, so der allgemeine Aufschwung der deutschen Industrie. Der für den Zeitraum von den Konjunkturtheoretikern geprägte Begriff der »Großen Depression« führt in die Irre, da es sich hierbei nur um eine gesamtwirtschaftliche Verlangsamung des Wachstums handelte und der sekundäre Bereich seine Bedeutung auf Kosten des primären wesentlich ausdehnte. Einige Branchen, in denen theoretische Kenntnisse besonders gefragt waren, wie die Elektrotechnik, erlebten überdurchschnittlich große Zuwachsraten. Überdies fand in der Elektrotechnik eine völlige Umstrukturierung vom Schwachstrom- zum Starkstromgeschäft statt, was ebenfalls die Nachfrage nach Ingenieuren erhöhte. Entgegen den Erwartungen mancher Zeitgenossen benötigte die Industrie mehr Elektroingenieure bei der Projektierung elektrischer Anlagen als bei der Konstruktion elektrischer Maschinen. Nicht nur die Elektrotechnik, sondern auch der klassische Maschinenbau verlangte, zum Beispiel bei der Konstruktion schnellaufender Dampfmaschinen, in höherem Maß theoretische Kenntnisse. Dazu kamen die schon erwähnten allgemeinen Bürokratisierungstendenzen. Die Herauslösung der Konstruktion aus der Fertigung bildete ein Element dieser Entwicklung.

263 Vgl. v. Laer; Kocka, S. 271 ff.; König, Technikwissenschaften, S. 229-249.

2.5. Firmenkonstruktion: Wirtschaftliches Konstruieren unter dem Einfluß der Rationalisierungsbewegung

In seiner allgemeinsten Bedeutung beinhaltet das ökonomische Rationalprinzip eine Erhöhung der Wirtschaftlichkeit durch eine Verbesserung des Verhältnisses zwischen Aufwand und Ertrag. Im Grunde handelt es sich dabei um ein Prinzip, das die technisch-wirtschaftliche Arbeit seit alters her anleitete. Es kann daher nicht verwundern, daß der Begriff in sprachlichen Variationen in der Wirtschaft schon in der Industrialisierungsphase auftaucht, nachdem Rationalismus und Aufklärung im 18. Jahrhundert für seine Verbreitung gesorgt hatten. So sprach der Oberingenieur von Siemens & Halske, William Meyer, bereits 1856 von »rationeller Fabrikation«,[264] als es um eine Erhöhung der Stückzahlen und die Einführung von Akkordarbeit ging. Die eigentliche Rationalisierungsbewegung seit dem letzten Jahrzehnt des 19. Jahrhunderts unterschied sich von älteren Rationalisierungsbestrebungen durch eine Intensivierung der Rationalisierungsanstrengungen, die Identifizierung neuer Teilziele und durch die Benutzung neuer Methoden.

Wenn der vierte Typ des Konstruierens,[265] der uns hier beschäftigen wird, mit dem Begriff der *rationellen Firmenkonstruktion* belegt wird, dann soll damit auf zwei Tendenzen hingewiesen werden. In den neunziger Jahren des 19. Jahrhunderts beginnend, aber in größerem Umfang seit der Jahrhundertwende wurden Bemühungen unternommen, die beiden in den Jahrzehnten vorher organisatorisch getrennten Bereiche des Konstruierens und Fertigens inhaltlich wieder so aufeinander zu beziehen, daß beim Konstruieren die Anforderungen der Fertigung Berücksichtigung fanden und die Fertigung die Vorgaben der Konstruktion genau umsetzte, so daß in den Produkten Kriterien zusammenflossen, die ihren Ursprung nicht mehr bloß in einem der beiden Bereiche, sondern im Unternehmen in seiner Gesamtheit besaßen. Und schließlich wirkte im hier untersuchten Zeitraum die Rationalisierungsbewegung auf die Konstruktion ein, und

264 Heintzenberg, Von der Werkstatt, S. 125.

265 Schmerse, Anforderungen, S. 397-399; Laudien, Werkstattgerechtes Konstruieren.

zwar besonders über Maßnahmen der Typisierung und Normierung.

Bestrebungen, die innerbetrieblich auf eine Erhöhung der Wirtschaftlichkeit durch eine Verbesserung des Verhältnisses zwischen Aufwand und Ertrag zielten, hier mit dem Begriff der Rationalisierung zusammengefaßt, konnten bei der Betriebsorganisation, der technischen Ausstattung und den benutzten Verfahren oder bei der Quantität und Qualität der Arbeit ansetzen. Besonderes Aufsehen über den Kreis der Fachleute hinaus erregten Maßnahmen zur Mechanisierung der Produktion – Symbol: das Fließband –, wie sie Henry Ford, sowie Maßnahmen der Arbeitsmessung, -organisation und -gestaltung – Symbol: die Stoppuhr –, wie sie Frederick W. Taylor vor dem Ersten Weltkrieg in den USA durchführte. Ford wie Taylor stellten aber nur zwei besonders markante Vertreter der breiten Rationalisierungsbewegung dieser Zeit dar. Elemente der amerikanischen Rationalisierungsbewegung wurden spätestens seit den neunziger Jahren des 19. Jahrhunderts nach Deutschland transferiert und hier modifiziert, aber auch unabhängig von amerikanischen Vorbildern entwickelt.[266]

Die bei weitem wichtigste innerbetriebliche Maßnahme bestand darin, daß jetzt zwischen Konstruktion und Fertigung die Arbeitsvorbereitung geschaltet wurde. Die Betriebs- und Arbeitsvorbereitungsbüros bildeten ein wichtiges Element der Lehre Taylors und wurden teilweise unter Bezugnahme auf ihn, teilweise aber auch unabhängig von seiner Lehre im deutschen Maschinenbau eingeführt. Die Arbeitsvorbereitungsbüros hatten zwei zentrale, miteinander zusammenhängende Aufgaben: Zum einen sollten die in ihnen tätigen Betriebsingenieure die Fertigung technisch und organisatorisch rationalisieren. Und zweitens setzten sie die aus der Konstruktion kommenden Werkstattzeichnungen, die bislang an den Werkmeister gegangen waren, in Arbeitsanweisungen anderer Form, zum Beispiel auf Arbeitskarten, um.[267] Damit zogen die Betriebsingenieure Aufgaben an sich, die vorher teilweise in der Kompetenz der Meister

266 Leider wird die hier skizzierte Problematik durch Heidrun Homburg in ihrer Arbeit über Rationalisierung bei Siemens, die sich ganz auf die Arbeiter konzentriert und die technischen Angestellten ausklammert, völlig übersehen.

267 Einen guten Überblick zu den um 1880 gebräuchlichen Verfahren

und Facharbeiter gelegen hatten. In der Literatur ist diese Kompetenzverlagerung von den Meistern und Facharbeitern zu den Ingenieuren als ein zentrales Element des Taylorismus bezeichnet und darin ein Qualifikationsverlust der Meister und Facharbeiter gesehen worden. Zumindest mittelfristig wurden darüber hinaus durch Einrichtung der Arbeitsvorbereitung die Meister und Facharbeiter in ihren Aufstiegsmöglichkeiten beschränkt.[268] Bislang konnten sie sich bis zu den höchsten betrieblichen Positionen hocharbeiten. Als die Arbeitsvorbereitung eingerichtet wurde, rekrutierte man hierfür zunächst Mitarbeiter auch aus den Reihen der Meister und Facharbeiter. Aber mittelfristig wurden diese Positionen doch ausschließlich mit Ingenieuren besetzt, die jetzt in großer Zahl von den technischen Mittel- und Hochschulen kamen.

In der Literatur, die diesen hier nur knapp skizzierten Prozeß beschreibt, wird allerdings zweierlei übersehen.[269] Erstens begann die Kompetenzverlagerung von den Meistern und Facharbeitern zu den Ingenieuren nicht mit der tayloristischen Umgestaltung der Fertigung. Tiefergreifende Veränderungen der Werkstattarbeit waren bereits mit der Herauslösung der Konstruktion aus der Fertigung einhergegangen. Die Konstruktion wurde die Abteilung, in der schulisch ausgebildete Ingenieure erstmals in größerer Zahl in die Industrie eindrangen und Arbeiten an sich zogen, an denen vorher auch die Meister und Facharbeiter mitgewirkt hatten. Man kann also zwei aufeinanderfolgende Schübe bei der Kompetenzverlagerung von den Meistern und Facharbeitern zu den Ingenieuren unterscheiden:

1. die Herauslösung der Konstruktion aus der Fertigung und
2. die Einschaltung der Arbeitsvorbereitung zwischen Konstruktion und Fertigung.

Die zweite Blindstelle der älteren Literatur zum Taylorismus in Deutschland liegt darin, daß die Arbeitsvorbereitung bislang ausschließlich als ein Instrument gesehen wurde, das der Kontrolle und Reorganisation der Fertigung diente und mit dem den Meistern und Facharbeitern Kompetenzen entzogen wurden.

und Defiziten der Kalkulation bietet Blum, Betrachtungen über die Calculation im Maschinenbau.

268 Vgl. hierzu auch Neef, S. 98-102.

269 Vgl. für diese Entwicklung in einzelnen Unternehmen Kocka, S. 341-346, u. Siegrist, S. 86 ff.

Unsere Ausführungen werden zeigen, daß die Arbeitsvorbereitung in einem weiteren Kontext gesehen werden muß. Sie diente ebenso der Kontrolle der Konstrukteure sowie der Fertigungsfreundlichkeit und damit Wirtschaftlichkeit der aus der Konstruktion kommenden Zeichnungen.[270] Besonders im deutschen Maschinenbau, in dem der Konstruktion eine größere Bedeutung zugemessen wurde als im amerikanischen, spielten diese Motive eine wichtige Rolle. Die innerbetrieblichen Fronten verliefen also nicht nur – wie uns manche Autoren glauben machen wollen – zwischen Ingenieuren und Arbeitern, sondern auch innerhalb der Gruppe der Ingenieure: zwischen Konstrukteuren und Betriebsingenieuren. Wenngleich wir im folgenden für diese revisionistische Interpretation eines zentralen Elements des »Taylorismus« zahlreiche Argumente und Belege beibringen werden, so bleibt doch zu bedenken, daß diese vor allem aus technischen Zeitschriften, also aus sekundärem Quellenmaterial, stammen. Damit sind wir zwar immer noch näher an der betrieblichen Wirklichkeit als andere Interpretationen, die ihre Aussagen in erster Linie aus den Schriften Taylors und anderer Exponenten der Rationalisierungbewegung schöpfen und auf die deutschen Verhältnisse übertragen, aber die Tragfähigkeit dieser Thesen wird sich letztendlich erst bei der Auswertung von Primärquellen aus den Firmenarchiven erweisen. Durch die hier vorgelegte Arbeit sollte jedoch zumindest das Fragenspektrum für solche Untersuchungen erweitert werden.[271]

Im Kontext der Rationalisierungsbewegung intensivierte[272] man Anstrengungen, die Kostenstruktur des Unternehmens sowie – mit Hilfe von Materialberechnungen, Lohn- und Akkordunterlagen – die Selbstkosten für die einzelnen Aufträge genauer zu erfassen, auch um durch Vor- und Nachkalkulationen realistische Preisangebote machen zu können. Die Kalkulationen führten meist besondere Mitarbeiter oder Abteilungen durch, doch wirkten auch die Konstruktionsabteilungen mit.[273]

Bei einer eher einfachen Form der Vorkalkulation schätzten und berechneten die Kalkulatoren in Anlehnung an frühere ähn-

270 Kocka, S. 341 f.

271 Homburg, S. 421 ff.

272 Diese Überlegungen haben wir bereits an anderer Stelle publiziert. König, Konstruieren.

273 Vgl. Neuhaus, Einzelfragen, bes. S. 1144; Volk, Entwerfen.

liche Aufträge die Gewichte der Einzelteile und daraus die Kosten. Bei einer elaborierten Form nahm man Rücksprache in der Konstruktion und Fertigung, wobei die Konstruktion zumindest die Hauptteile festlegte und die Werkstatt die Lohnkosten schätzte. Kam es zur Auftragserteilung, dann gab man die Unterlagen wieder an Konstruktion und Fertigung zurück, damit nicht oder zumindest nicht weit von den dem Auftrag zugrundeliegenden Festsetzungen abgewichen wurde.

Die gravierendsten Umgestaltungen der Konstruktionsarbeit erfolgten jedoch aufgrund von Bestrebungen zur Typisierung und Normierung. Dabei verstehen wir unter Typisierung die Reduzierung der von einem Unternehmen angebotenen Produkte und die Begrenzung von davon abweichenden Sonderanfertigungen, was größere Stückzahlen und Serienfertigung ermöglichte. Normierung bezieht sich dagegen auf die Vereinheitlichung von Maschinenteilen, die in verschiedenen Maschinentypen Verwendung finden. Besonders bei den Bestrebungen zur Typisierung[274] bildeten die USA das Vorbild[275] für den deutschen Maschinenbau. Paradoxerweise trotz und vielleicht auch wegen der durch die Einwanderung bedingten kulturellen Vielfalt in den Vereinigten Staaten schienen dort die Kunden eher geneigt, sich den Angeboten der Hersteller zu unterwerfen und Sonderwünsche zurückzustellen. Dagegen häuften sich in Europa und besonders in Deutschland die Klagen, daß nahezu jeder Kunde spezielle Wünsche an den Hersteller herantrage. Dabei mag auch eine Rolle gespielt haben, daß in Deutschland die öffentliche Hand als Auftraggeber des Maschinenbaus eine größere Bedeutung besaß als in den USA. Diese unterschiedlichen Mentalitäten waren mit ein Grund dafür, daß die Stärken des amerikanischen Maschinenbaus unter anderem bei der Preiswürdigkeit und bei in größeren Stückzahlen gebauten kleineren und mittleren Maschinen lagen, die des deutschen bei Großmaschinen und in der größeren Flexibilität hinsichtlich der Kundenwünsche.

Jedenfalls gab es auch in Deutschland besonders seit der Jahrhundertwende intensive Bemühungen, die Typenvielfalt zu reduzieren und damit die Losgrößen zu erhöhen. Firmenübergreifend konnten solche Bestrebungen auch unter das Motto

274 Vgl. zum Folgenden Kocka, S. 372 f. u. 439 f.; Blum, Betrachtungen; Neuhaus, Einfluß; Schmerse, Zusammenhang.

275 Rosenberg.

»Weniger erfinden – mehr konstruieren« gestellt werden.[276] Siemens unternahm große Anstrengungen, die Produktionsprogramme der verschiedenen in- und ausländischen Fertigungsstätten zu vereinheitlichen. In diesem Zusammenhang stand die 1907 durchgeführte Konzentration der gesamten Konstruktion in Berlin. Verschiedene Kommissionen, mit Vorstandsmitgliedern und Fachleuten aus Fertigung und Vertrieb hochkarätig besetzt, legten das Fertigungsprogramm fest. Seit 1909 mußten durch Kundenwünsche bedingte Neukonstruktionen durch einen Vorstandsausschuß genehmigt werden.

Daß solche Bestrebungen sehr schnell an durch die Kundenwünsche gesetzte Grenzen stießen, zeigt das Beispiel des Kleinmotorenbaus bei den Siemens-Schuckertwerken in der Zwischenkriegszeit.[277] Die Jahresproduktion belief sich auf immerhin zwischen 100 000 und 200 000 Motoren mit einem Leistungsbereich bis etwa 15 PS. Doch teilte sich die Gesamtproduktion auf mehrere hundert Typen auf. Und darüber hinaus gab es noch zahlreiche Sonderanfertigungen – 1933/34 etwa 40% der gelieferten Motoren. Es ist sicher, daß der Anteil der Sonderanfertigungen im Großmaschinenbau weit höher lag. Berücksichtigt man zudem noch, daß die Kleinmotorenbaureihen häufig in Abständen von weniger als einem Jahr konstruktive Veränderungen erfuhren, dann gewinnt man ein Bild von den begrenzten Erfolgen der Typisierung und dem Umfang der anfallenden Konstruktionsarbeiten.

Auch bei der Einführung von Normen[278] spielte der amerikanische Einfluß über Ingenieure, die längere Zeit in den USA gearbeitet hatten, eine wichtige Rolle. Vor der und um die Jahrhundertwende richteten Großbetriebe Normenbüros ein, die die Aufgabe hatten, systematisch die Produktion auf normierbare Teile hin zu durchforsten. Im Berliner Maschinenbau waren Loewe und Borsig Vorreiter der Entwicklung, die der Normierungsexperte von Borsig, Fritz Neuhaus, mit dem Schlagwort

276 Knie, S. 46.

277 Homburg, S. 440-445.

278 Wölker, S. 21-30; Kocka, S. 373; Borgmann, S. 29-32; Schmidt, Weder Ford; Neuhaus, Einfluß; Poschenrieder, S. 101; Winkelmann, S. 262; Schlesinger, Normalien; Schmerse, Anforderungen, S. 397; Kummer, S. 267 f.; Kienzle, S. 86; Volk/Erkens; Kraft, Fortbildung, S. 708.

vom »Bauen zum Fabrizieren« kennzeichnete. Die Ergebnisse dieser Arbeiten wurden den Konstrukteuren in Form von Normalientabellen oder Normalienbüchern zur Beachtung übergeben. Je größer die Stückzahlen der einzelnen Maschinenelemente, desto wichtiger die Normierung. Das beste Beispiel hierfür: Schrauben und Muttern. Für das Jahr 1887 berichtet ein Ingenieur der Firma Siemens & Halske, daß jedes für eine große Schalttafel bestimmte Teil andere Anschluß- und Befestigungsverbindungen besaß, so daß man für die Montage ein Dutzend Schraubenschlüssel brauchte. Ein Normalienbüro richtete Siemens & Halske bereits 1890 ein. Nach der Jahrhundertwende gab es Bestrebungen, das mittlerweile eingeführte Siemensgewinde, ein Linksgewinde, durch ein metrisches Rechtsgewinde zu ersetzen. Allgemein kamen aber überbetriebliche Normierungsbestrebungen auf Verbands- oder nationaler Ebene nur langsam zum Tragen.

Während des Ersten Weltkrieges wurde in Deutschland eine nationale Normeninstitution für den Maschinenbau gegründet, wobei die Erfordernisse der Kriegswirtschaft und die Vorsorge für den nach dem Kriege erwarteten internationalen Konkurrenzkampf zusammenwirkten.[279] Dem Krieg kann man eine Art Katalysatorfunktion zuschreiben; er trug dazu bei, vorhandene Tendenzen zu beschleunigen und umzusetzen. In der Vorkriegszeit war die Rüstung durch ein zersplittertes Beschaffungswesen und eine rückständige Konstruktions- und Fertigungstechnik gekennzeichnet. Die das Rüstungswesen dominierenden Militärs trafen kaum systematische kriegswirtschaftliche Vorbereitungen, da die strategischen Planungen von einem kurzen Krieg ausgingen. Als der Verlauf des Krieges den illusionären Charakter dieser Planungen aufdeckte, ergriff man Einzelmaßnahmen wie die Gründung staatlicher und gemischtwirtschaftlicher Waffenfabriken sowie die Erprobung neuartiger Organisationsformen. Hierzu gehörte das durch erfahrene Betriebsingenieure besetzte Königliche Fabrikationsbüro (Fabo) in Spandau. Vor allem indem es Fertigungsunterlagen in Form von Normen erstellte, sollte das Fabo bei der Umstellung der Rüstung auf Massenproduktion mitwirken.

Neben dem Fabo gehörten noch Teile der Maschinenbauindustrie sowie der Verein Deutscher Ingenieure (VDI) zu den zen-

279 Wölker.

tralen Akteuren bei der Gründung einer nationalen Normungsorganisation. Auf die Maschinenbaufirmen wurde wegen der Verknappung von Rohstoffen und wegen des enormen militärischen Bedarfs zunehmend Druck von staatlicher Seite ausgeübt, zu Vereinheitlichungen zu kommen. Schließlich begann die Industrie darüber nachzudenken, wie man sich auf den für die Nachkriegszeit erwarteten scharfen internationalen Konkurrenzkampf vorbereiten könne. Der VDI intendierte die Institutionalisierung der Normung auch unter dem standespolitischen Gesichtspunkt, die Stellung der Ingenieure in der Kriegswirtschaft gegenüber den Militärs zu stärken.

Unter der organisatorischen Leitung des VDI gründeten Ingenieure aus den genannten Gruppen 1917 den Normalienausschuß für den deutschen Maschinenbau, der sich später in Deutscher Normenausschuß (DNA) umbenannte. Bei der Gründung bildeten kriegswirtschaftliche Erfordernisse und der Aspekt der Vorsorge für die Nachkriegszeit bereits gleichgewichtige Motive. Letzterer gewann zunehmend an Bedeutung, nicht zuletzt, weil der Normenausschuß seine Arbeiten so grundsätzlich und langfristig anlegte, daß sie im Krieg keine allzu große Wirkung mehr zeitigen konnten. Der zunächst dem VDI assoziierte Ausschuß verselbständigte sich schnell. Die Arbeiten entwickelten eine gewisse Eigendynamik, und der VDI scheute vor den mit der Normung verbundenen Interessenkonflikten zurück.

Nach dem Krieg paßte der Normenausschuß mit großem Geschick seine Arbeit den veränderten Verhältnissen an. Er baute die rüstungswirtschaftlich relevanten Aktivitäten ab, erweiterte sich über den bislang dominierenden Berliner Raum hinaus und sicherte seine Finanzierung. Dabei bemühte er sich zwar um staatliche Unterstützung, hielt aber gleichzeitig Distanz, um die Gefahr einer konkurrierenden staatlichen Normung zu minimieren. Der Normenausschuß diskutierte grundsätzlich das Problem der Normungswürdigkeit, stellte Verfahrensregeln auf, setzte sich mit Normungskritik auseinander und unterzog sich dem mühsamen Geschäft, seine Normen in der Industrie zu propagieren und zu verbreiten. Er bezog maßgebende industrielle Kräfte in seine Normungsarbeit ein und integrierte andere Normungsinstitutionen. Auf diese Weise gelang es ihm, Konkurrenz auszuschalten und seinen Alleinvertretungsanspruch zu untermauern.

Die Normen intendierten letztlich eine verbesserte Wirtschaftlichkeit der Fertigung. Dies ließ sich nur erreichen, wenn sich die Konstruktionsabteilungen nach den Normen richteten. Voraussetzung dafür war, daß Konstruktion und Fertigung die Normen – und die darin enthaltenen Zeichnungen – lesen konnten. Von den ersten fünf Normblättern, die der Arbeitsausschuß von VDI und Fabo 1917 noch vor der Gründung des Normenausschusses fertigstellte, bezogen sich zwei auf Zeichnungen.[280] Sie legten Formate, Aufmachung und Anfertigung von Normblättern wie von Werkstattzeichnungen fest. Das in den zwanziger Jahren erschienene DIN-Buch 8 »Zeichnungen« wurde ein großer Erfolg und erlebte 1925 bereits die 3. Auflage.

Es gibt zahlreiche Hinweise darauf, daß es die Protagonisten der Normierung nicht leicht hatten, ihre Vorstellungen innerhalb der Betriebe zur Geltung zu bringen. Die Unternehmer und das kaufmännische Management mißtrauten vor allem anfangs den versprochenen positiven Effekten der Rationalisierung und hielten sich bei der Freigabe finanzieller und personeller Mittel zurück.[281] Auch bei den Zeichnern und Konstrukteuren scheinen Werksnormen außerordentlich unbeliebt gewesen zu sein – noch 1913 wird bei Siemens davon berichtet. Damit stellt sich die Frage nach der Veränderung des Konstruktionsprozesses durch die Normierung.[282]

Zweifellos engten Normierung und Typisierung die Gestaltungsmöglichkeiten in der Konstruktion ein. In Rückblicken von Ingenieuren finden sich immer wieder Bemerkungen, daß sich – verglichen mit dem 19. Jahrhundert – die »schöpferische Phantasie« des Konstrukteurs nicht mehr in gleichem Maß entfalten könne.[283] Bezweifelt werden muß aber, ob, wie es die Literatur von zeitgenössischen gewerkschaftlichen Stimmen übernommen hat,[284] damit eine inhaltliche Entleerung der Konstruktionsarbeit verbunden war. Zunächst nahm aufgrund der Normteile der

280 Wölker, S. 130 f. u. 189.

281 Vgl. Pentzlin, S. 481; Z.VDI 57 (1913), S. 1511.

282 Vgl. Dierfeld, S. 456-461; Wegeleben, S. 69; Brszoska, S. 391.

283 Vgl. z. B. Noack; Stodola, Dampfturbinen, S. X.

284 Z. B. Woldt, Das großindustrielle Beamtentum, S. 20; »Der selbständig gestaltende Konstrukteur verschwindet, der geistige Teilarbeiter erscheint«. Vgl. auch S. 40 f. Für die historische Literatur zum Beispiel Kocka, S. 485 ff.; Neef, S. 98-102.

zeichnerische Aufwand ab. Viele Normteile wurden jetzt nicht mehr gezeichnet, sondern durch Symbole wiedergegeben und in den Stücklisten aufgeführt. Und schließlich erhöhte sich eher die Schwierigkeit der konstruktiven Aufgabe durch die Reduzierung der für die Lösung zur Verfügung stehenden Mittel. Hinzu kam, daß aufgrund der allgemeinen Entwicklung des Maschinenbaus die Anforderungen an die Genauigkeit und Wirtschaftlichkeit der Maschinen stiegen. Berücksichtigt man darüber hinaus noch die Spezialisierung innerhalb der Konstruktion, auf die im folgenden noch einzugehen sein wird, dann kann man die Gesamtveränderung im Konstruktionsbereich wohl mit dem Bild zusammenfassen, daß die Konstruktionsaufgaben an Tiefe gewannen, während sie in der Breite eine Einengung erfuhren. Dieses nur oberflächliche Gesamtbild muß allerdings ergänzt werden durch eine differenzierte Betrachtung der verschiedenen Tätigkeitsprofile im Konstruktionsbüro.

Illustriert werden kann der behauptete Zuwachs an Tiefe der Konstruktionsaufgabe durch die wachsende Zahl der Informationshilfen, auf die der Konstrukteur nach der Jahrhundertwende zurückgreifen konnte und mußte.[285] Vor der hier behandelten Zeit konnte sich der Konstrukteur Rat in Handbüchern und Fachzeitschriften holen, oder er konnte – meist mit geringem Erfolg – die während seines Studiums gemachten Notizen durchmustern. Doch der ausschlaggebende Faktor für die Qualität der Konstruktionen bildete die während des Berufslebens kumulierte Erfahrung, was mit unscharfen Begriffen wie dem Verweis auf das »konstruktive Gefühl« umschrieben wurde. Zwar änderte sich durch die Entwicklung um die Jahrhundertwende nichts Grundsätzliches an der Bedeutung der kumulierten konstruktiven Erfahrung, aber diese Erfahrung wurde nun gestützt und geleitet durch weiteres schriftliches Material: Vorschriften für die Anfertigung von Zeichnungen, die durch Karten erschlossene Zeichnungsregistratur, Tabellen zu den Werkstoffen und ihren Eigenschaften, eine Zusammenstellung der für die Bearbeitung der Werkstücke zu verwendenden Zeichen, Listen der verbindlichen Normteile und Modelle usw.

Aufgrund der Entwicklung zum Großbetrieb, der Zunahme

285 Vgl. auch Rothert, S. 462 u. 464; Richard Blum, S. 213-215; Martin, Zur Frage, S. 40.

der Arbeitsteilung und dem meist relativ großen Produktionsprogramm der deutschen Maschinenfabriken wurde es immer wichtiger, daß man für den Zugriff zu den Konstruktionszeichnungen und -unterlagen[286] nicht mehr ausschließlich der Erinnerung älterer leitender Mitarbeiter in der Konstruktion vertraute,[287] sondern zu systematischen Organisationsformen gelangte. Maßnahmen zur Vereinheitlichung des Zeichenwesens waren in den neunziger Jahren des 19. Jahrhunderts eingeleitet worden. Die Aufbewahrung der Zeichnungen überließ man nicht mehr den einzelnen Konstrukteuren oder Konstruktionsleitern, sondern organisierte sie zentral für das gesamte Unternehmen bzw. für einzelne Werke. Die Zeichnungen waren für die Konstrukteure nicht mehr unmittelbar zugänglich, sondern die Zeichnungsverwaltung gab sie gegen Quittung aus. Bei der Unterbringung der Zeichnungsregistratur wurde auf Feuersicherheit Wert gelegt. Die Ordnung der Zeichnungen konnte nach mehreren Systemen erfolgen. Am weitesten verbreitet dürfte die Ordnung nach Größen gewesen sein, womit man Platz sparte. Dies bedingte einerseits eine Normierung der Zeichnungsgrößen, andererseits einen Zugriff auf die Zeichnungen, die innerhalb der einzelnen Größenklassen fortlaufend numeriert waren, über Karteien. Daneben wurden auch systematische Ordnungssysteme vorgeschlagen – zum Beispiel ein Dezimalsystem –, bei denen sich die einzelnen Zahlenstellen auf Maschinengruppen, ganze Maschinen, Maschinenteile usw. bezogen, was sich aber nur für eine weitgehend typisierte Produktion eignete. Der Zugriff auf die Zeichnungen geschah über eine Buch- oder besser eine Kartenregistratur, wobei jede ausgeführte Konstruktion unter verschiedenen Gesichtspunkten verkartet wurde: nach der Maschine, den Maschinenteilen, den Kunden, dem Stand der Bearbeitung usw. Darüber hinaus machte man sich Gedanken, wie

286 Für das Folgende: Borgmann, S. 29; Winkelmann, S. 261 f.; Rothert, S. 465; Schöberlein, S. 154 f. u. 175 f.; Neuhaus, Einfluß, S. 1224; Neuhaus, Einzelfragen, S. 1142-1144; Z.VDI 46 (1902), S. 779-782 u. 981; Poschenrieder, S. 92; Huth; Maschinenbau 3 (1924), S. 692; Technik und Wirtschaft 20 (1927), S. 334; Werkstattstechnik 6 (1912), S. 154 u. 510, 9 (1915), S. 478, 12 (1918), S. 194, 15 (1921), S. 441; Z.VDI 63 (1919), S. 397, 403 u. 434; vgl. Lubar.

287 Eine markante Schilderung eines solchen Mitarbeiters, der sozusagen das Gedächtnis der Fabrik bildete, gibt Seidel, S. 161.

man die Zeichnungserstellung rationeller gestalten könne, wenn Kunden bei eingeführten Konstruktionen nur geringfügige Änderungen wünschten. Die dafür gemachten Vorschläge nutzten die verschiedenen technischen Vervielfältigungsverfahren aus.[288] Neben die Zeichnungen trat als wichtigstes Kommunikationsmittel zwischen Konstruktion und Fertigung die Stückliste, die alle Teile aufführte mit zusätzlichen Angaben zur Stückzahl, dem Material, zu den verwendbaren Modellen, Schablonen, Werkstatteinrichtungen usw.[289]

Das wichtigste Kriterium für das Konstruieren bildete bislang die Funktionsfähigkeit des Produkts. Dazu kam nun eine stärkere Beachtung der Wirtschaftlichkeit, wobei diese insbesondere über die Erhöhung der Fertigungsfreundlichkeit verbessert wurde.[290] Die durch die Trennung von Konstruktion und Fertigung verursachten Probleme werden illustriert durch häufige Klagen, die Konstrukteure verstünden wenig von der Fertigung bzw. nähmen zumindest auf die Fertigung keine Rücksicht. Der Realitätsgehalt dieser Klagen ist kaum zu bestreiten, war doch der fertigungstechnische Unterricht an den technischen Ausbildungsstätten um die Jahrhundertwende noch ganz unterentwikkelt. Die Konstruktionsabteilung bildete die klassische Anfangsstellung der Techniker und Ingenieure, so daß sie, wenn man von den vorgeschriebenen Praktika absieht, kaum tiefere fertigungstechnische Erfahrungen besaßen. Diese Defizite mußten besonders in Erscheinung treten, als der Werkstatt streng untersagt wurde, eigenmächtig Änderungen an den Konstruktionszeichnungen vorzunehmen oder entgegen deren Angaben zu fertigen.[291] Daß Änderungen an den Konstruktionen dennoch aus fertigungstechnischen Gründen notwendig wurden, zeigen Bestimmungen über das hierfür einzuschlagende formale Vorgehen.

Koordinationsprobleme zwischen Konstruktion und verschiedenen Bereichen der Fertigung illustriert ein Artikel der Schrift-

288 Santz; Valentin; Maschinenbau 3 (1924), S. 459 und 700, 6 (1927), S. 351; Werkstattstechnik 1 (1907), S. 339, 3 (1909), S. 268, 4 (1910), S. 220, 10 (1916), S. 495, 20 (1926), S. 13, 24 (1930), S. 26 u. 220; Z.VDI 72 (1928), S. 1350, 79 (1935), S. 139 u. 1520.

289 Neuhaus, Einzelfragen, S. 1192.

290 Blum, Betrachtungen, Sp. 94; Neuhaus, Wirtschaftliches Denken, S. 294 f.; Neuhaus, Einfluß; Rothert, S. 462.

291 Rothert, S. 361 f.; vgl. auch Kocka, S. 343.

leitung der Zeitschrift Werkstattstechnik, die nach ihrer Begründung 1907 das wichtigste Sprachrohr für die Bemühungen um ein fertigungsfreundliches Konstruieren bildete.[292] Der Verfasser legt dar, daß sich in der Regel die Konstruktionsleiter nicht mit der Fertigung absprachen. Nach Fertigstellung gelangten die Zeichnungen in die Modelltischlerei. Daraufhin erschien der Modelltischler in der Konstruktion und bat um Änderungen, welche die Anfertigung der Modelle bzw. nach dem Gießvorgang die Entnahme der Werkstücke aus dem Sand erleichtern würden . Nach diesen Änderungen und dem erfolgreichen Guß von Probestücken führte die Gießerei den Auftrag durch. Danach erhielt der Vorrichtungsingenieur die Zeichnung und stellte etwa fest, daß an dem Werkstück Spannstellen fehlten oder auch Aussparungen für Lager. Da aber die Gußstücke bereits fertig waren, entschied der Betriebsleiter, trotzdem Werkzeuge für die Bearbeitung herzustellen, und zwar in einer Form, daß sie an eine veränderte Serie anzupassen waren, was zusätzliche Kosten verursachte. Bei der neuen Serie wurde dann alles wieder geändert: die Zeichnungen, die Modelle und die Werkzeuge. »Die ganze Schuld an diesem Zustand trifft den Konstrukteur: das alles hätte vermieden werden können, wenn er vorher an die Bearbeitung gedacht hätte.«

Die Beschwerden, Empfehlungen und Hinweise, welche die Fertigung an den Konstrukteur richtete, waren vielfältig: Beklagt wurde, daß die Maßlinien häufig anders angelegt seien, als die Werkstatt messe. Die Konstrukteure sollten von vornherein berücksichtigen, welche Modelle, Maschinen und welche Spannvorrichtungen vorhanden seien.[293] Die Normierungsbemühungen sollten auch von der Konstruktion durch Wiederholung konstruktiver Formen unterstützt werden. Bei größeren Maschinenteilen sei zu überlegen, ob diese geteilt werden könnten. So stellte man fest, daß bei deutschen Dampfmaschinen Kopf und Schaft der Exzenterstangen aus einem einzigen Stück bestünden, während bei amerikanischen Kopf und Rohr getrennt gefertigt und dann anschließend verschraubt würden.[294] Damit ergebe sich die Möglichkeit, die kleineren Köpfe aus Bronze, die größeren aus Gußeisen herzustellen. Bei den ersteren spielten nämlich

292 Werkstattstechnik 11 (1917), S. 44 f.

293 Rothert, S. 361.

294 Neuhaus, Einfluß, S. 1224, u. Schmerse, Zusammenhang, S. 1275 f.

die Bearbeitungskosten, bei den letzteren die Materialkosten die ausschlaggebende Rolle. Oder ein weiteres Beispiel: In Deutschland werde als Übergangskurve zwischen Kopf und Schaft einer Pleuelstange häufig eine Parabel gewählt, in den USA ein Kreisbogen.[295] Damit könne sie dort selbständig gezogen werden, während der Dreher eine andere Maschine bediene.

Ohne die Gründe für diese Unterschiede zwischen dem deutschen und dem amerikanischen Maschinenbau hier erschöpfend zu diskutieren,[296] sei nur auf die höheren Lohnkosten in den USA und die dortige engere Verzahnung sowie den intensiveren Austausch zwischen Konstruktion und Fertigung hingewiesen. Wenn die Zeitgenossen, je nach nationaler Herkunft, die Leistungsfähigkeit des deutschen Maschinenbaus und der deutschen Konstrukteure unterschiedlich beurteilten, so war die Tendenz doch eindeutig: Die deutschen Maschinen schnitten hinsichtlich ihrer technischen Funktionstüchtigkeit ausgezeichnet, hinsichtlich der Wirtschaftlichkeit der Herstellung dagegen eher schlecht ab. Fritz Neuhaus, Rationalisierungsfachmann bei Borsig, faßte seine Bemerkungen über die »amerikanische Gefahr« so zusammen:[297] »Wir verstehen es, mindestens ebenso gute und wirtschaftlich arbeitende jedenfalls aber bedeutend besser aussehende Maschinen zu konstruieren; wir müssen nur noch lernen, sie schneller und billiger zu bauen.« Ein Artikel im englischen »Engineering« über den deutschen Maschinenbau mokierte sich über die hohe theoretische Qualifikation der Konstrukteure:

»Hier ist vor allem Werkstattpraxis von Wichtigkeit. Konstrukteure mit ungenügender Werkstatterfahrung mögen erfinderisch und betriebsam sein, aber sie werden für den Werkbesitzer leicht teuer. Die Mißerfolge der deutschen akademisch gebildeten Ingenieure nach dieser Richtung in den Vereinigten Staaten sind so allgemein bekannt, daß die Beziehung (sic!) ›too Dutch‹ in gewissen Werken gleichbedeutend ist mit verwickelten und kostspieligen Konstruktionen.«[298]

295 Neuhaus, Einfluß, S. 1223.
296 Vgl. hierzu Braun, Der deutsche Maschinenbau – und die dort angegebene Literatur sowie u. S. 180 ff. u. 230-232.
297 Neuhaus, Einfluß, S. 1225; vgl. auch Schmerse, Zusammenhang, sowie Gispen, S. 178.
298 Zitiert nach Z.VDI 53 (1909), S. 1863; solche Einschätzungen gibt es auch schon in den siebziger Jahren des 19. Jahrhunderts (Gispen, S. 121 f.).

Da aber – so wieder Neuhaus die Zeitschrift »Stahl und Eisen« zitierend – der letztendliche Zweck »aller industrieller Anlagen nicht die Erzielung einer Höchstleistung in der Erzeugung oder eines Triumphes der Technik, sondern eine angemessene Verzinsung der zu ihrem Bau und Betrieb aufgewendeten Kapitalien ist«,[299] konnte diese technische Schwäche leicht gravierende wirtschaftliche Folgen haben.

Wichtige Anstöße, um dieses Defizit in der deutschen Konstruktionstechnik zu beheben, kamen aus der industriellen Praxis und aus der akademischen Fertigungstechnik, die, ausgehend von der Gründung des »Lehrstuhls für Werkzeugmaschinen und Fabrikbetriebe« und seiner Besetzung durch Georg Schlesinger 1904, im ersten Jahrzehnt des 20. Jahrhunderts einen neuen Institutionalisierungsschub erlebte. Der schon mehrfach erwähnte Fritz Neuhaus, der eine Karriere bei Borsig einem Lehrstuhl an der TH Berlin vorzog,[300] bemühte sich in zahlreichen Artikeln, den Konstrukteuren fertigungstechnische Gesichtspunkte nahezubringen. Gewissermaßen einen Höhepunkt dieser Bestrebungen vor Kriegsausbruch stellte eine 1914 in Schlesingers »Werkstattstechnik« erschienene Rubrik »Winke für den Konstrukteur« dar mit nahezu 150 in »Du sollst ...«-Form abgefaßten Regeln.[301] Versucht man diese zwar sehr inhaltsreichen, aber auch unsystematisch präsentierten Regeln zu ordnen, so kann man sie in fünf Gruppen zusammenfassen:

1. Regeln, die sich unmittelbar auf das Konstruieren und Berechnen bezogen. Diese betrafen die Funktionsfähigkeit der Produkte, z. B. ihre Festigkeit, ihre konstruktive Gestaltung unter verschiedenen Gesichtspunkten, ihre ästhetische Qualität, und Verfahren und Vorgehensweisen beim Konstruieren.
   Beispiele:
   - »Du sollst einer Stellschraube nicht große Kraftübertragung zumuten, benutze lieber einen Keil« (Seite 74).
   - »Du sollst nicht ausgedehnte trigonometrische Berechnungen anstellen, wenn eine graphische Ermittlung genau genug und schneller ist« (540).

299 Neuhaus, Wirtschaftliches Denken, S. 302.
300 Pentzlin, S. 480-482; Ebert/Hausen, S. 323.
301 Werkstattstechnik 8 (1914), S. 48, 74, 104, 169, 200, 294 f., 391 f., 488 f.,540 f., 562 f. u. 620.

2. Regeln, die sich auf die technische Zeichnung bezogen, ihre Vollständigkeit, Richtigkeit, Klarheit, Ökonomie usw., sowie auf die Verwendung und Pflege von Arbeitsmitteln.
Beispiele:
- »Du sollst nicht Abrundungen vergessen« (48).
- »Du sollst nicht Maße zweimal eintragen« (48).
- »Du sollst nicht an der Innenseite der Ziehfeder Rost entstehen lassen; sie muß hochpoliert sein und ohne jeden Riß, damit die Tinte gut ausfließen kann« (620).

3. Regeln, die sich auf die Kriterien Fertigungsfreundlichkeit und Wirtschaftlichkeit bezogen. Diese betrafen die Kooperation der Konstruktion mit der Gießerei und der Werkstatt, die Berücksichtigung der Montage, die Verwendung von Normteilen usw.
Beispiele:
- »Du sollst nicht vergessen, daß gekrümmte Rippen teurer im Modell sind als gerade« (169).
- »Du sollst nicht halbhohe Muttern verwenden, wenn normale Muttern anwendbar sind. Die halbhohen Muttern werden gewöhnlich aus normalen erst hergestellt und kosten daher mehr« (620).

4. Regeln, die sich auf die individuelle oder kollektive Arbeitsorganisation und das Arbeitsverhalten bezogen.
Beispiele:
- »Du sollst nicht immerfort arbeiten; die Erholung erhöht die Arbeitsgüte« (74).
- »Du sollst nicht eine Uhr auf deinem Zeichenbrett mit dem offenen Zifferblatt vor dir haben; sie lenkt ab« (620).

5. Regeln sozialer und psychologischer Art zum Umgang mit Vorgesetzten und mit Untergebenen, zur Weiterbildung, zur Charakterbildung, zur Freizeitgestaltung und Lebensführung usw.
Beispiele:
- »Du sollst nicht vor der Erkenntnis zurückschrecken, daß du Unrecht hast« (74).
- »Du sollst abends nicht spät mit Zechgenossen aufbleiben; ein dicker Kopf ist kein klarer Kopf« (74).
- »Du sollst nicht vergessen, daß ein Pausjunge Zeichner werden will; gib ihm, wenn er strebsam ist, die Möglichkeit, es zu werden« (169).

Indirekt weisen einige der hier angeführten Beispiele darauf hin, daß in dieser Zeit noch eine beträchtliche Kluft zwischen Konstruktion und Fertigung bestand. Nach dem Zeugnis eines Zeitgenossen verstand sich das in der Werkstatt arbeitende qualifizierte technische Personal als den Praktikern zugehörig und sah in den Konstrukteuren pure Theoretiker.[302] Dies konnte in extremen Fällen dazu führen, daß sich die Fertigung nur bedingt nach den Konstruktionszeichnungen richtete und Änderungen noch nicht einmal der Konstruktion mitteilte. Konnte man solche Verhaltensweisen auch durch Vorschriften unterbinden, so dokterte man hiermit doch nur an Symptomen herum.

Allerdings wurden in dieser Phase der Konstruktionsentwicklung auch umfangreiche Anstrengungen unternommen, um die Kluft zwischen Konstruktion und Fertigung zu schließen.[303] Auf die Reformanstrengungen im Bereich der Ingenieurausbildung[304] und auf publizistische Bemühungen ist schon hingewiesen worden. Innerbetrieblich beschritt man in dieser Hinsicht sowohl formelle wie informelle Wege. Man unterstellte Konstruktion und Fertigung dem gleichen Leiter und vertraute diesem die Aufgabe an, beide Seiten betreffende Gesichtspunkte auszuarbeiten und für deren Beachtung zu sorgen. Oder die Unternehmen richteten gemeinsame Gremien und Kommissionen ein, teilweise unter Einbeziehung der Vertriebsabteilung, um bei der Gestaltung von vornherein auch Kundenwünsche zu berücksichtigen. Zu den stärker informellen Initiativen ist es zu zählen, wenn die Dampfmaschinenfabrik Kuhn bereits Anfang der achtziger Jahre des 19. Jahrhunderts ihren Konstrukteuren vorschrieb, sich bei Neukonstruktionen mit den Werkmeistern in Verbindung zu setzen, jedoch ohne hierfür konkrete Verfahrensabläufe auszuarbeiten. War es bislang in manchen Betrieben den Konstrukteuren sogar untersagt, die Werkstatt zu betreten, so legte man ihnen in den Jahren nach der Jahrhundertwende häufi-

302 Rothert, S. 463.

303 Freytag, S. 155-161; Neuhaus, Wirtschaftliches Denken, S. 301 f.; Neuhaus, Einfluß, S. 1221 f.; Brszoska, S. 379; Rothert, S. 463 f.; Z.VDI 45 (1901), S. 138 f.; Poschenrieder, S. 93; Richard Blum, S. 215 f.; Kocka, S. 373-375; Maass, S. 283; Weil, S. 66-68; Kraft, Fortbildung, S. 706-708; Kraft, Konstruktion, S. 559 f.; Maschinenbau 6 (1927), S. 595.

304 S. o. S. 88-90.

gere Besuche in der Werkstatt geradezu ans Herz, damit sie die maschinelle Ausstattung des Betriebs und die Fertigungsverfahren besser kennenlernten. Allerdings sah man dies nicht als integralen Bestandteil der Arbeitsaufgabe und damit der Arbeitszeit an, sondern verwies für die persönliche Fortbildung auf die Pausenzeiten und die Zeit nach Feierabend.

Ein weiterer allgemeiner Trend nach der Jahrhundertwende lag in der Zunahme funktionaler und hierarchischer Differenzierung in der Konstruktion. Darüber hinaus lagerten sich aus der Konstruktion neue, eigenständige Berufsbilder aus. So entstanden in der Elektroindustrie seit dem letzten Jahrzehnt des 19. Jahrhunderts drei zentrale Berufsbilder: der Projektierungsingenieur, der Berechnungsingenieur und der Konstrukteur elektrischer Maschinen.[305] Die Projektierungsingenieure – von den drei genannten Gruppen die umfangreichste – stellten bei Licht- und Kraftzentralen und den dazugehörigen Verteilungsnetzen das gesamte System aus den zur Verfügung stehenden Elementen zusammen und legten die Leitungsführung fest. Die Berechnungsingenieure für elektrische Maschinen, in der Regel studierte Elektrotechniker, berechneten die wichtigsten Parameter für den Bau von Generatoren und Motoren, zum Beispiel Wicklung und Eisenkörper. Darauf aufbauend berechneten die Konstrukteure die elektrischen Maschinen auf mechanische Festigkeit und sorgten für die Erstellung der Werkstattzeichnungen. Hier arbeiteten vor allem Maschinenbauer, die nach Möglichkeit über praktische Erfahrungen verfügten, während Grundkenntnisse in der Elektrotechnik genügten. Ingenieure mit entsprechend funktional differenzierten Qualifikationen stellte das Ausbildungssystem seit etwa 1890 in genügender Zahl zur Verfügung; damit reagierte es außerordentlich schnell auf die Anforderungen der jungen Starkstromtechnik.[306]

Innerhalb der Konstruktion im engeren Sinne etablierten sich ausdifferenzierte Hierarchien. So bestand zum Beispiel das Konstruktionsbüro 1 des Charlottenburger Werks der Siemens-Schuckertwerke im Jahre 1910 aus einem Vorsteher (mit vier Stellvertretern), 8 Gruppenführern, 91 Konstrukteuren, 14 Of-

305 Vgl. Brinkmann, S. 45-48; Czwalina, S. 14 f. u. 24; Kocka, S. 475 f.; König, Technikwissenschaften, S. 229-244.

306 Vgl. König, Erasmus Kittler; ders., Technikwissenschaften, S. 179 ff. u. 244 ff.

fertenschreibern, 3 Zeichnern (hierunter sind wahrscheinlich Pauser zu verstehen) und außerdem einem Versuchsingenieur, zwei Registratoren und zwei Schreibern.[307] Die Arbeiten verteilte der Vorsteher an die Gruppenleiter, die für die Ergebnisse verantwortlich zeichneten und sie in Kooperation mit den ihnen unterstellten Konstrukteuren erledigten. Dabei konnten sich die Gruppen entweder formell oder informell auf bestimmte Maschinen und Geräte spezialisieren. Bei einer eher dezentralen Struktur bildeten die Gruppen, bestehend aus einem Gruppenleiter, einigen Detailkonstrukteuren und eventuell einem Pauser, relativ selbständige Einheiten. Diese arbeiteten Hand in Hand, wodurch eine schnelle, auch informelle Kommunikation möglich war.[308] In anderen Fällen war die Konstruktion zentralistischer organisiert. Die Detailkonstrukteure unterstanden nicht einem Gruppenleiter, sondern verschiedene Vorgesetzte übertrugen ihnen Aufgaben. Auch die Pauser gehörten keiner Arbeitsgruppe an, sondern waren in einem zentralen Pausbüro zusammengefaßt.

Bei diesen Organisationsformen besaßen entweder der häufig überlastete Konstruktionschef oder die Gruppenleiter die Aufgabe, die Werkstattzeichnungen zu kontrollieren. Seit den neunziger Jahren des 19. Jahrhunderts wurde zunehmend nach der Beachtung des Kriteriums der Fertigungsfreundlichkeit sowie der Werksnormen gefragt. Schlugen manche Autoren in der konstruktionstechnischen Literatur hierfür – abgesehen von der Kontrolle durch den verantwortlichen Vorgesetzten – eine gegenseitige Kontrolle der Konstrukteure vor, so schufen statt dessen besonders die Großbetriebe eine selbständige Funktionsstelle, die des Zeichnungsrevisors.[309] Die Stelle besetzte man mit einem älteren Konstrukteur, der über Fertigungserfahrung verfügte und sich bei seiner Tätigkeit sehr schnell einen umfassenden Überblick über die Werksnormen aneignete. In der Regel war der Zeichnungsrevisor den Konstrukteuren nicht übergeordnet, das heißt, seine Beanstandungen mußte der Konstruktionsleiter gegenzeichnen, ehe sie umgesetzt wurden.

307 Kocka, S. 480-482; vgl. auch Rothert, S. 466.
308 Martin, Zur Frage, S. 27.
309 Freytag, S. 172 f.; Rothert, S. 462; Schöberlein, S. 174; Neuhaus, Einfluß, S. 1225.

Der Umfang der hier skizzierten horizontal – nach Maschinentypen – und vertikal – nach Verantwortung und Tiefe der Aufgabe gegliederten – Arbeitsteilung im Bereich der Konstruktion hing von mehreren Faktoren, in erster Linie aber von der Betriebsgröße ab. Wenn ein Autor 1909 das Berufsbild des Zivilingenieurs, das heißt Beratenden Ingenieurs, im Konstruktionsfach vorschlug,[310] dann zeigt dies, daß es kleinere Betriebe gab, die sich kaum einen qualifizierten Konstrukteur leisten konnten, geschweige denn, daß sie über eine arbeitsteilige Konstruktionsabteilung verfügten. In der Großindustrie war die vertikale Arbeitsteilung dagegen relativ weit gediehen. Idealtypisch kann man dabei zumindest unterscheiden zwischen

- dem Konstruktionsleiter,
- den Konstrukteuren ganzer Maschinen, bei denen es sich tendenziell um Absolventen Technischer Hochschulen handelte,
- den Detailkonstrukteuren, die sich auf bestimmte Maschinenteile spezialisiert hatten und bei denen es sich tendenziell um Absolventen technischer Mittelschulen handelte,
- dem Zeichnungskontrolleur oder Zeichnungsrevisor,
- den technischen Zeichnern, die angelernt waren und die Aufgabe hatten, die konstruktiv-konzeptionellen Vorarbeiten der Konstrukteure ins reine zu übertragen,[311]
- den Pausern, die mit Hilfe der Pausmaschinen die Zeichnungen vervielfältigten,
- den Ausfertigern von Stücklisten und
- den Boten für Gänge innerhalb der Konstruktion, zwischen Konstruktion und Fertigung, Zeichnungsregistratur und anderen Abteilungen.

Wenn die Arbeitsteilung beim Konstruieren in Deutschland auch nicht so weit getrieben wurde wie in den USA, wo man zumindest im Hochhausbau als Extremfall Konstruktionszeichnungen geradezu in Fließarbeit erstellte,[312] so konnten doch zeitgenössische Beobachter eine tiefgreifende »Umwandlung in der Schaffensweise des Ingenieurs« konstatieren.[313]

310 Otto Schulz.
311 Vgl. zum technischen Zeichner König u.a., Warten, S. 313 u. 321.
312 Neuhaus, Einfluß, S. 1225; Diskussionsbeitrag Haring in: Schlesinger, Betriebsführung, S. 566, sowie bei Woldt, Probleme, S. 435.
313 Brinkmann, S. 44.

»Aus den selbständigen Einzelwesen der Meister-Ingenieure wurden Ingenieur-Staaten, Ingenieur-Organismen, in welchen der Mann selbst zur Einzelzelle mit bestimmter, an sich aber unselbständiger Funktion ward; und das von Jahr zu Jahr intensiver durchgeführte Prinzip der Arbeitsteilung machte aus dem harmonischen Geistesleben des technisch schaffenden Mannes ein trockenes, fast lebensfeindliches Spezialistentum, da der Ingenieur nicht mehr vor die Einheit der Aufgabe, sondern vor die Einheit des Handgriffes – in geistiger Beziehung natürlich – gestellt wurde.«

Am Vorabend des Ersten Weltkrieges charakterisierte ein gewerkschaftlicher Autor die Arbeit der untergeordneten Zeichner und Konstrukteure, indem er ein biblisches Wort parodierte:[314]

»Im Schweisse Deines Angesichts sollst
Du Dein Brot essen, Du sollst auf
Deinem Bauche liegen und Striche ziehen
Dein Leben lang.«

Die Gründe für die zunehmende Arbeitsteilung und Spezialisierung lagen sowohl im technischen wie im wirtschaftlichen Bereich. Gerade im Maschinenbau war es gegen Ende des 19. Jahrhunderts zu einer enormen Vermehrung des Wissens und zu einer fachlichen Differenzierung aufgrund technischer Innovationen gekommen,[315] man denke nur an die verschiedenen neuen Verbrennungskraftmaschinen und die Dampfturbine. Der angeblich universell ausgebildete Maschinenbauer des 19. Jahrhunderts, der bei genauerer Betrachtung allerdings auch ein Spezialist für Kraftmaschinen, insbesondere für Dampfmaschinen war, während die Arbeits- und Werkzeugmaschinen in der akademischen Ausbildung eher ein Schattendasein fristeten,[316] wurde allmählich abgelöst durch Spezialisten für bestimmte Maschinengattungen oder technische Querschnittsfragen, für Thermodynamik, Werkstoffkunde, Maschinenelemente usw. Hinzu kam als wirtschaftliches Moment der Rationalisierungsdruck aufgrund des zunehmenden internationalen Konkurrenzkampfes. Illustriert wird diese Entwicklung durch die wachsende Zahl von Besichtigungsreisen von Industriellen und Ingenieuren ins Ausland, besonders in die USA, und die allerdings eher unsyste-

314 Woldt, Probleme, S. 435.
315 S. o. S. 70.
316 Zu den verschiedenen Ansätzen an den Hochschulen s. vor allem Folz, passim.

matischen Bemühungen in der zeitgenössischen Literatur, zu Vergleichen mit dem Maschinenbau anderer Länder zu gelangen. Wenn einzelne Zeitgenossen über diese technischen und wirtschaftlichen Motive für die Zunahme der Arbeitsteilung in der Konstruktion hinaus vermuteten, daß damit die Geheimhaltung erleichtert werde und die Konstrukteure beim Verlassen der Firma nicht soviel Wissen mitnehmen konnten,[317] so ist damit ein weiteres, aber doch wohl eher sekundäres Motiv genannt.

Bezüglich der formalen Qualifikation der Konstrukteure muß man grob unterscheiden zwischen Absolventen Technischer Hochschulen, Absolventen technischer Mittelschulen und Konstrukteuren, die sich ihre Kenntnisse empirisch in der industriellen Praxis erworben hatten. Die in den zwanziger und dreißiger Jahren des 19. Jahrhunderts gegründeten Gewerbeschulen und Polytechnischen Schulen hatten seit dem Ende der sechziger Jahre allmählich Hochschulrang erhalten und ihre Ausbildung theoretischer gestaltet. Die technischen Mittelschulen, die Vorläufer der heutigen Fachhochschulen, hatten sich in der durch diese Entwicklung entstehenden Lücke etabliert. Zu den seit den siebziger Jahren entstandenen privaten technischen Mittelschulen kamen seit den neunziger Jahren staatliche Gründungen. Wiewohl es keine genauen Zahlen zum relativen Anteil der genannten drei Gruppen in der Maschinenbauindustrie gibt, ebensowenig wie zur Gesamtzahl der Ingenieure, steht doch fest, daß die Zahl der Empiriker und der Mittelschulingenieure die der Hochschulingenieure weit übertraf.[318] Dies gilt auch für die Konstruktionsbüros, selbst wenn die Dominanz der Empiriker und Mittelschulingenieure hier weniger ausgeprägt war als in der Fertigung. So wird für einen großen Maschinenbaubetrieb im Jahre 1878 berichtet, daß von 60 im Konstruktionsbüro Beschäftigten weniger als ein Drittel studiert habe.[319] Im Konstruktionsbüro für elektrische Bahnen bei Siemens soll noch nach der Jahrhundertwende kein einziger Mitarbeiter Hochschulabsolvent gewesen sein; einige hatten technische Mittelschulen besucht, der Rest war ungelernt.[320] In der Zwischenkriegszeit führten einige

317 Riedler, Zerfall, S. 306.

318 Z.VDI 52 (1908), S. 712; Siegrist, S. 178 f.; Gispen, S. 161 f.; König, Technikwissenschaften, S. 99 f.

319 Z.VDI 31 (1888), S. 376.

320 Siemens, S. 71-81.

Betriebe eine Zeichnerlehre ein.[321] Die dort Ausgebildeten besaßen gute Chancen, zum Konstrukteur aufzusteigen, in Ausnahmefällen auch in höchste Positionen.

Die verläßlichste Basis für Aussagen über das Qualifikationsniveau der in der Konstruktion Beschäftigten bildet die 1908 veröffentlichte Auswertung einer vom Büro für Sozialstatistik in Auftrag gegebenen Umfrage unter technischen Angestellten der Berliner Maschinenbau- und Elektroindustrie.[322] Von den über 3200 Antwortenden bezeichneten sich etwa 30% als »Projektierungs- und Konstruktionsingenieure«. Dies war nach der Gruppe derjenigen (etwa 42,5%), die »Ingenieure und Techniker« angaben – und damit keine genaue Antwort –, die zweitgrößte Gruppe. Etwa 4,3% bezeichneten sich als »Zeichner«. Daß sich unter diesen »Zeichnern« auch einige Hochschulabsolventen befanden, weist einerseits darauf hin, daß die formale Qualifikation immer noch nicht das für die Einstellung wichtigste Kriterium war, andererseits auf eine noch fehlende genaue Abgrenzung zwischen den Berufsbildern Konstrukteur und Zeichner. Unter den »Projektierungs- und Konstruktionsingenieuren« waren im Maschinenbau 22,3% Hochschüler und 77,7% Fachschüler, das heißt Absolventen der technischen Mittelschulen, in der Elektroindustrie 31,4% Hochschüler und 68,6% Fachschüler. Dies entsprach der allgemeinen Tendenz, daß in der Elektrotechnik mehr Akademiker beschäftigt waren als in anderen Industriezweigen.

In der Zwischenkriegszeit scheint es zumindest nicht zu dramatischen Verschiebungen zwischen dem Anteil der Diplom-Ingenieure und dem der Mittelschulingenieure gekommen zu sein. Noch 1928 berichtete der Betriebsdirektor eines Maschinenbauunternehmens, daß jedenfalls in den ihm bekannten Firmen nur 10% der Konstrukteure Hochschulabsolventen waren.[323] Von diesen erwartete er vor allem »den Blick für neue technische Bedürfnisse, das Erschauen der fertigen Lösung und die wissenschaftliche Überprüfung«, von den Mittelschulkonstrukteuren vor allem »die künstlerische Formungskraft und die Praxis, das heißt die genaue Kenntnis von Stoff und Fertigung«.

Wenn weiter oben gesagt worden ist, daß die Konstrukteure ganzer Maschinen tendenziell Hochschulabsolventen waren, die

321 Weil, S. 65.
322 Jaeckel, bes. S. 2-4.
323 Harm.

Detailkonstrukteure tendenziell Absolventen technischer Mittelschulen, bedarf diese Aussage der Relativierung. Besonders vor der Jahrhundertwende legte die Industrie bei der Einstellung technischer Fachkräfte kaum Wert auf formale schulische Qualifikation. Eine Auswertung von Stellenanzeigen aus den Jahren 1888/89 zeigt, daß in der Industrie eher allgemeine technische Kenntnisse als spezielle schulische Qualifikationen verlangt wurden.[324] Dies änderte sich allmählich nach der Jahrhundertwende. Jetzt verfügten die Absolventen Technischer Hochschulen mit dem Diplom-Ingenieur über einen staatlich anerkannten und geschützten akademischen Grad, der in der Industrie und in der allgemeinen Öffentlichkeit zunehmend an Renommee gewann. Sozusagen im Windschatten dieser Entwicklung wuchs bei Einstellungen die Bedeutung der Abschlußzeugnisse der technischen Mittelschulen. Dies hieß jedoch nicht, daß die Hochschulabsolventen von vornherein den Mittelschulabsolventen und diese den Empirikern vorgezogen wurden. Der bereits erwähnte Betriebsdirektor stellte jedenfalls noch 1928 fest, daß unter den zehn am höchsten bezahlten Konstrukteuren zweier Werke sich nur vier Hochschulabsolventen befanden.[325]

Auf dem seit den achtziger Jahren des 19. Jahrhunderts florierenden Ingenieurarbeitsmarkt verschlechterten sich nach der Jahrhundertwende die Bedingungen.[326] Es entwickelte sich ein harter Konkurrenzkampf zwischen den einzelnen Ingenieurgruppen, der zu umfangreichen standespolitischen Auseinandersetzungen führte. Einzelne Hochschullehrer wie Alois Riedler und der 1909 gegründete Verband Deutscher Diplom-Ingenieure scheiterten mit ihren Bemühungen, den Beruf des Ingenieurs unterhalb des Qualifikationsniveaus der Technischen Hochschulen abzuschotten und die Mittelschulabsolventen und Empiriker aus

324 Von Laer, S. 166 f.; vgl. auch Z.VDI 40 (1896), S. 887 f.

325 Harm.

326 König, Ingenieure, S. 248 f. Die Vermutung v. Laers, passim, aufgrund der Rationalisierung habe sich die Nachfrage nach Ingenieuren vermindert, ist wenig stichhaltig. Eine der wichtigen Folgen der Rationalisierungsansätze nach der Jahrhundertwende ist im Gegenteil eine Verschiebung der Beschäftigtenanteile von den Arbeitern zu den Angestellten und eine Erhöhung der nachgefragten Qualifikationen. Vgl. auch Deutscher Ausschuß für technisches Schulwesen, S. 144; D. Meyer, S. 1098; Freytag, S. 144 f.

der Berufsgruppe hinauszudrängen, und zwar besonders am Widerstand der Industrie. Auch Riedlers Bestrebungen zur Reform des Konstruktionsunterrichts an der TH Berlin[327] stehen in diesem Zusammenhang. Riedler ging es darum, den Konstruktionsunterricht an der Hochschule so praxisnah zu gestalten, daß die Hochschulabsolventen die Konkurrenz der Mittelschulabsolventen und der Empiriker bei ihrem Berufseintritt nicht zu fürchten brauchten. Als Hindernis erwies sich dabei die auch in dieser Zeit vieldiskutierte Länge der Studienzeiten. Zum Zeitpunkt seines Berufseintritts war ein Mittelschulingenieur etwa 20 Jahre, ein Diplom-Ingenieur 25 Jahre alt. Hinsichtlich der Karrieremöglichkeiten bedeutete dies, daß gleichaltrige Mittelschulingenieure auf fünf Jahre längere Berufserfahrung verweisen konnten, und Berufserfahrung wurde in der Industrie hoch geschätzt.

Die in den neunziger Jahren des 19. Jahrhunderts gegründeten staatlichen technischen Mittelschulen zielten in erster Linie auf die Ausbildung von Betriebsingenieuren, aber auch auf die Ausbildung von »Hilfskräften« – wie es meistens hieß – für die technischen Büros. Der allgemeine Unterricht an den technischen Mittelschulen und der Konstruktionsunterricht im besonderen entsprachen einem reduzierten Hochschulunterricht.[328] Das Ziel des Konstruktionsunterrichts stellte die Ausbildung von Detailkonstrukteuren dar. Deswegen beschäftigte man sich mehr mit Maschinenteilen als mit ganzen Maschinen. Eine weitgehende Praxisnähe versuchte man zu erreichen, indem man Maschinenteile aus der Industrie und die dazugehörigen Werkstattzeichnungen im Unterricht benutzte. Zunächst skizzierte man, anschließend wurden nach dem Vorbild der Industrie Werkstattzeichnungen angefertigt. Dabei konnte in einer Art Rollenspiel der Lehrer den Part des Konstruktionsleiters, der Schüler den Part des ausführenden Konstrukteurs spielen. Bei den höheren Maschinenbauschulen – es gab verschiedene Schultypen mit unterschiedlicher Semesterzahl – kamen dann noch Variantenkonstruktionen dazu. Wie auch an den Hochschulen waren sich die Lehrer darüber im klaren, daß sie keine fertigen Konstrukteure oder Zeichner ausbilden konnten und die hierfür notwendigen

327 S. o. S. 61 ff. Vgl. auch Riedler, Maschinen-Zeichnen, S. 13.

328 Lippmann, S. 1575-1577; Grüner, Entwicklung, S. 42, 45, 51 f., 54 bis 57, 98 u. 130 f., eine gute Zusammenfassung auf S. 56.

Fähigkeiten und Fertigkeiten erst in einer mehrjährigen Tätigkeit in der Industrie selbst erworben werden mußten.

Wie bei den Hochschulingenieuren beklagten Zeitgenossen auch bei den Mittelschulingenieuren, daß diese die Arbeit in den Büros der Arbeit in der Werkstatt vorzögen und daß damit die eigentliche Aufgabe der technischen Mittelschulen, die Ausbildung für die Werkstatt, verfehlt werde.[329] Selbst bei der Einrichtung von Werkmeisterschulen wurden Befürchtungen geäußert, daß die Absolventen in die Konstruktionsbüros abwandern könnten. Als der preußische Staat auf Betreiben der ortsansässigen Maschinenbauindustrie 1909 in Berlin eine Maschinenbauschule gründete, trug man von vornherein dieser Tendenz Rechnung, indem man die Schule in zwei Abteilungen gliederte, eine Maschinen-Abteilung für den klassischen Konstrukteur und eine Technologie-Abteilung für die Ausbildung von Betriebsingenieuren.

Während das Ausbildungsziel der technischen Mittelschulen also von vornherein ambivalent angelegt war, bildete der Konstrukteur bis zum Ersten Weltkrieg die berufliche Leitfigur der Hochschulausbildung, woran die durch Schlesinger und andere eingeleiteten Reformen zunächst nur wenig änderten. Eine Stellung in der Konstruktion war die typische Anfangsstellung eines Hochschulabsolventen in der Industrie.[330] In gut organisierten Großbetrieben durchliefen Anfänger in einer Art zweiter Praktikantenzeit womöglich auch verschiedene Werkstätten, um die Fertigungsmethoden kennenzulernen. Danach wurden sie einem erfahrenen Konstrukteur zugeordnet, wobei man mit einer zwei- bis dreijährigen Anlernzeit rechnete, ehe der Anfänger mit relativ selbständigen Aufgaben betraut wurde. Da die erfahrenen Konstrukteure wenig Zeit hatten, handelte es sich zum großen Teil um eine Art Learning by doing, bei dem vieles der Eigeninitiative des Anfängers überlassen blieb.

Daß sowohl beim Anlernen der Konstrukteure wie bei ihrer Fortbildung vieles im argen lag, belegen zahlreiche zeitgenössische Stimmen. Doch grundsätzliche Reformvorschläge oder gar gezielte Programme scheint es kaum gegeben zu haben. Ein ent-

329 Riedler, Entwicklung, S. 703 f., 710 u. 712; Z.VDI 40 (1896), S. 318 bis 320 u. 41 (1897), S. 230-232; Grüner, Entwicklung, S. 61 f. u. 68.

330 Zum Karriereverlauf von Konstrukteuren vgl. Berlowitz, S. 2 f.; Freytag, S. 136 f. u. 141 f.

sprechender Artikel in der gewerkschaftlich orientierten »Deutschen Techniker-Zeitung« bildete eher eine Ausnahme.[331] Der Verfasser ging davon aus, daß ein vernünftiges Anlernen nur in kleinen Gruppenbüros stattfinden könne, wo die Gruppenleiter im eigenen Interesse dafür sorgten, die Anfänger möglichst schnell zu nützlichen Mitarbeitern zu erziehen. Nach ein- bis zweijähriger Anlernzeit sollten Fortbildungskurse einsetzen mit theoretischen und praktischen Unterweisungen in anderen Abteilungen. Ein solcher Kurs solle – mit einer Unterrichtseinheit pro Woche – etwa ein Jahr dauern. Nach einigen Jahren Tätigkeit im Konstruktionsbüro sei dem Konstrukteur dann in einer zweiten Phase der Weiterbildung Gelegenheit zu geben, in anderen Abteilungen zu arbeiten. Weitere Vorschläge zur Weiterbildung und Motivation der Mitarbeiter folgten.

Hatte der Konstrukteur das Anfängerstadium hinter sich, stand dem Diplom-Ingenieur wie auch den praktisch erfahrenen Mittelschulingenieuren und Empirikern ein Aufstieg innerhalb der Konstruktion offen. Wegen der Stellenpyramide konnte sich die Konstruktion aber leicht als Sackgasse erweisen, weshalb auch Warnungen vor dieser Standardkarriere ausgesprochen wurden und man den Hochschulabsolventen statt dessen nahelegte, um jeden Preis eine Anfangsstellung in der Fertigung zu suchen.[332] Ein Wechsel aus der Konstruktion in andere Betriebsabteilungen war möglich, aber nicht leicht. Dagegen gingen Ingenieure nur selten aus der Fertigung in die Konstruktion. Darin lag vielleicht der wichtigste Unterschied zwischen typischen Karriereverläufen in Deutschland und in den USA, wo man überdies in größerem Umfang Konstrukteure aus den Reihen der Empiriker rekrutierte.[333] Die These liegt nahe, daß die unterschiedlichen Karriereverläufe auch die größere Fertigungsfreundlichkeit amerikanischer Maschinenkonstruktionen mit bedingten.

Wie bei der Rationalisierung bildeten die USA auch im Hinblick auf die räumliche Gestaltung des Konstruktionsbüros[334] das Vorbild, über das Artikel in deutschen Fachzeitschriften er-

331 Martin, Zur Frage, S. 37-39.

332 Joël.

333 Neuhaus, Einfluß, S. 1221.

334 Poschenrieder, S. 93; Amerikanische Zeichenbureaux; Der praktische Maschinen-Konstrukteur 26 (1893), S. 209 f.; Z.VDI 45 (1901), S. 138-140; Neuhaus, Einfluß, S. 1224 f.; Martin, Erhöhung.

schienen. Allgemein kann man sagen, daß sich die Arbeitsbedingungen in den Konstruktionsbüros mit der Entwicklung zum Großbetrieb verbesserten, indem die räumliche Einheit mit der bzw. die Nähe zur Fertigung aufgelöst wurden. Jetzt wurde mehr Wert auf ruhige und gut beleuchtete Arbeitsräume gelegt, sei es durch künstliche indirekte Bogenlichtbeleuchtung oder durch natürliche, durch Seiten- oder Sägedachfenster einfallendes Licht. Die Artikel über die amerikanischen Konstruktionsbüros hoben besonders die guten Kommunikationsverbindungen durch elektrische Klingelanlagen, Sprechrohre und Rohrpostleitungen hervor, was darauf hinweist, daß entsprechende Einrichtungen in Deutschland weniger verbreitet waren.

Die großbetriebliche Entwicklung machte sich im Bereich der Konstruktion aber auch negativ bemerkbar, etwa wenn die wachsende Zahl der Konstrukteure und Zeichner in großen Sälen zusammengefaßt wurde. Wir haben zwar keine verläßlichen Angaben über die Anzahl der in einem Raum sitzenden Mitarbeiter, aber in vielen Konstruktions- und Zeichensälen saßen Dutzende zusammen; in einer Quelle ist von 60 Konstrukteuren und mehr in einem Saal die Rede.[335] In der Regel thronte der Konstruktions- oder der Gruppenleiter auf einem erhöhten Podest an einem Ende des eventuell durch eine Glaswand abgetrennten Saales. Von hier aus konnte er helfend in den Konstruktionsprozeß eingreifen, vor allem aber seine Mitarbeiter überwachen. Wie selbstverständlich man diese ständige Überwachung in deutschen Konstruktionsbüros akzeptierte, geht indirekt aus einem Artikel hervor, der über eine »eigenartige Idee« aus den USA berichtete, jedem Mitarbeiter eine eigene Kabine zuzugestehen.[336] Eine Überwachung hielt man für unabdingbar, um private Nebentätigkeiten zu verhindern.

Grundsätzlicher wird diese Frage nur in dem schon erwähnten gewerkschaftlichen Organ diskutiert.[337] Der Verfasser beginnt seine Abhandlung mit der Feststellung, daß zwar die Werkstattorganisation bereits »eine anerkannte bedeutende Wissenschaft« sei, Fragen der Büroorganisation dagegen kaum behandelt würden. Seinen Ausführungen stellt er die allgemeinen Grundsätze voran:

335 Martin, Zur Frage, S. 25.
336 Amerikanische Zeichenbureaux, S. 47.
337 Martin, Zur Frage, Zitate, S. 25 u. 27.

– Anpassung der Arbeit an die Fähigkeiten und Kenntnisse des einzelnen,
– größtmögliche Selbständigkeit der Arbeiter und
– Pflege der Arbeitsfreude der Mitarbeiter.

In jedem Werk sei eine besondere Abteilung einzurichten mit einem älteren Konstrukteur an der Spitze, die aus diesen Grundsätzen heraus Vorschläge für Reorganisationsmaßnahmen zu entwickeln habe. Vor allem seien die großen Konstruktionssäle durch Gruppenbüros zu ersetzen.

»Wenn man die bessere Aufsichtsmöglichkeit als Vorteile solcher Säle bezeichnet, dann bekennt man, daß man von dem eigentlichen Wesen der geistigen Arbeit wenig Ahnung hat. Geistige Arbeit läßt sich nicht durch Befehl oder durch Aufsicht erzeugen oder vermehren. Wohl kann man durch strenge Aufsicht erreichen, daß alle Angestellten immer hübsch brav an ihren Arbeitsplätzen sitzen, aber das ist auch alles. Ob sie wirklich arbeiten, intensiv schaffen, das ist eine andere Frage, die man aber ruhig in solchen Bureaus verneinen kann.«

Das Größenwachstum und die Ausdifferenzierung der Konstruktionsbüros konnte zu einer räumlichen Trennung zwischen den hierarchischen Ebenen führen. So trennte man 1913 in einer Konstruktionsabteilung bei Siemens die Konstrukteure von den Zeichnern, und die Konstrukteure erhielten mit Zeichenmaschinen eine wesentlich bessere Ausstattung.[338] Steilbrett und Zeichenmaschine wurden zwar, aus den USA kommend, in Deutschland am Vorabend des Ersten Weltkriegs eingeführt, ihre Verbreitung verlief aber wegen der hohen Kosten selbst in der Zwischenkriegszeit eher schleppend.[339] Vorher hatten die Konstrukteure an Reißbrettern gearbeitet, die flach auf dem Tisch lagen oder leicht geneigt waren. Die Zeichenmaschine vereinigte die bislang einzeln benutzten Zeichengeräte: Reißschiene, Lineal und Winkel. Es handelte sich um eine typische Rationalisierungsinvestition, wodurch nach Schätzungen eines Zeitgenossen Produktivitätszuwächse in Größenordnungen von 50 bis 100% erzielt wurden. Unter ergonomischen Gesichtspunkten müssen diese neuen Arbeitsmittel eher positiv eingeschätzt werden.

338 Kocka, S. 477.

339 Maschinenbau 3 (1924), S. 698-700 (hier die Schätzungen der Produktivitätsgewinne), 5 (1926), S. 359; Werkstattstechnik 15 (1921), S. 45 u. 428, 16 (1922), S. 112, 17 (1923), S. 282, 19 (1925), S. 291, 20 (1926), S. 13, 25 (1931), S. 167; Z.VDI 65 (1921), S. 877 u. 1124.

In der Zwischenkriegszeit wirkten zwei allgemeine Tendenzen auf das Konstruieren im Maschinenbau: Zunächst verstärkten sich die schon immer bestehenden Spannungen zwischen der Ingenieurausbildung an den Technischen Hochschulen und den Anforderungen, welche die Industrie an ihre Konstrukteure richtete. Dies führte in den späten zwanziger Jahren zu Reformen in der Aus- und Weiterbildung, die in Ansätze für eine Institutionalisierung und Professionalisierung des Konstruierens mündeten. Und schließlich verstärkte sich aufgrund der schwierigen wirtschaftlichen Lage der auf die Unternehmen wirkende Rationalisierungsdruck, der sich zunehmend auch auf die Konstruktionsbüros auswirkte.

In der Zeit vor dem Ersten Weltkrieg orientierte sich die Ingenieurausbildung vor allem am Konstrukteursberuf. Nicht nur begannen die meisten Absolventen ihr Berufsleben im Konstruktionsbüro, der Konstrukteur erfuhr als Schöpfer des Neuen in der Technik eine fast schon mythische Erhöhung, die sich in inflationär gebrauchten Analogien zwischen Konstruieren und künstlerischem Schaffen äußerte. Alle technischen Kenntnisse und technisch-wissenschaftlichen Fortschritte sollten im Konstruieren und beim Konstrukteur zusammenfließen. Die anderen beruflichen Einsatzfelder wurden in der Ingenieurwelt als sekundär oder ephemer angesehen. Dies begann sich nach der Jahrhundertwende allmählich zu ändern, wobei der Erste Weltkrieg diesen Prozeß wie ein Katalysator beschleunigte. Einerseits wurde man sich der Heterogenität der technischen Berufsfelder stärker bewußt, vor allem aber entstand mit dem Betriebsingenieur eine Teil-Berufsgruppe, welche zunehmend Bedeutung und wachsenden Einfluß gewann. In den Rationalisierungsorganisationen, die nach Kriegsende ins Leben gerufen wurden, wie dem »Reichskuratorium für Wirtschaftlichkeit« (RKW), dem »Reichsausschuß für Arbeitszeitermittlung« (REFA) und dem »Ausschuß für wirtschaftliche Fertigung« (AWF), spielten die Betriebsingenieure eine wichtige Rolle. Innerhalb des VDI gründeten sie mit der »Arbeitsgemeinschaft Deutscher Betriebsingenieure« (ADB) eine Unterorganisation.

Die Hochschulausbildung hatte also mit einer größeren Vielfalt von Ingenieurberufsfeldern zu rechnen. Außerdem hatten die Technischen Hochschulen eine Differenzierung und Verwissenschaftlichung ihrer Fächer erfahren. Die Zahl der technischen

Fächer und das in ihnen vermittelte Wissen hatten sich außerordentlich vermehrt. Die Hochschulen sahen ihre Aufgabe jetzt darin, das technikwissenschaftliche Wissen zu erweitern und zu vertiefen; die Vermittlung von Überblickswissen geriet vielen Professoren zunehmend zu einer lästigen Pflicht oder überforderte sie gar. Die Folge war, daß die Ingenieurstudiengänge mit einer Anhäufung von Spezialwissen überfrachtet wurden. Die Ingenieurausbildung begann sich mehr auf den spezialisierten Ingenieur für Forschung und Entwicklung auszurichten als auf den mit einem universellen Wissen ausgestatteten Konstrukteur. Auch die Absolventen scheinen ihre beruflichen Wünsche umorientiert zu haben. Jedenfalls verstummten seit den zwanziger Jahren die Stimmen aus der Industrie nicht mehr, die einen Konstrukteursmangel und insbesondere einen Mangel an hochqualifizierten Konstrukteuren beklagten.

Als eine Art Entlastung für die Hochschulen konnte die sich in dieser Diskussion herausbildende Opinio communis erscheinen, daß die Hochschule fertige Konstrukteure ohnehin nicht ausbilden und der Absolvent erst in der industriellen Praxis ein richtiger Konstrukteur werden könne.[340] Jedoch enthob dies die Hochschule nicht der Aufgabe, darüber nachzudenken, welche Grundlagen man den Studenten mitgeben und wie man den konstruktiven Unterricht entlasten könne. Noch am konkretesten waren dabei Vorschläge, die repetitiven Zeichenarbeiten in den Konstruktionsübungen zu reduzieren. Es sollten weniger Zeichensätze verlangt, und es sollte stärker paradigmatisch gearbeitet werden. Die dadurch entstehende Lücke wollte man durch Anschauung schließen, indem man den Studenten konstruktive Probleme anhand von durch die Industrie zur Verfügung zu stellenden Zeichnungssätzen erläuterte. Die Quellen weisen tatsächlich eine Reduzierung der quantitativen Anforderungen aus; inwiefern die didaktischen Vorschläge umgesetzt wurden, geht aus ihnen nicht hervor.

Daß die Reformansätze wohl wenig durchgreifende Wirkungen zeitigten, zeigt sich daran, daß das Thema nicht von der Tagesordnung verschwand, sondern gegen Ende der zwanziger Jahre eine verstärkte Behandlung erfuhr. So beschäftigte sich die

340 Kraft, Fortbildung, S. 706; Laudien, Werkstattgerechtes Konstruieren; Strobl; Kluge. Zur Hochschulreform in der Weimarer Zeit Düwell; Gundler.

Fachsitzung »Ausbildungswesen« auf der 67. Hauptversammlung des VDI im Juni 1928 ganz mit der Aus- und Fortbildung des Konstrukteurs.[341] Der den Part der Hochschulen vertretende Rektor der Technischen Hochschule Karlsruhe konzedierte dabei, daß sie die Ausbildung im Konstruieren eher vernachlässigt hätten. Im gleichen Jahr, am 29. November 1928, veranstalteten der VDI, der »Deutsche Verband Technisch-Wissenschaftlicher Vereine« (DVT) und der »Deutsche Ausschuß für das technische Schulwesen« (DAtSch) eine Hochschultagung in Dresden; eines der sechs Themen lautete: »Das Konstruieren als systematisches Lehrgebiet«.[342] In dieser Formulierung deutete sich schon an, daß man über eine grundsätzliche Reform des Konstruktionsunterrichts nachdachte. Dies kulminierte in Forderungen, die Spezialisierung an den Hochschulen durch die Einrichtung eines eigenständigen Faches »Konstruktionslehre« zu kompensieren. So verlangte der leitende Siemens-Ingenieur Fritz Kesselring 1937, an allen Hochschulen »Lehrstühle für konstruktive Gestaltung« einzurichten.[343] Kesselrings Argumente wider die Vernachlässigung des konstruktiven Unterrichts an den Technischen Hochschulen entsprachen den seit Beginn der zwanziger Jahre vorgetragenen und lassen darauf schließen, daß die Reformansätze wohl nicht recht gegriffen hatten. Seiner Forderung nach Einrichtung konstruktiver Lehrstühle war erst lange nach dem Zweiten Weltkrieg Erfolg beschieden.

Erfolgreicher verliefen in der Zwischenkriegszeit Reformansätze, die von der Industrie und von den technischen Mittelschulen ausgingen und sich auf die Weiterbildung der Konstrukteure konzentrierten.[344] Ihren Ausgangspunkt bildeten Klagen über die mangelnde Wirtschaftlichkeit und Fertigungsfreundlichkeit der Arbeitsergebnisse der Konstruktionsbüros. Dies war nichts grundsätzlich Neues, aber der in den wirtschaftlichen Krisenzeiten der zwanziger Jahre zunehmende Rationalisierungsdruck sorgte dafür, daß die Diskussionen jetzt verstärkt in Aktionen mündeten. Einen Höhepunkt erlebten die Reformbestrebungen in der zweiten Hälfte der zwanziger Jahre. Ein Manager des Krupp-Grusonwerks in Magdeburg-Buckau formulierte das Re-

341 Harm; Kluge; Grießmann, 1928, S. 549 f.
342 Meyenberg.
343 Kesselring.
344 Vgl. hierzu Niemitz/Paulsen, vor allem S. 17 f.

formprogramm 1928 so, daß die Ausbildung des Konstrukteurs »Teil des gesamten Rationalisierungsprogrammes (sei), das heute alle Länder beschäftigt«.[345] Die an den Konstrukteur zu richtende Forderung laute: »Den Bleistift in der konstruktiv geschulten rechten Hand und das Portemonnaie in der linken«. Die Begriffe des »wirtschaftlichen Konstruierens« und des »werkstattgerechten Konstruierens« wurden zu weit verbreiteten Schlagworten für das gewünschte neue »konstruktive Denken«.[346]

Organisatorisch nahm diese Bewegung ihren Ausgang von der »Arbeitsgemeinschaft Deutscher Betriebsingenieure« (ADB) innerhalb des VDI.[347] Noch im letzten Jahr des Ersten Weltkrieges hatten sich in mehreren VDI-Bezirksvereinen Ausschüsse für Betriebsorganisation gebildet, die sich nach Kriegsende mit der ADB einen festeren Zusammenschluß gaben. Im Winter 1926/27 veranstaltete die Berliner Ortsgruppe der ADB eine Vortragsreihe über den »Einfluß der Fertigung auf die konstruktive Gestaltung« und initiierte damit eine »Gemeinschaftsarbeit mit den Konstrukteuren«,[348] wie man dies in der Terminologie der damaligen Zeit nannte. Daß diese Aktivitäten im Rahmen der ADB stattfanden, zeigt das Interesse der Betriebsingenieure am »werkstattgerechten Konstruieren« und ihre führende Rolle in der Rationalisierungsbewegung, ohne daß man dies gleich als eine Art »Kolonialisierung« der Konstrukteure durch die Betriebsingenieure überinterpretieren muß. In der Folgezeit setzten sich schnell Konstruktionslehrer aus den technischen Mittelschulen an die Spitze der Reformbewegung. Und schließlich gab es in der nach technischen Fachgebieten geordneten Arbeitsstruktur des VDI kaum eine Unterorganisation, die sich zur Ansiedlung einer Querschnittsfrage wie des Konstruierens angeboten hätte.

Eine festere organisatorische Basis schufen sich die Konstrukteure mit der Gründung einer »Gruppe Konstruktion« innerhalb der Berliner ADB-Ortsgruppe.[349] An der Gründungsversamm-

345 Grießmann, 1928, S. 549.

346 Gensel; Volk/Erkens; Volk, Unterricht; Erkens, Beiträge; Grießmann, 1927 u. 1928; Laudien, Werkstattgerechtes Konstruieren; Laudien, Erziehung; Kraft, Fortbildung.

347 Viefhaus, S. 330-332.

348 Grießmann, 1927; Erkens, Beiträge.

349 Erkens, Fortbildung; Maschinenbau 7 (1928), S. 785-787 u. S. 1025-1028; VDI-Nachrichten 1933, Nr. 15, S. 2.

lung am 18. Oktober 1928 nehmen etwa 500 Konstrukteure aus der Berliner Industrie teil. Die Initiative regte zur Nachahmung an. 1933 arbeiteten bereits in neun Städten Konstrukteursgruppen, und 1937 war offenbar eine kritische Masse erreicht, so daß sich die Konstrukteure – analog zur ADB – mit der »Arbeitsgemeinschaft Deutscher Konstruktions-Ingenieure« (ADKI) innerhalb des VDI eine eigene Organisation schufen.

Das Arbeitsprogramm der Berliner Konstruktions-Gruppe bestand aus drei Teilen. Man veranstaltete Kurse für die Weiterbildung von Industriekonstrukteuren. Man erstellte Publikationen als Arbeitshilfen für Konstrukteure. Und man versuchte in Ausschüssen, spezielle Konstruktionsprobleme zu klären. Der erste Fortbildungskurs fand noch vor dem organisatorischen Zusammenschluß statt, nämlich im Frühjahr 1928, und wurde von 200 Teilnehmern besucht.[350] Der Kurs über »Grundlagen der Konstruktion« bestand aus Vorträgen und seminaristischen Übungen. Didaktische Originalität gewann er dadurch, daß allgemeine konstruktive Probleme an einem Beispiel, den Schubstangen, erörtert wurden. Bei den folgenden Kursen ließ sich wegen des großen Anklangs, den die Weiterbildungsveranstaltungen fanden, der seminaristische Betrieb nicht mehr durchhalten. Die bis 1932 von der Berliner Gruppe abgehaltenen neun Kurse besuchten durchschnittlich 400 Teilnehmer, darunter viele von der Industrie freigestellte und entsandte Konstrukteure. Man mußte auf die Vortragsform zurückgreifen, legte aber Wert auf begleitenden Einsatz von Medien, wie Lichtbilder, Epidiaskope, Filme, Tafeln und die Auslage von Konstruktionsteilen. Ebenso wie die Organisationsform innerhalb der ADB übernahmen weitere VDI-Ortsgruppen auch das Kurssystem. Bis 1942 fanden in verschiedenen deutschen Städten VDI-Konstrukteurskurse statt, nach 1933 eingespannt in die nationalsozialistische Politik der Kriegsvorbereitung durch Aufrüstung und Autarkie.

Zu den Publikationen der Berliner Gruppe[351] gehörte eine Heftreihe, welche die Ergebnisse der Weiterbildungskurse zusammenfaßte. Außerdem erarbeitete die Gruppe zwei Sammlungen über »Werkstattgerechtes Konstruieren« und über »Werkstoff, Berechnung und Konstruktion«, die in den dreißiger

350 Erkens, Ausbildung; Erkens, Fortbildung; Maschinenbau 7 (1928), S. 785-787.

351 Erkens, Fortbildung; Grießmann, 1928, S. 552.

Jahren in einzelnen Lieferungen erschienen. Sie waren als Nachschlagewerke für den Konstrukteur gedacht und arbeiteten teilweise mit der Gegenüberstellung von guten und falschen konstruktiven Lösungen. Außerdem dienten sie – zusammen mit Lichtbilderserien der »Technisch-Wissenschaftlichen Lehrmittelzentrale« (TWL) des DVT – als Unterlagen für die Kurse. Ähnliche Sammlungen wie die Gruppe Konstruktion hatten Großunternehmen, wie die AEG, MAN und die Krupp-Grusonwerke, bereits vorher für den firmeninternen Gebrauch angelegt. Zu den Dozenten der Berliner Konstrukteurskurse gehörten Industrieingenieure, Hochschulprofessoren und Lehrer an technischen Mittelschulen. Auffällig ist allerdings, daß die Aktivisten der Berliner Konstrukteursgruppe ausschließlich von den höheren Maschinenbauschulen kamen. Die Konstrukteurskurse leitete der Direktor der Berliner Beuth-Schule Carl Volk,[352] die organisatorische Arbeit in der Konstrukteursgruppe lastete weitgehend auf den Schultern von Alfred Erkens, ebenfalls Lehrer an der Beuth-Schule. Zu den regelmäßigen Dozenten und maßgeblichen Mitarbeitern an der Sammlung »Werkstattgerechtes Konstruieren« gehörte der Lehrer an der Stettiner Maschinenbauschule Karl Laudien, in dessen 1931 erschienenem Lehrbuch über Maschinenelemente das neue »konstruktive Denken« breiten Eingang fand.[353] Die Mittelschullehrer stießen damit in eine Lücke, welche aufgrund der Vernachlässigung des Konstruierens durch die Technischen Hochschulen entstanden war. Kamen vor dem Ersten Weltkrieg die innovativen Ansätze für den Konstruktionsunterricht von den Technischen Hochschulen, so standen jetzt die Mittelschullehrer im Zentrum der Bemühungen um eine systematische »Konstruktionslehre«.[354]

Am Ende dieses Kapitels sollen einige Ergebnisse zusammengefaßt und zwei Perspektiven für Forschungen zur Geschichte der Rationalisierung entwickelt werden: Im 19. Jahrhundert löste

352 Über Volk s. 75 Jahre, S. 127.

353 Maschinenbau 7 (1928), S. 286; zu Laudien s. o. S. 93-96.

354 Dieser Begriff außer bei Laudien z. B. auch bei Harm u. Erkens, Beiträge. Aber auch Kutzbach (TH Dresden) forderte eine »Konstruktionslehre« für die feinmechanische Technik – analog zum Großmaschinenbau –, wobei er dafür die Speicherung, Fortleitung und Umformung von Energie als systematisches Gerüst in Vorschlag brachte. Kutzbach.

sich die Konstruktion im deutschen Maschinenbau allmählich aus der Fertigung heraus. Es entstand der arbeitsteilig und bürokratisch organisierte Maschinenbaubetrieb mit Konstruktion und Fertigung als funktional zentralen Gliederungen. Die Rigidität bei der Durchführung dieser Trennung hing nicht zuletzt damit zusammen, daß sich die in zunehmender Zahl in den Maschinenbau eindringenden theoretisch qualifizierten Ingenieure mit der Konstruktion einen Wirkungsbereich abgrenzten, der ihren Qualifikationen entsprach. Die organisatorische Trennung führte in den Betrieben zu Veränderungen, die von den Zeitgenossen nur teilweise überschaut wurden: zur Verlagerung und Isolierung von Kompetenzen der Mitarbeiter, zur Veränderung von Informationsflüssen und zum Wandel von Kriterien der Produktgestaltung.

Das Ziel der Unternehmen, Gewinne mit Hilfe technisch hochwertiger und marktfähiger Produkte zu erzielen, wurde durch diese organisatorischen Veränderungen nur *suboptimal* verwirklicht. Davon zeugen die seit den 1890er Jahren in den Unternehmen durchgeführten Rationalisierungsmaßnahmen, die in erster Linie ein besseres Zusammenwirken zwischen Konstruktion und Fertigung bezweckten. Dazu gehörten Bemühungen um ein fertigungsfreundliches Konstruieren, Maßnahmen der Typisierung und Normierung und eine weitere Spezialisierung und Differenzierung innerhalb der Konstruktion. Auch die »tayloristische« Arbeitsvorbereitung steht in diesem Zusammenhang. Wenn die Einführung der Arbeitsvorbereitung bislang als Professionalisierungsstrategie und »Machtergreifung« der Ingenieure im Betrieb, die sich gegen die Meister und Facharbeiter richtete, interpretiert worden ist, so bedarf diese Interpretation einer zweifachen Ergänzung: Zum einen wurden damit auch funktionale Defizite im Zusammenwirken von Konstruktion und Fertigung beseitigt, die sich im Laufe der deutschen Industrialisierung herausgebildet hatten. Und zum anderen berührten und veränderten die Arbeiten der Betriebsingenieure, die in der Arbeitsvorbereitung tätig waren, nicht nur das Tätigkeitsfeld der Meister und Facharbeiter, sondern ebenso das der in der Konstruktion tätigen Ingenieure. Eine Analyse und Interpretation der »tayloristischen« Rationalisierung – die Anführungszeichen stehen dafür, daß Taylor in den meisten seiner Arbeiten nur ohnehin im amerikanischen und deutschen Maschinenbau bereits vorhandene Tendenzen propagandistisch zusammenfaßte – muß also sowohl größere zeitliche wie betriebsorganisatorische Kontexte ins Auge fassen.

Damit gerät – und dies ist die zweite Perspektive dieser Schlußbemerkungen – der Begriff der Rationalisierung ins Blickfeld. In seiner allgemeinen ökonomischen Bedeutung umfaßt der Begriff der Rationalisierung alle betrieblichen Maßnahmen, mit denen die Relation zwischen Aufwand und Ertrag verbessert wird. In diesem strengen Sinn ist Rationalisierung eine ständige technische und wirtschaftliche Aufgabe in den Unternehmen und deswegen zur Charakterisierung einer bestimmten Epoche kaum geeignet. Wenn der Begriff der Rationalisierung sich inzwischen doch zur technik- und wirtschaftsgeschichtlichen Kennzeichnung eines Zeitraums eingebürgert hat,[355] dann deswegen, weil er im Gebrauch der Zeitgenossen allgemein eine Konjunktur erlebte, weil verstärkt über konkrete Rationalisierungsmaßnahmen diskutiert wurde und weil die quantitativen Auswirkungen dieser Rationalisierungsmaßnahmen zunahmen. Wenngleich die Begriffe der Rationalisierung und der Rationalisierungsbewegung zur Kennzeichnung einer Epoche aus dem Wortschatz der Technik- und Wirtschaftshistoriker kaum mehr ausgebürgert werden können, so muß doch diskutiert werden, auf welche Zeiträume sich diese Begriffe beziehen sollen. Unsere Arbeit hat verdeutlicht, daß seit etwa 1890 in großem Umfang qualitative Rationalisierungsmaßnahmen eingeleitet wurden. Viele dieser Maßnahmen hatten aber erst Jahre oder – nicht zuletzt wegen des Ersten Weltkrieges und seiner Folgen – Jahrzehnte später – besonders in der zweiten Hälfte der zwanziger Jahre – quantitative Auswirkungen auf breiter Front. Um die Einheit von qualitativen Veränderungen und quantitativen Auswirkungen zu betonen, wird hier vorgeschlagen, den Begriff der Rationalisierungsbewegung und den der Rationalisierung für den Zeitraum von etwa 1890 bis 1930 zu benutzen. Damit würde er unter anderem alle Rationalisierungsansätze mit einschließen, die üblicherweise durch die Begriffe Taylorismus, Fordismus, Normierung und Mechanisierung gekennzeichnet werden.

355 So in der Arbeit von Freyberg; vgl. zum Konstruieren ebenda, S. 14 u. 112-125. Oder bei Feldenkirchen, S. 224 ff. Vgl. die Relativierungen bei Schmidt, Weder Ford, S. 217 ff.

Teil 2
Technik und Konstruieren im internationalen Vergleich

Die von uns durchgeführten Untersuchungen über Theorie und Praxis des Konstruierens im Maschinenbau in Deutschland im 19. und 20. Jahrhundert haben gezeigt, daß die Entwicklung der Konstruktionstechnik eng mit der technisch-industriellen wie mit der soziokulturellen Entwicklung Deutschlands verwoben war. Die im Maschinenbau zu lösenden konstruktiven Aufgaben und die beschrittenen Lösungswege hingen vom technischen Entwicklungsstand der deutschen Maschinenindustrie und ihrer Stellung auf dem Weltmarkt ab. In die sich entwickelnde spezifisch deutsche Konstruktionskultur brachten die Konstrukteure und Zeichner die Kenntnisse ein, die sie an den technischen Ausbildungsstätten und in der betrieblichen Praxis erworben hatten. Wie sich die technische Ausbildung und die Karriereverläufe der Ingenieure wandelten, so wandelten sich auch die Organisationsformen der Konstruktionsbüros sowie die horizontale und vertikale Differenzierung der Konstruktionsarbeit. Mit der Maschinenbauindustrie, der Ingenieurausbildung und den Karriereverläufen der Ingenieure sind damit die wichtigsten Rahmenbedingungen benannt, die Theorie und Praxis des Konstruierens beeinflußten.

Ein internationaler Vergleich zwischen der Entwicklung der Konstruktionstechnik in verschiedenen Industrieländern muß also weit ausgreifen und nicht nur die Entwicklung des Konstruierens im engeren Sinne, sondern auch die Entwicklung des solchermaßen skizzierten Umfeldes mit in die Betrachtung einbeziehen, um zu Erklärungen für nationale Verschiedenheiten vorzustoßen. Die vorliegende Untersuchung greift zur Beantwortung der gestellten Fragen nicht in großem Umfang auf gedrucktes oder gar ungedrucktes Quellenmaterial zurück. Sie wertet statt dessen Sekundärliteratur zur Geschichte des Maschinenbaus, der Ingenieurausbildung und des Ingenieurberufs in Großbritannien, den USA und Frankreich im 19. und in der ersten Hälfte des 20. Jahrhunderts aus und versucht solchermaßen zu einigen vergleichenden Ergebnissen zu kommen, um diese den Resultaten der detaillierten Studie über die Entwicklung des Konstruierens in Deutschland gegenüberzustellen.

Die Abhängigkeit vom Stand der Literatur führt in der vorliegenden Skizze zu Defiziten und zu unvermeidbaren Verzerrungen. Zunächst gibt es für keines der hier betrachteten Länder eine Studie über die Entwicklung der Konstruktionstechnik, die unserer Arbeit über Deutschland nahekäme und damit eine detaillierte vergleichende Betrachtung ermöglichen würde. Auch die Passagen in der allgemeinen technik-, industrie- und bildungsgeschichtlichen Literatur zum Konstruieren sind eher dürftig. Dies führt dazu, daß gerade das zentrale Thema unserer Untersuchung unterbelichtet bleiben muß. Günstiger sieht es für das Umfeld des Konstruierens, für die Ingenieurausbildung, den Ingenieurberuf und den Maschinenbau, aus, wenngleich auch hier die einzelnen nationalen Bildungs- und Technikkulturen unterschiedlich gut untersucht sind. Während die Berufsgeschichte des Ingenieurs und die Entwicklung des Maschinenbaus in den USA[1] wie in Großbritannien[2] in mehreren grundlegenden Werken dargestellt worden ist, liegen für beide Staaten keine entsprechenden Gesamtdarstellungen für das technische Bildungswesen vor.[3] Auch dies ist ein Hinweis auf den geringeren gesellschaftlichen Stellenwert, den man in den angelsächsischen Ländern im Vergleich zu den kontinentaleuropäischen der technischen Bildung zumaß. Noch am günstigsten ist der Literaturstand für Frankreich. Wir verfügen hier nicht nur über ausgezeichnete historische Darstellungen einzelner technischer Bildungsstätten, deren Autoren auch den beruflichen Karrieren der Absolventen nachgehen,[4] sondern zudem über eine Darstellung des französischen Maschinenbaus,[5] die über ihr engeres Thema hinaus technische Bildung – wie so häufig gefordert und selten durchgeführt – von der Nachfrageseite wie von der Angebotsseite her analysiert und – für uns besonders interessant – noch die meisten Informationen zum Konstruktionsunterricht und zur Konstruktionspraxis enthält. Wenn – wie bereits bemerkt – aus dieser

1 Calvert; Sinclair; Hounshell.

2 Buchanan, Rise; Buchanan, Education; Floud.

3 Noch am ausführlichsten für die USA sind Noble, dem es allerdings in erster Linie um die Entwicklung des kapitalistischen Großbetriebs geht, und als zeitgenössische Darstellung Mann. Für die englischen Ingenieurcurricula nach der Jahrhundertwende s. Divall.

4 Day, Education, 1987, sowie als Überblick Day, Education, 1980; Weiss; Grelon, Training; Grelon/Stück; zur Ecole Polytechnique: Belhoste/Dalmedico/Picon; Kranakis vergleicht die USA und Frankreich; Broder; Grelon, Die deutschen Ingenieure; Stück vergleicht Deutschland und Frankreich.

5 Edmondson.

Sekundärliteratur auch keine zusammenhängende Darstellung der Entwicklung des Konstruierens zu erschließen ist, so können jedenfalls gut begründete Hypothesen zu nationalen Konstruktionskulturen und internationalen Unterschieden entwickelt werden, was weitere Forschungen anregen und fundieren kann.

In der folgenden Darstellung werden zunächst die einzelnen Länder nacheinander abgehandelt, beginnend mit Großbritannien als dem Mutterland der Industrialisierung, gefolgt von den USA, wo das britische Vorbild der technischen Entwicklung und der empirischen technischen Ausbildung lange Zeit einen wesentlichen Einfluß ausübte, und mit Frankreich abschließend, das über das traditionsreichste und am weitesten ausgebaute technische Bildungssystem verfügte. Dabei wird in der Darstellung der einzelnen Länder ein integrativer Ansatz versucht, der die Entwicklung des Maschinenbaus, der technischen Bildung und des Ingenieurberufs miteinander verbindet und vom Allgemeinen zum Besonderen fortschreitet, das heißt, mit den Ausführungen zur Entwicklung des Konstruierens endet. Abschließend werden die Ergebnisse im länderübergreifenden Vergleich zusammengefaßt.

1. Großbritannien

Die Entwicklung neuer Maschinen und Verfahren bildete ein wichtiges Element des gesellschaftlichen Umwälzungsprozesses, der nach der Mitte des 18. Jahrhunderts in Großbritannien einsetzte und den wir heute mit dem Begriff der Industriellen Revolution bezeichnen. Wiewohl auch theoretisches Wissen und wissenschaftliche Institutionen bei manchen Prozessen der Technikgenese in der Zeit der Industriellen Revolution eine Rolle spielten, so wurden doch die meisten der neuen Techniken durch wissenschaftlich kaum gebildete Tüftler auf weitgehend empirischem Wege entwickelt. In aller Regel eilte die Technikentwicklung der wissenschaftlichen Analyse und Erklärung technischer Phänomene voraus, woran sich auch im Laufe des 19. Jahrhunderts nur wenig änderte.

Die Entwickler der neuen Techniken, die man gut und gern mit dem modernen Begriff des Ingenieurs kennzeichnen könnte, kamen aus technischen Berufen, wie Schmied, Schlosser oder Mühlenbauer, aber auch aus nichttechnischen Berufen. Noch am ehesten gewannen die freiberuflich tätigen Civil Engineers den Charakter einer geschlossenen Berufsgruppe, die als technische Universalisten Fabriken, Maschinenanlagen, Straßen, Brücken, Kanäle und Eisenbahnlinien planten sowie deren Bau organisierten und überwachten. Im Laufe des 19. Jahrhunderts spezialisierten sich diese Civil Engineers auf bestimmte Aufgaben; es entstanden der eventuell weiter spezialisierte Bauingenieur, der Architekt und der Maschinenbauer.

Ingenieur wurde man, indem man bei einem dieser freiberuflich tätigen Ingenieure oder in einer Fabrik in die Lehre ging und sich allmählich im Laufe von drei bis sieben Jahren die für selbständige Arbeiten erforderlichen Fähigkeiten und Fertigkeiten aneignete. Eine formale schulische Ausbildung spielte keine Rolle, fehlende theoretische Kenntnisse konnte sich der angehende Ingenieur im Selbststudium aneignen. Ingenieur war also ein Lehrberuf wie viele andere, für den man üblicherweise ein beträchtliches Lehrgeld entrichten mußte. Der Nachweis des erfolgreichen Abschlusses der Ausbildung war erbracht, wenn man sich selbständig machte oder in einem größeren Ingenieurbüro bzw. einer

Fabrik eine verantwortliche gehobene Position bekleidete. Diese Ingenieurlehre blieb bis weit ins 20. Jahrhundert hinein üblich und möglich, wenn ihre Bedeutung auch seit den letzten Jahrzehnten des 19. Jahrhunderts ständig zurückging. Der Vorteil dieses Zugangs zum Ingenieurberuf lag auf der Hand: Der Übergang zwischen Ausbildung und Beruf geschah fast bruchlos, die Ingenieure erhielten eine praxisgerechte Ausbildung. Probleme ergaben sich für dieses Lehrsystem erst, als im Ingenieurberuf Kenntnisse und Fähigkeiten gefragt waren, die nur schwer durch Beobachtung, Nachahmung und gelegentliche Unterweisung zu erwerben waren.

In ihrem Selbstverständnis orientierten sich die Civil Engineers an den Professions,[6] an den hochangesehenen alten freien Berufen, wie Juristen, Medizinern oder Pfarrern. Sie betrachteten sich als Träger besonderer, nur mühevoll zu erwerbender fachlicher Kenntnisse, die sie zum Wohl der Gesellschaft einsetzten. Über die Qualität dieser Kenntnisse hatten Berufsverbände zu wachen, denen auch die Aufgabe der Zulassung zum Beruf zufiel. Mit einer solchen Organisationsform lehnte man sich einerseits an das Berufsethos von Professions mit älteren Traditionen an, war aber andererseits in der Lage, den Arbeitsmarkt bis zu einem gewissen Grad zu regulieren. Noch am ehesten gelang es im Laufe des 19. Jahrhunderts den freiberuflich tätigen Civil Engineers, durch diese Professionalisierungsstrategie ein gesellschaftliches Ansehen zu erringen, das dem der alten Berufsstände nahekam. Als professionelle Assoziation gründeten sie 1818 die »Institution of Civil Engineers«. Weitere Gründungen folgten: In unserem Zusammenhang am wichtigsten ist die Gründung der »Institution of Mechanical Engineers« 1847.

1914 bestanden 17 Institutions mit etwa 40000 Mitgliedern, wobei allerdings eine größere Zahl von Doppel- und Mehrfachmitgliedschaften anzunehmen ist. Da sich der liberale Staat aus der Konstituierung von Berufen heraushielt, legte erst die Mitgliedschaft in einer der Institutions zweifelsfrei fest, wer der Ingenieurberufsgruppe bzw. einer Elite unter den Ingenieuren angehörte und wer nicht. Anfangs besaß die Mitgliedschaft in einer der Institutions Bedeutung besonders für die freiberuflich täti-

6 Behringer; Buchanan, Institutional Proliferation; Buchanan, Engineers.

gen Ingenieure, da sie den wichtigsten formalen Nachweis ihrer Qualifikation beinhaltete. Maß die Industrie zunächst der Mitgliedschaft in einer Institution kaum Bedeutung bei, so änderte sich dies allmählich seit dem späten 19. Jahrhundert. Bis zur Gegenwart blieb eine mehrjährige erfolgreiche Berufspraxis – sei es als Freiberufler oder in verantwortlicher Stellung in der Industrie – das wichtigste Kriterium für die Aufnahme in eine der Institutions. Seit den achtziger Jahren des 19. Jahrhunderts – im Falle der Institution of Mechanical Engineers seit 1912 – konnte ein Teil dieser Berufspraxis durch den Nachweis theoretischer Kenntnisse in Form einer Prüfung ersetzt werden. Damit war berufliche Erfahrung – und nicht wie in Deutschland der formale Bildungsnachweis – als wichtigstes Kriterium für die Zugehörigkeit zu einer Elite innerhalb der Ingenieurberufsgruppe benannt. Erst nach dem Ersten Weltkrieg entwickelten sich die Institutions zu Massenorganisationen.

Von der Mitgliedschaft in den Institutions abgesehen, blieb die Abgrenzung der Ingenieurberufsgruppe diffus. Engineer – bis heute keine geschützte Bezeichnung – konnte sowohl Ingenieur wie Schlosser heißen. Dieser breiten Bedeutung des Begriffes entsprach der fließende Übergang zwischen beiden Berufen, die Etappen innerhalb einer Ingenieurkarriere in der Industrie darstellen konnten. Wenn sich die Institutions auch nicht als Standesvertretungen und erst recht nicht als sozialpolitische Vereinigungen verstanden – zu ihren Mitgliedern zählten auch zahlreiche Arbeitgeber –, so wirkten sie doch an der Konstituierung der gesellschaftlichen Funktion des Ingenieurs wie der Festlegung seines Gesellschaftsbilds an entscheidender Stelle mit. Die Diskussionen innerhalb der Institutions beschränkten sich auf fachliche Fragen und dienten damit der Festsetzung fachlicher Standards wie der Fortbildung der Mitglieder. Im Selbstverständnis der Institutions und ihrer Mitglieder waren die Ingenieure unpolitische Experten, die allein schon durch ihre technische Arbeit dem allgemeinen Wohl dienten.

Seit den sechziger Jahren des 19. Jahrhunderts zeichnete sich die Gefahr ab, daß Großbritannien seine industrielle Dominanz an die aufstrebenden Konkurrenten, zunächst vor allem an die USA, später auch an Deutschland, verlieren könne. In den Diskussionen um die Ursachen dieser weltwirtschaftlichen Veränderungen, die viele Zeitgenossen als wirtschaftlichen Niedergang

Großbritanniens interpretierten, wiesen manche Teilnehmer eine Hauptschuld der in ihren Augen unzureichenden Ingenieurausbildung zu.[7] An einzelnen Universitäten waren technische Fächer zwar schon in den zwanziger Jahren des 19. Jahrhunderts eingerichtet worden, doch gewann dieser technische Unterricht keine nennenswerte Bedeutung. An den englischen Universitäten dominierten die geistes- und naturwissenschaftlichen Fächer und das Ideal zweckfreier Bildung, besonders an den Eliteinstitutionen Oxford und Cambridge, den Leitbildern der englischen »Oxbridge«-Bildungsideologie.

Erst als der Druck der realistischen Bildungsreformer stärker wurde, begann man seit den siebziger Jahren, an den Universitäten und an Universitätscolleges, besonders in den Industriegebieten Mittel- und Nordostenglands, technische Studiengänge einzurichten, wobei man sich sowohl an amerikanischen wie an deutschen Vorbildern orientierte. Als besonders rührig in dieser Reformbewegung erwies sich die 1887 gegründete »National Association for the Promotion of Technical Education«, während die Institutions weitgehend unbeteiligt blieben. Bis zum Ende des Jahrhunderts besaßen die meisten britischen Universitäten Ingenieurstudiengänge mit meist dreijähriger Dauer. Daneben entstanden technische Schulen eines mittleren Niveaus, die sich mit der Zeit zu Universitäten entwickelten. Die neu eingerichteten Institutionen für die Ingenieurausbildung litten unter chronischem Geldmangel.[8] Wie es britischer Tradition entsprach, strebten sie eine Mischfinanzierung aus privaten, städtischen, regionalen und staatlichen Mitteln an. Doch flossen diese Gelder und insbesondere die Regierungsgelder zu spärlich, als daß die neuen Studiengänge eine große Attraktivität hätten entwickeln können. Auch eine Institution wie das 1907 unter ausdrücklicher Berufung auf das Vorbild der Technischen Hochschule Berlin-Charlottenburg gegründete »Imperial College of Science and Technology« in London entließ vor dem Ersten Weltkrieg nur wenige Ingenieurabsolventen[9] – verglichen mit der viel größeren Zahl hier ausgebildeter Naturwissenschaftler und Lehrer. Schät-

7 Buchanan, Rise; eine schöne Zusammenfassung zur Ingenieurausbildung an Colleges geben Guagnini; Divall, dort S. 82 f. zum Konstruktionsunterricht.

8 Roderick/Stephens.

9 Alter.

zungen beliefen sich auf gerade 1500 britische Ingenieurstudenten vor dem Ersten Weltkrieg.[10] Ausschließlich an Bildungsinstitutionen erworbene technische Qualifikationen liefen der englischen Tradition der empirischen Ingenieurausbildung zu sehr zuwider, als daß sie sich in kurzer Zeit hätten durchsetzen können. Wenn auch einzelne Industrielle den neuen Universitätscolleges oder anderen Bildungseinrichtungen Mittel zur Verfügung stellten, so präferierte eine Majorität innerhalb der Industrie doch Modelle, die praktische und theoretische Anteile in der Ingenieurausbildung zusammenführten. Üblicherweise durchlief in den letzten Jahrzehnten des 19. Jahrhunderts derjenige, der den Ingenieurberuf anstrebte, eine praktische Lehre und ergänzte sie durch zusätzliche Abend- oder Tageskurse.[11] Bis in die dreißiger Jahre hinein dominierte diese Form der dualen Ingenieurausbildung, wenn sie auch nach dem Ersten Weltkrieg immer mehr zugunsten der schulischen Ausbildung zurückging. Wer sich einer solchen Tortur unterwarf und sie bestand, hatte in den Augen der Unternehmer gleichzeitig einen Nachweis an Arbeitsdisziplin erbracht, der von ihnen höher eingeschätzt wurde als theoretische Kenntnisse.

Dabei war die Position der Industrie durchaus nicht widerspruchsfrei. Zwar pries man in Festreden den Wert einer Lehre in der Industrie, bot aber immer weniger der teuren Ausbildungsplätze an und stellte vermehrt billige angelernte Kräfte ein. In einigen Branchen wie im Schiffsbau[12] sah man durchaus einen Bedarf an schulischer technischer Ausbildung, hielt sich aber mit eigenen Investitionen zurück und setzte statt dessen – erfolglos – auf den Staat. Das geringe Engagement der britischen Industrie zugunsten der Ingenieurausbildung, sei es durch eigene Initiativen, sei es durch Druck auf den Staat oder die Kommunen, zeigt letzten Endes, daß die Mehrheit mit dem bestehenden System zufrieden war und – solange die Bilanzen in Ordnung waren – keinen großen Problemdruck empfand. Daß die Gesamtstruktur der britischen Industrie mit der Zeit immer mehr veraltete, konnte der einzelne Unternehmer kaum erkennen, während der libe-

10 Buchanan, Engineers, S. 175; in ähnlichen Größenordnungen bewegen sich die Angaben bei Divall, S. 71 f.

11 Vgl. für die Werkzeugmaschinenbauer Floud, S. 47 f.

12 Robertson. Allgemein betonen Summerfield/Evans das geringe Engagement der britischen Industrie für schulische technische Bildung.

rale Staat auf die Regelungsmechanismen des Marktes setzte. Jedenfalls führte das Desinteresse dazu, daß die britische Industrie nicht in gleichem Umfang wie die Industrie in anderen Ländern an der Schaffung eines Systems der Ingenieurausbildung mitwirkte und dabei ihre Vorstellungen zur Geltung brachte.

Die neuen Stätten der Ingenieurausbildung bemühten sich jedoch schon von sich aus, den Forderungen der Industrie nach Praxisorientierung gerecht zu werden. Wenn es die knappen Mittel zuließen, verbanden sie die theoretischen Unterweisungen mit Übungen in Werkstätten und Laboratorien sowie mit Zeichen- und Konstruktionsübungen. Doch erreichte der Konstruktionsunterricht an Quantität und Qualität nicht das an den deutschen Technischen Hochschulen übliche Niveau. Neben Abendkursen boten die Ingenieurcolleges auch Studiengänge im Sandwichsystem an, bei dem sich Zeiten praktischer Ausbildung in der Industrie mit Zeiten schulischer Unterweisung abwechselten. Auf lange Sicht entwickelten die Ingenieurausbildungsstätten gemeinsame Standards für die Abschlußprüfungen. So wurde die Prüfung des 1884 gegründeten »City and Guilds of London Institute«, das später im Imperial College und dann in der London University aufging, von anderen Universitätscolleges übernommen und bis in die sechziger Jahre hinein vor allem von Teilzeitstudenten abgelegt. Die Ingenieurausbildungsstätten bereiteten auf die von der Regierung nach dem Ersten Weltkrieg in Anlehnung an die der Institutions eingeführten Prüfungen für die National Certificates vor. In der Ingenieurwelt besitzen die verliehenen akademischen Grade auch heute noch eine viel geringere Bedeutung als die Mitgliedschaft in einer der Institutions, die den eigentlichen Nachweis einer erfolgreichen Ingenieurlaufbahn darstellt.

Die Konstruktions- und Zeichenbüros[13] rekrutierten ihren Nachwuchs vor allem aus der Werkstatt. Sofern die aus der Werkstatt in das Zeichenbüro aufgestiegenen Facharbeiter, etwa Modellschreiner, Dreher oder Schlosser, sich daneben noch in Abendkursen an technischen Schulen oder gar an der Universität weitergebildet hatten, sahen sie in der Tätigkeit als Zeichner nur eine Zwischenstation auf ihrem Karriereweg zum Konstrukteur

13 Vgl. hierzu Behringer, S. 81-83 u. 87-90; Booker, S. 133 ff.; Buchanan, Engineers, S. 131 ff.; Mortimer.

oder Betriebsingenieur. Für einen Facharbeiter ohne zusätzliche schulische Qualifikation konnte die Tätigkeit als Zeichner die Endstation seiner Karriere bilden, mußte es aber nicht. In jedem Fall entschied die Bewährung im Beruf und nicht die formale schulische Qualifikation über den weiteren Berufsweg. Das Zeichen- und Konstruktionsbüro behielt seine Funktion als Zwischenstation einer Ingenieurkarriere bis in die Zeit nach dem Zweiten Weltkrieg. Schätzungen besagen, daß bis in die frühen sechziger Jahre mehr als 75% aller nichtakademischen und etwa 50% aller akademischen Maschinenbauingenieure als Zeichner gearbeitet hatten.

Sozial klaffte zwischen dem Zeichner und dem beruflich erfolgreichen, in eine der Institutions aufgenommenen Ingenieur eine große Lücke. Dieser elitäre Charakter der Institutions erklärt, daß sich Zeichner schon um die Mitte des 19. Jahrhunderts in eigenen Organisationen zusammenschlossen. 1852 gründete sich in London eine »Association of Foremen Engineers and Draughtsmen«, 1856 folgte »The Manchester Association of Employers, Foremen and Draughtsmen of the Mechanical Trades of Great Britain«, 1865 eine »Leeds Association of Foremen Engineers and Draughtsmen« und 1867 eine Londoner »Assistant Engineer's and Draughtsman's Benevolent Association«. Daß diese und weitere lokale und regionale Organisationen – so wie es aussieht – nicht lange Bestand hatten, zeigt aber auch, daß es schwierig war, die Träger beruflicher Funktionen, welche als temporäre Karriere-Etappen gesehen wurden, zu einer dauerhaften Organisation zusammenzuschließen. Wenn sich ein größerer Teil der Mitglieder beruflich entwickelt hatte, konnten sich solche Vereinigungen der Foremen Engineers und Draughtsmen auch zu professionalistischen Ingenieurvereinigungen verwandeln, ein weiterer Hinweis darauf, daß die in den Institutions organisierten Ingenieure weniger der Charakter des technischen Wissens von den Draughtsmen trennte als die berufliche und soziale Position.

Gegen Ende des 19. Jahrhunderts lebten Organisationsbestrebungen wieder auf, als für viele Techniker die Funktion des Zeichners und Detailkonstrukteurs offensichtlich die Endstation der Karriere bildete, Rationalisierungsbemühungen auch das Zeichenbüro erreichten und Lohnkämpfe aufflackerten. 1913 entstand in Glasgow die »Association of Engineering and Shipbuilding Draughtsmen«. Die Rüstungswirtschaft während des Ersten Weltkrieges mit ihrer Standardisierung und Arbeitsteilung bei gleichzeitiger räumlicher Zusammenfassung der Zeichner ließ die Mitgliederzahlen der Association auf etwa 10 000 in die Höhe schnellen. 1920 besaß die Association fast 15 000 Mitglieder, danach stagnierten die Zahlen, um dann ab 1934 wieder kräftig anzusteigen – ein insgesamt hoher Organisationsgrad der Zeichner in Großbritannien (1926 betrug er etwa 60%), der in den deutschen gewerkschaftlichen Technikerorganisationen nicht erreicht wurde. Die Association war sozialistisch orientiert, vertrat aber auch Professionalisierungstendenzen, indem sie versuchte, ihren Mitgliedern eine herausgehobene betriebliche und soziale Stellung zu erkämpfen. Die zeitgenössische deutsche Begrifflichkeit verwendend, wiewohl auch diese uneinheitlich ist, übersetzt man Draughtsman am besten mit Detailkonstrukteur. Daneben gab es in Zeichen- und Konstruktionsbüros noch Tracer, das heißt Zeichner und Pauser, in vielen Fällen eine berufliche Durchgangsstation auf dem Weg zum Draughtsman. Seit 1922 nahm die Association Tracer auf, wobei sich in dieser Gruppe auch Frauen befanden; seit 1942 konnten Betriebsingenieure die Mitgliedschaft erwerben.

Schon in der Zeit der Frühindustrialisierung besaßen manche technischen Zeichnungen eine hohe Qualität. Ein markantes Beispiel hierfür stellen die Zeichnungen von James Watt dar,[14] die schon bemaßt und koloriert waren. Die Farben dienten dazu, das Material, aber auch – eher unüblich – die Funktion des Maschinenteils zu kennzeichnen. Boulton & Watt benötigten hochwertige technische Zeichnungen zur Kommunikation mit Fremdfirmen, in denen sie Teile ihrer Dampfmaschinenanlagen fertigen ließen. Doch sollte die hohe Qualität dieser und anderer Zeichnungen in der britischen Frühindustrialisierung nicht darüber hinwegtäuschen, daß auch in Großbritannien – wie bei dem von uns für Deutschland herausgearbeiteten Typ »Meisterkonstruktion« – neue Maschinen in der Regel in der Werkstatt entwickelt und konstruiert wurden, wobei eine Vielzahl bildlicher Hilfsmittel bei der Gestaltung zum Einsatz kam. Dazu gehörten mit Kreide auf Tafeln angebrachte Skizzen, Zeichnungen auf Holzbrettern oder auch direkt auf dem Werkstück sowie Modelle vor

14 Vgl. hierzu Baynes/Pugh, S. 62-69.

allem aus Holz, die im britischen Maschinenbau längere Zeit üblich waren als im kontinentalen.[15] Eine Trennung zwischen Zeichen- und Konstruktionsbüro auf der einen und der Werkstatt auf der anderen Seite scheint sich nur langsam herausgebildet zu haben, bei beträchtlichen zeitlichen Unterschieden zwischen den Branchen und zwischen einzelnen Fabriken. So wird um 1870 von der Werkzeugmaschinenfabrik von Whitworth, immer noch eine der führenden in Europa, berichtet, daß es hier noch kein Konstruktionsbüro gab und weiterhin in der Werkstatt »konstruiert« wurde.[16] Dagegen richteten George und Robert Stephenson in ihrer Lokomotivfabrik – möglicherweise als erste in Großbritannien – Ende der zwanziger Jahre des 19. Jahrhunderts ein Zeichen- und Konstruktionsbüro ein, in dem alle Lokomotivteile gezeichnet wurden, bevor die Zeichnungen an die Werkstatt gingen.

Im Gegensatz zum Kontinent spielten in Großbritannien Monges deskriptive Geometrie und andere komplexere Projektionslehren in der Zeichenlehre der technischen Schulen, die ganz auf die Bedürfnisse der Maschinenbaupraxis abgestellt waren, keine Rolle.[17] Der Zeichenunterricht konzentrierte sich auf orthogonale Darstellungen, das heißt auf die Darstellungsform, die man für Werkstattzeichnungen benötigte. Später attestierten deutsche Beobachter dem Konstruktionsunterricht an den neuen Universitätscolleges, daß er inhaltlich gut und praxisnah sei, wenn sie ihn auch zeitlich für zu kurz hielten und die Überlegenheit des Konstruktionsunterrichts in Deutschland betonten.[18]

In aller Regel besaß bis in die Zeit nach dem Zweiten Weltkrieg ein britischer Konstrukteur umfangreiche praktische Erfahrungen, die er in der Werkstatt sammeln konnte, wenn er nicht sogar eine Facharbeiterausbildung durchlaufen hatte. Zusätzlich hatte er eine Zeitlang als technischer Zeichner gearbeitet und sich dabei nicht nur Zeichenfertigkeiten, sondern auch einen umfassenden Einblick in den Konstruktionsstil seiner Firma angeeignet. Dagegen stand die in Abendkursen oder bei kürzeren Schulaufenthalten erworbene theoretische Ausbildung hinter jener der

15 Booker, S. 131 f.

16 Porter, S. 133 u. 136; Buxbaum.

17 Booker, S. 138 f.

18 So Lang, Akademische Ausbildung, für Birmingham im Jahre 1906/1907; vgl. Divall, S. 82 f.

deutschen Kollegen zurück. Aus diesem Qualifikationsprofil der britischen Konstrukteure ergab sich ein spezifischer britischer Konstruktionsstil, der sich von dem deutschen wesentlich unterschied. Ihre umfangreiche Werkstatt- und Fertigungserfahrung machte es den britischen Konstrukteuren von vornherein leichter, Kriterien wie Wirtschaftlichkeit und Fertigungsfreundlichkeit zu berücksichtigen.[19] Spannungen zwischen Konstruktion und Fertigung, wie sie den deutschen Maschinenbau über Jahrzehnte prägten, scheinen in Großbritannien kaum bestanden zu haben. Auf der anderen Seite färbte die im Durchschnitt geringere theoretische Qualität und der empirisch-pragmatische Charakter der britischen Ingenieurausbildung auf den Konstruktionsstil ab. Den britischen Maschinenkonstruktionen haftete etwas Konservatives an; die Konstrukteure bauten auf Vorhandenem auf, verbesserten dieses zu ausgereiften Konstruktionen hoher Qualität, taten sich aber schwer, wenn es galt, neue Wege zu beschreiten. Die deutschen Ingenieure, die, nach 1933 aus Deutschland vertrieben, nach Großbritannien emigrierten und dort Fuß faßten, konstatierten, daß die Stärke des britischen Maschinenbaus in der Fortentwicklung des Hergebrachten liege und nicht bei Neuentwicklungen.[20]

Dazu kam – ein allgemeiner Unterschied zwischen dem europäischen und dem amerikanischen Maschinenbau –, daß der britische Werkzeugmaschinenbau üblicherweise auf die Bedürfnisse der Kunden abgestellte Spezialanfertigungen als Einzelstücke oder Kleinserien baute.[21] Damit lag der Stückpreis von in Großbritannien hergestellten Werkzeugmaschinen zwar höher als bei gleichwertigen amerikanischen, doch konnte die Gesamtrechnung für den Kunden trotzdem zugunsten des britischen Angebots ausfallen, weil die Maschinen auf den gesamten Produktionsablauf hin konzipiert waren und nicht wie bei den amerikanischen Serienfertigungen die Produktionsperipherie an die Maschinen angepaßt werden mußte. Dieser spezifisch britische Konstruktionsstil bedingte, daß man im britischen Werkzeugmaschinenbau im Unterschied zu den USA mehr Einzweck- als Mehrzweckmaschinen baute und nicht auf Lager, sondern auf Bestellung fertigte.

19 Vgl. o. S. 139 ff.
20 Mock, S. 118 f.
21 Floud, S. 57 f.

2. USA

In den USA entstand die Berufsgruppe der Maschinenbauingenieure[22] vor allem in der industriellen Praxis. Die Maschinenbauingenieure eigneten sich ihre technischen Kenntnisse als Arbeiter in den Fabriken und mechanischen Werkstätten an, ergänzten sie gegebenenfalls noch durch Selbststudium und konnten dann, wenn sie sich bewährten, in höhere betriebliche Positionen aufsteigen. Der Unterschied zwischen Mechaniker und Ingenieur, zwischen »Mechanic« und »Mechanical Engineer«, lag weniger in unterschiedlichem technischen Wissen als in der hierarchischen Stellung innerhalb des Betriebs. Ein solcher empirischer Aufstieg zum Ingenieur stand befähigten Facharbeitern bis weit ins 20. Jahrhundert hinein offen, das heißt auch dann noch, als es in den USA schon ein hochentwickeltes technisches Schulsystem gab. Allerdings hatte sich inzwischen das Zahlenverhältnis zwischen Empirikern und an Hochschulen ausgebildeten Ingenieuren zugunsten der letzteren verschoben. Die meisten Facharbeiter, die den betrieblichen Aufstieg zum Ingenieur schafften, kamen aus besseren Familien, besaßen also eine gute Allgemeinbildung, konnten sich zum Beispiel besser mündlich und schriftlich ausdrücken und verfügten über gesellschaftliche Beziehungen und finanzielle Mittel, was ihre Karrierechancen entscheidend verbesserte. Manche Maschinenbauingenieure hatten eine Lehrzeit bei einem erfahrenen selbständigen Ingenieur durchlaufen oder hatten ein Studium auf einer der Militärschulen, wie der 1802 gegründeten Militärakademie in West Point als der bekanntesten, absolviert, doch kamen von dort mehr Bauingenieure als Maschinenbauer.

Zu diesen traditionellen »Shop Culture Engineers« traten seit der Mitte des 19. Jahrhunderts »School Culture Engineers« – Ingenieure, die eine Ausbildung an einer der neu eingerichteten technischen Bildungsinstitutionen absolviert hatten.[23] Bestehende klassische Universitäten wie Harvard oder Yale richteten zwar

22 Calvert.

23 Zur Geschichte der amerikanischen Ingenieurausbildung s. vor allem Calvert; Noble; Kranakis; Seely, bes. S. 358 ff.; ein guter Überblick bei Dienel, Ingenieure, S. 412-425.

auch technische Fächer ein, doch erlangten sie auf dem Gebiet der Ingenieurausbildung keine große Bedeutung. Wichtiger wurden eigene Ausbildungsstätten für Ingenieure wie das 1861 aus Enttäuschung über die Untätigkeit der alten Universitäten gegründete »Massachusetts Institute of Technology« Die Institutionalisierung der Ingenieurausbildung in den USA erreichte in den sechziger Jahren des 19. Jahrhunderts ihren Durchbruch, als der Kongreß umfangreiche Hilfen für die Errichtung und den Ausbau von Bildungsstätten bewilligte. 1880 lag die Zahl der Colleges, an denen auch technische Fächer gelehrt wurden, unter 100 mit etwas mehr als insgesamt 100 Absolventen im Jahr, vor dem Ersten Weltkrieg war die Zahl der Ingenieurcolleges auf weit über 100 gestiegen mit mehr als 4000 Absolventen jährlich.

Das neu entstandene System der amerikanischen Ingenieurausbildung wies auch hinsichtlich der Qualität außerordentliche Unterschiede auf, so daß eine zusammenfassende Beurteilung schwerfällt. Zunächst lassen sich formal Institutionen unterscheiden, die ausschließlich oder vorwiegend Ingenieure ausbildeten, und solche, an Zahl die erste Gruppe übertreffend, bei denen die Ingenieurausbildung zu einem bestehenden umfangreichen Fächerangebot hinzukam. Das Niveau der an den einzelnen Colleges angebotenen Ausbildung umfaßte ein Spektrum, das dem in Deutschland von der technischen Mittelschule bis zur Technischen Hochschule reichenden entsprach. Die Aufnahmebedingungen waren so heterogen wie die Ausbildungsstätten selbst, wenngleich die Tendenz dahin ging, den Abschluß einer High School zur Voraussetzung zu machen und den Weg über eine Lehre in der Industrie auszuschließen. Im Unterschied zu Deutschland waren für diese Verschärfung der Aufnahmebedingungen sachliche Gesichtspunkte maßgebend, während Sozialprestige als Motiv kaum eine Rolle spielte.

Wie in Deutschland dauerte in den USA ein Ingenieurstudium in der Regel vier Jahre. Deutsche Beobachter gaben eher negative Urteile über die Studienpläne der Ingenieurcolleges ab, bezeichneten sie als unsystematisch und lobten allenfalls die Praxisnähe der Ausbildung, insbesondere den Laboratoriumsunterricht. Besonders schlecht schnitt der Konstruktions- und Zeichenunterricht ab.[24] Alois Riedler von der TH Berlin, einer der deutschen

24 Riedler, Amerikanische technische Lehranstalten (1894), besonders S. 510 u. 512.

Päpste des Konstruktionsunterrichts, skizzierte und bewertete den Zeichen- und Konstruktionsunterricht am MIT und an der Cornell University, also an zwei der renommiertesten Anstalten der amerikanischen Ingenieurausbildung, folgendermaßen: Im ersten Jahr vor allem Zeichnen und Projektionslehre, im zweiten Jahr Werkstattzeichnungen nach Vorlage, im dritten Jahr einfache Konstruktionsübungen, deren Niveau er niedriger als bei den deutschen niederen Gewerbeschulen einschätzte, im vierten Jahr Konstruktion von Dampfmaschinen mit sehr geringen Leistungen. Riedlers Gesamturteil lief darauf hinaus, daß die amerikanischen Universitäten und Colleges eher Zeichner als Konstrukteure ausbildeten. Auch wenn man dieser Einschätzung mehr als ein Körnchen Wahrheit unterstellt, bleibt doch die Frage, ob diese Art der Ausbildung nicht adäquat auf die – noch zu skizzierenden – Verhältnisse in den amerikanischen Großfirmen abgestellt war und die Absolventen nicht später in der industriellen Praxis bessere Gelegenheit erhielten, sich weitergehende konstruktive Fähigkeiten zu erwerben.

Nicht nur Riedler als deutscher Beobachter, auch amerikanische Ingenieure stellten dem Zeichen- und Konstruktionsunterricht der Ingenieurcolleges schlechte Zeugnisse aus. So meinte der Verfasser des am weitesten verbreiteten Lehrbuchs für Maschinenzeichnen, selbst ein Universitätsprofessor, im Jahre 1913, daß die Colleges häufig der Praxis etwas hinterherhinkten.[25] Er verwies auf für industrielle Zwecke unnötig schön ausgeführte Schulzeichnungen und die Verwendung überholter Projektionsarten. Das Problem lag wohl auch darin, daß in der Industrie ganz unterschiedliche Zeichnungssysteme verbreitet waren, so daß sich daraus eindeutige Vorschriften kaum abstrahieren ließen. Jedenfalls ergab eine vom Sibley College der Cornell University kurz nach der Jahrhundertwende in der Maschinenbauindustrie durchgeführte Umfrage eine verwirrende Vielfalt.[26] Die antwortenden Firmen verwendeten etwa 60 unterschiedliche Zeichnungsformate, zahlreiche Maßstäbe und Zeichnungssysteme; Schattierungen und Farben wurden gleichfalls unterschiedlich eingesetzt. Der Berichterstatter fühlte sich zur Mahnung bemüßigt, daß die Unternehmen überflüssige Konventionen zugunsten einer Vereinfachung aufgeben sollten. Ein abschlie-

25 Belofsky, S. 43.
26 Coolidge.

ßender Rat für die Kommunikation mit der Werkstatt relativierte sogar die zentrale Funktion der Zeichnung zugunsten der verbalen Äußerung: »A free use of good Anglo-Saxon is better understood than a pretty cobweb of fanciful lines.«

Die amerikanischen Ingenieurprofessoren widmeten dem Zeichenunterricht – wie man ihn wohl besser bezeichnet – auch noch in späterer Zeit große Aufmerksamkeit.[27] Die 1893 anläßlich der Weltausstellung in Chicago ins Leben gerufene, von Professoren dominierte »Society for the Promotion of Engineering Education«, 1947 in »American Society for Engineering Education« umgetauft, gründete jedenfalls 1928 eine »Engineering Drawing Division«, seit 1958 »Engineering Graphics Division«, die sich um die Festlegung und Fortschreibung einheitlicher Standards für den Zeichenunterricht bemühte. Doch wurden im und nach dem Zweiten Weltkrieg die Anteile des technischen Zeichnens im Lehrplan stark reduziert – zwischen 1940 und 1960 um etwa 50%.[28] Diese Reduzierung fand im Rahmen eines allgemeinen Trends an den amerikanischen Universitäten statt, die bislang sehr anwendungsbezogenen Studiengänge mehr in Richtung Theorie zu entwickeln und insbesondere den Anteil der Mathematik und der Naturwissenschaften auszubauen.

Die Praxisnähe der amerikanischen Ingenieurausbildung im späten 19. Jahrhundert zeigte sich vorzugsweise in der Einbeziehung der teilweise hervorragend ausgestatteten Maschinenlaboratorien, die zusammen mit Einrichtungen der Materialprüfung seit den siebziger Jahren des 19. Jahrhunderts aufgebaut worden waren.[29] Besonders in der zweiten Studienhälfte verbrachten die Ingenieurstudenten längere Zeit in den Laboratorien, führten Versuche und Versuchsreihen durch und faßten die Ergebnisse in Berichten zusammen. Am Sibley College of Engineering der Cornell University entfielen um die Jahrhundertwende 56% des Curriculums auf Arbeiten im Laboratorium und in der Werkstatt und 44% auf Vorlesungen und Übungen, wobei die Übungen die Vorlesungen übertrafen.[30] Noch praxisnäher als der forschungs- und anschauungsorientierte Unterricht in den Laboratorien war

27 Booker, S. 168-170.

28 Emmerson, S. 302.

29 Lang, Akademische Ausbildung; Riedler, Amerikanische technische Lehranstalten.

30 Kranakis, S. 19; Dienel, Ingenieure, S. 421 f.

die Arbeit der Studenten in hochschuleigenen Werkstätten. Einerseits wollte man damit die zunehmenden praktischen Defizite der Studienanfänger beheben, andererseits Arbeitsabläufe der Maschinenbauindustrie simulieren. An Ausbildungsstätten wie dem »Worcester Free Institute of Industrial Sciences« baute man in den hochschuleigenen Werkstätten ganze Maschinen und verkaufte sie auf dem freien Markt. Man geht wohl nicht fehl, wenn man in den Laboratorien und besonders in den Werkstätten Einrichtungen der School Culture sieht, mit denen man den Normen der Shop Culture, die noch immer den amerikanischen Maschinenbau dominierte, gerecht zu werden versuchte.

An den amerikanischen Ausbildungsstätten für Ingenieure ging die Tendenz gegen Ende des 19. Jahrhunderts in Richtung Theoretisierung und Forschungsorientierung. Besonders ein Zusammenschluß der Ingenieurprofessoren, die 1892 gegründete »Mechanical Engineering Teachers Association«, bemühte sich – wobei sich Erfolge nur in sehr langen Zeiträumen einstellten –, den Ingenieurberuf stärker an hohe, an der Hochschule erworbene Qualifikationen zu binden. Von dieser Seite aus geriet der Werkstattunterricht zunehmend unter Beschuß. Doch sorgten der Arbeitsmarkt, die von den Praktikern dominierten Ingenieurvereinigungen und nicht zuletzt die Industriellen und Unternehmer in den Gremien der privaten Universitäten dafür, daß die Ingenieurprofessoren sich nicht zu sehr von den Bedürfnissen des praktischen Maschinenbaus entfernten. Aufgrund ihrer Abhängigkeit von Industriestiftungen, unter dem Einfluß von Industrieingenieuren als Dozenten und wegen der Forschungs- und Beratungstätigkeit der Professoren für einzelne Firmen behielten die amerikanischen Ingenieurausbildungsstätten immer ein offenes Ohr für die aus der Industrie an sie herangetragenen Wünsche und Anforderungen.

Trotzdem kam es um die Jahrhundertwende in der amerikanischen Ingenieurwelt zu Auseinandersetzungen zwischen den Vertretern der School Culture und der Shop Culture, die denen zwischen Theoretikern und Praktikern an den deutschen Technischen Hochschulen entsprachen. Auch hier ging es um den Stellenwert der Mathematik in der Ingenieurausbildung[31] sowie um die Frage der praktischen Brauchbarkeit der Hochschulabsol-

31 Calvert, S. 55; Seely, S. 358 ff.

venten.[32] Doch stand in diesen Auseinandersetzungen die ganz überwiegende Mehrheit der Diskussionsteilnehmer auf der Seite der »Praxis«, Theoretiker in extremer Ausprägung wie Franz Grashof oder Franz Reuleaux in Deutschland spielten in der amerikanischen Diskussion keine Rolle. Besonders deutlich wird dies, wenn man den Bedeutungsinhalt der Begriffe Wissenschaft, Theorie und Praxis, zum Beispiel in den Arbeiten Frederick Winslow Taylors, im Vergleich zur deutschen Diskussion betrachtet. In seinen Arbeiten polemisierte Taylor zwar gegen den Wert der kumulierten Erfahrung der Meister und Facharbeiter und führte dagegen die von Ingenieuren auf wissenschaftlichem Wege gewonnenen Ergebnisse ins Feld, analysiert man jedoch den von Taylor propagierten Weg der Erkenntnisgewinnung genauer, dann stellt man fest, daß er vor allem das empirische Vorgehen mit Hilfe systematischer Versuchsreihen empfahl und daß theoretische Überlegungen oder komplexe Berechnungen bei ihm kaum eine Rolle spielten. Innerhalb der deutschen Frontstellung wäre Taylor eher als ein Exponent der Praktiker zu interpretieren denn als ein Vertreter der Theoretiker.[33] Zwar wurden auch in den USA Klagen laut, daß in der Ingenieurausbildung das ökonomische Denken vernachlässigt werde, aber die Auffassung, die ein Dozent auf die Formel brachte: »The dollar is the final term in every engineering equation«,[34] war doch in der Ingenieurwelt und an den Ingenieurausbildungsstätten weit verbreitet.

An den amerikanischen Ingenieurcolleges besaß »Theorie« einen niedrigeren Stellenwert als an den technischen Schulen in Frankreich oder Deutschland und zudem eine andere Bedeutung.[35] Verband man auf dem europäischen Kontinent den Begriff Theorie mit analog zu naturwissenschaftlichen Gesetzen gebildeten, möglichst allgemeinen und mathematisierten Aussagen über Technik, so verstand man in den USA darunter eine Generalisierung von empirischen Ergebnissen und Erfahrungen, gewonnen durch systematische Versuchsreihen oder schlicht durch langjährigen Umgang mit Maschinen und Verfahren. Dieses unterschiedliche Theorieverständnis führte auch zu Unter-

32 Calvert, S. 60 f.

33 Vgl. hierzu auch Calvert, S. 67 f. u. 279.

34 Calvert, S. 225.

35 Kranakis, S. 43ff.

schieden bei der Fixierung und Präsentation von Forschungsergebnissen. Auf dem europäischen Kontinent besaßen Publikationen im Vergleich zu Patenten einen höheren Stellenwert, in den USA war es umgekehrt. Europäische technikwissenschaftliche Publikationen enthielten mehr Formeln, amerikanische mehr Prinzipbeschreibungen, Graphen und Zeichnungen.

Das institutionelle Zentrum der Shop Culture in den USA bildete die 1880 gegründete »American Society of Mechanical Engineers« (ASME).[36] Der im Vergleich zu anderen Industriestaaten relativ späte Zeitpunkt der Gründung einer Vereinigung der Maschinenbauingenieure hing wohl vor allem mit zweierlei zusammen. Erstens fanden die amerikanischen Ingenieure nahezu unbegrenzte Möglichkeiten vor, sich an der Erschließung des riesigen Landes und dem Aufbau des Industriesystems zu beteiligen, und fühlten sich nicht wie ihre europäischen Kollegen durch die alten Macht- und Bildungseliten eingeengt, so daß der einen Zusammenschluß befördernde Druck von außen entfiel. Zweitens erschwerten die riesigen Entfernungen die Kommunikation innerhalb der Berufsgruppe und das Entstehen eines Gemeinschaftsgefühls. Die ASME besaß denn auch auf längere Zeit ihr Zentrum in New York und in den Neuenglandstaaten. Schon vor ihrer Gründung, doch auch nachher bestanden in zahlreichen Industriestädten lokale Ingenieurvereinigungen, die erst im Laufe der Zeit in die ASME integriert wurden. Bis in die ersten Jahre des 20. Jahrhunderts bildete die ASME eine elitäre Organisation, in die man aufgrund persönlicher Referenzen aufgenommen wurde. Beruflicher Erfolg war das entscheidende Aufnahmekriterium, schulische technische Ausbildung spielte dagegen keine Rolle. Über lange Jahre dominierten Eigentümer und leitende Angestellte unter den Mitgliedern. Von den mehr als 3000 Mitgliedern im Jahre 1907 bezeichneten sich nur 4% als Zeichner und Konstrukteure (draftsmen and designers), aber 32,6% als Fabrikanten (manufacturers). Die ASME pflegte den fachlichen Erfahrungsaustausch und bemühte sich anfangs um eine weitgehende Enthaltsamkeit in standespolitischen Fragen. Gerade dadurch prägte sie das Bild des Ingenieurs in der Öffentlichkeit als das eines empirisch hochqualifizierten beruflichen Aufsteigers und unabhängigen Fachmanns.

36 Sinclair.

Das durch die ASME vermittelte Berufsbild entsprach immer weniger der beruflichen Wirklichkeit. Die Möglichkeiten der Ingenieure, sich selbständig zu machen oder in leitende Positionen aufzusteigen, gingen seit den letzten Jahrzehnten des 19. Jahrhunderts in dem Maß zurück, wie sich der Ingenieurberuf zu einem Massenberuf entwickelte und sich Tendenzen zum Großbetrieb in der amerikanischen Wirtschaft durchsetzten. Die Mehrzahl der Ingenieure arbeitete in abhängigen Stellungen und besaß nur begrenzte Aufstiegsmöglichkeiten. So konnte eine Stellung als Zeichner oder Detailkonstrukteur durchaus schon die Endstation einer Ingenieurkarriere bilden. Zahlreiche Ingenieure verdienten weniger als ein Facharbeiter. Ebenso entsprach das in der ASME gepflegte Bild des Ingenieurs als eines technischen Selfmademan immer weniger der Realität. Die Zahl der Empiriker im Ingenieurberuf nahm ständig ab, und die Zahl der Collegeabsolventen stieg. Schätzungen besagen, daß das Verhältnis 1870 noch 8 : 1 betrug, 1916 ein Gleichstand erreicht war und unmittelbar nach dem Zweiten Weltkrieg sich die Empiriker im Verhältnis 3 : 7 in der Minderheit befanden.[37] Zudem ging im Ingenieurstudium seit dem Zweiten Weltkrieg der Trend zu höherwertigen Abschlüssen wie dem Master's Degree oder der Promotion. Bis zur Gegenwart jedoch durchlaufen die amerikanischen Ingenieure heterogene, mehr empirisch oder mehr praktisch orientierte Karrieren. Ein von angesehenen Institutionen eingesetztes Komitee legte seinen Arbeiten noch in den achtziger Jahren eine Definition des Ingenieurs zugrunde, die vier Kriterien aufzählte, wobei schon eines (!) die Zugehörigkeit zur Ingenieurberufsgruppe begründete:[38]

- der an einem Ingenieurcollege erworbene Grad eines Bachelor of Science,
- die Mitgliedschaft in einer anerkannten Ingenieurorganisation,
- eine regierungsamtliche Lizenzierung als Ingenieur oder
- Ingenieurtätigkeit in der Praxis.

Seit etwa 1905 reagierte die ASME auf diesen Umstrukturierungsprozeß, indem sie vermehrt Collegeabsolventen in den Verein einbezog, auch über sozialpolitische Probleme des Ingenieur-

37 Lundgreen, Engineering Education, S. 59; siehe vergleichend für die Bergbauingenieure Ochs, S. 288 u. 299 f.

38 Engineering, S. VII.

berufs zu diskutieren begann, stärker ihre Funktion als nationale Vereinigung betonte und sich um die Integrierung der zahlreichen lokalen Ingenieurvereinigungen bemühte. Es gab Bestrebungen, ökonomische Einflußnahmen auf die technische Arbeit zurückzudrängen, ohne daß in großem Umfang kapitalismuskritische Töne zu hören waren. Die von Ingenieuren getragene Rationalisierungsbewegung beschnitt nicht nur die Kompetenzen der Facharbeiter, sondern war – mit geringerem Erfolg – auch gegen das nichttechnische Management gerichtet. Dabei tauchten – ähnlich wie in Deutschland – Äußerungen auf, die den Ingenieur als berufenen Mittler zwischen Kapital und Arbeit empfahlen. Zwischen 1905 und 1923 stiegen die Mitgliederzahlen von etwa 2500 auf fast 18000. In der Zwischenkriegszeit wurde der Wandel der ASME gefördert durch das Erscheinen von Konkurrenzorganisationen, vor allem der 1915 gegründeten »American Association of Engineers«, die 1921, auf dem Höhepunkt ihrer Entwicklung, nahezu 27000 Mitglieder besaß. Die American Association wollte vor allem die Interessen des einfachen angestellten Ingenieurs vertreten, ein Reformimpetus, der in der wirtschaftlichen Prosperitätsphase der zwanziger Jahre allerdings wieder abgeschwächt wurde. Wie sehr die berufspolitischen Bestrebungen der Ingenieure von der Arbeitsmarktlage abhingen, zeigte sich in der Zeit nach dem Zweiten Weltkrieg, als zahlreiche Berufsangehörige in Gewerkschaften eintraten mit dem Ziel, ihre materielle Situation zu verbessern.

Wenn auch die Tendenz innerhalb des Ingenieurberufs eindeutig auf eine Ersetzung des Empirikers durch den an Hochschulen ausgebildeten Ingenieur hinauslief, so besaßen die Mitglieder beider Gruppen in der amerikanischen Industrie doch gleiche Aufstiegsmöglichkeiten, und das Ansehen eines Ingenieurs in der Gesellschaft hing vorwiegend von seiner beruflichen Position und seinem Verdienst und nicht von formalen Qualifikationen ab. Diese Leistungsorientierung und die vertikale Durchlässigkeit der amerikanischen Ingenieurwelt verhinderten, daß Diskussionen über Berechtigungen und Statuserhöhungen mit Hilfe formaler Qualifikationen in den USA wie in Deutschland einen breiten Raum einnahmen. Zwar finden sich auch in den USA Klagen, daß die Ingenieure in der Gesellschaft nicht ausreichend anerkannt seien, aber doch in viel geringerem Umfang als in Deutschland. Vereinzelte Bestrebungen, die Berufsgruppe der

Ingenieure gesetzlich zu definieren und die Bezeichnung Ingenieur zu schützen, besaßen kaum Aussicht auf Erfolg. Im Zusammenhang mit der Technokratiebewegung wurde in der Zwischenkriegszeit auch in den USA propagiert, daß eine Ingenieurqualifikation optimal auf gesellschaftliche Führungspositionen vorbereite, doch bezogen sich entsprechende konkrete Bemühungen stärker auf den kommunalen Bereich und nicht wie in Deutschland auf den Staatsdienst.

Über die Zugehörigkeit zur Ingenieurberufsgruppe und über den Wert technischer Qualifikationen entschieden in den USA der Arbeitsmarkt und damit die Industrie. Da jedenfalls bis in die zwanziger Jahre hinein ein Mangel an Ingenieuren herrschte, fanden Ingenieure unterschiedlicher Qualifikation im allgemeinen ohne Mühe eine Stelle auf dem Arbeitsmarkt. Doch deutet einiges darauf hin, daß vor dem Ersten Weltkrieg besonders Ingenieure gefragt waren, die eine solide handwerkliche Ausbildung, Erfahrung im Betrieb und nicht zu hohe schulische Qualifikationen vorweisen konnten. Dazu gehörten Mechaniker, die eine Zeitlang die in den siebziger Jahren des 19. Jahrhunderts eingerichteten Trade Schools oder Industrial Training Schools besucht hatten und dann im Betrieb über die Position des Meisters aufgestiegen waren. Die genannten Ausbildungsstätten vermittelten – häufig spezialisierte – Qualifikationen auf Fachschulniveau. Unter den Industriellen und den erfolgreichen Ingenieuren bestand weithin Konsens, daß Werkstatterfahrung für einen Ingenieur unabdingbar sei. Nachdem die Ingenieurcolleges einen High-School-Abschluß zur Aufnahmevoraussetzung machten, hatten die Collegeabsolventen häufig nur noch die Werkstattausbildung im Rahmen des Ingenieurstudiums vorzuweisen, die mit in der Industrie erworbenen Werkstatterfahrungen natürlich nicht konkurrieren konnte. Besonders die Großfirmen – Vorreiter spielten die Elektrokonzerne – reagierten flexibel auf diese Situation, indem sie für die Absolventen der Ingenieurcolleges Einstiegs- und Ausbildungsprogramme einrichteten, die bis zu zwei Jahre dauerten. Auf diese Weise machte man die Collegeabsolventen mit der betrieblichen Praxis vertraut, behob fachliche Defizite – da die Collegeausbildung besonders im Bereich der neuen Technologien häufig nicht auf dem aktuellen Stand war – und brachte den Berufsanfängern die in dem Unternehmen dominierenden Normen und Werte nahe.

Westinghouse zum Beispiel nahm nach der Jahrhundertwende in jedem Jahr 200 bis 300 Absolventen technischer Lehranstalten in solche zweijährigen Vorbereitungsprogramme auf.[39] Der Schwerpunkt lag auf praktischen Tätigkeiten in den einzelnen Abteilungen, an einem Abend in der Woche referierten erfahrene Mitarbeiter über ihren Arbeitsbereich, am Samstagnachmittag fanden Besichtigungen technischer Anlagen statt. Ihre Freizeit konnten die Jungingenieure in einem von der Firma eingerichteten Club verbringen, dort mit leitenden Mitarbeitern zusammentreffen und auf diese Art und Weise in die Firmengemeinschaft hineinwachsen. Am Anfang der betrieblichen Karriere stand dann häufig die Abteilung für Konstruktion und Entwicklung, später konnten die Ingenieure in die Produktion oder in den Verkauf überwechseln.

Absolventen solcher Vorbereitungsprogramme besaßen innerhalb der Firma die besten Aufstiegsmöglichkeiten. Mit der Einrichtung der Programme läuteten die Großfirmen sozusagen das Ende der Shop Culture ein. Übereinstimmung bestand in der Industrie darüber, daß Hochschulabsolventen, die ein solches Programm nicht durchlaufen oder sich nicht auf andere Weise Werkstattkenntnisse angeeignet hatten, bestenfalls für das Zeichenbüro taugten, und zwar für Positionen, wo es mehr um repetitive denn um kreative Arbeiten ging. Dort konkurrierten diese School-Draftsmen mit den Shop-Draftsmen,[40] die ohne große schulische technische Ausbildung aus der Fertigung kamen.

Wie sah die Entwicklung und die Organisation des amerikanischen Konstruktionsbüros aus? Die Ursprünge des Konstruktions- und Zeichenbüros im amerikanischen Maschinenbau lassen sich mit Hilfe der Sekundärliteratur nicht erhellen, doch ist anzunehmen, daß es sich – der Entwicklung in Europa entsprechend – seit den vierziger Jahren des 19. Jahrhunderts in den fortschrittlichsten Firmen herausbildete, indem gestalterische Aufgaben aus der Werkstatt herausgelöst wurden. Bevor es technische Vervielfältigungsmöglichkeiten gab, konzipierten die

39 Waldemar Koch; zur Trainee-Ausbildung bei Goodyear in den zwanziger Jahren s. Grießmann, 1928, S. 551.

40 Eine Reihe von Informationen zur Entwicklung des amerikanischen Konstruktionsbüros verdanke ich einer von Hans-Ulrich Niemitz in einem Seminar 1989 angefertigten Arbeit. Vgl. American Machinist (im folgenden abgekürzt AM), Dezember 1896, S. 1176.

Konstrukteure die Maschinen und Maschinenteile mit Bleistift auf Papier, und die Zeichner/Detailkonstrukteure arbeiteten die Vorgaben im Maßstab 1:1 unbemaßt aus, kolorierten die Zeichnungen, zogen sie auf Holz auf, versahen sie mit einer Schutzschicht aus Lack und gaben sie in die Werkstatt. Die Meister griffen von den Zeichnungen die Maße ab, machten sich Notizen und instruierten aus ihren Notizbüchern die Arbeiter.[41] Auch nach Modellen wurde in manchen Zweigen der amerikanischen Industrie lange gebaut,[42] so etwa die Registrierkassen des Marktführers National Cash Register (NCR) noch um die Jahrhundertwende.[43] Daß bei einem solchen System die Meister eine strategisch wichtige und verantwortungsvolle Position zwischen Konstruktion und Fertigung einnahmen und auch gestalterische Einzelheiten selbständig entscheiden mußten, liegt auf der Hand.

Die seit den späten sechziger Jahren des 19. Jahrhunderts eingeführte Blaupause eröffnete die Möglichkeit, von einer Zeichnung beliebig viele Kopien anzufertigen und diese dann an verschiedene Stellen der arbeitsteilig organisierten Fertigung zu geben.[44] Im allgemeinen stellten die Zeichner das Blaupauspapier bis etwa zur Jahrhundertwende selbst her und belichteten es an der Sonne. Da die Kopierrahmen und das Papier nur bestimmte Größen zuließen und die Pauspapiere keine Farben wiedergeben konnten, bedeutete der Übergang zur Blaupause gleichzeitig einen wichtigen Antrieb für die Entwicklung bemaßter Schwarzweißzeichnungen, wie wir sie bis zur Gegenwart im Maschinenbau haben. Daneben arbeiteten die Konstrukteure noch mit Skizzenbüchern, aus denen sich mit Hilfe von Kopierpressen Abzüge für die Werkstatt machen ließen.[45] Zwischen 1880 und 1900 bildete die bemaßte oder unbemaßte Zeichnung für Konstruktion und Fertigung nur ein Kommunikationsmittel unter anderen, wie mündlichen Anweisungen und Modellen.

Um die Jahrhundertwende fand ein Umbruch im Maschinenbau statt, der Fertigung und Konstruktion gleichermaßen er-

41 AM, April 1900, S. 298, 1904, S. 827; Engineering News and American Railway Journal (im folgenden abgekürzt EN), 1900 Nr. 8, S. 134.

42 Gordon, S. 745 u. 771 f.; Clark, S. 81.

43 Crowther, S. 176.

44 AM, 11. Juni 1881, S. 5, 29. Mai 1886, S. 3, Juni 1897, S. 470; EN, August 1888, S. 100, Dezember 1894, S. 492.

45 AM, März 1884, S. 2.

griff.[46] Stabilere Werkzeugmaschinen und ein elaboriertes Meßwesen erlaubten es nun, Maschinenteile so genau zu fertigen, daß die Paßarbeiten per Hand entfielen. Der Austauschbau, bislang ein Mischsystem aus Maschinenarbeit und qualifizierter Handarbeit, erfolgte in den fortschrittlichsten Unternehmen nun weitgehend auf der Basis maschineller Präzisionsarbeiten. Der damit einhergehende Wandel in der Konstruktion wird dadurch angezeigt, daß jetzt erstmals mit genauen Toleranzmaßen versehene Werkstattzeichnungen von Maschinenteilen auftauchen.[47] Der Werkstattauftrag bestand jetzt allein aus der Werkstattzeichnung – so der neue Anspruch –; diese enthielt alle Angaben, welche die Fertigung zur Durchführung ihrer Arbeiten benötigte. Gestaltungsspielräume für die Werkstatt gab es nicht mehr. Dies bedeutete, daß Änderungsvorschläge einem bürokratischen Verfahren unterlagen. Bei dem führenden Werkzeugmaschinenhersteller Brown & Sharpe sah dies so aus, daß leitende Mitarbeiter in der Fertigung Änderungsanregungen mit Hinweis auf die betreffende Zeichnungsnummer in ein Formularbuch schrieben, ein Durchschlag ging ans Konstruktionsbüro, das den Vorschlag verwarf oder akzeptierte und über den Zeitpunkt der Einführung entschied.[48]

Die Fortschritte in der Fertigungstechnik hatten also einen Bedeutungszuwachs des Konstruktionsbüros zur Folge. Gegen Ende des 19. Jahrhunderts besaßen die großen Firmen der Elektrotechnik und des Maschinenbaus technische Abteilungen mit Hunderten von Mitarbeitern, deren Funktionen wegen der Spezifika des amerikanischen Arbeitsmarktes und Maschinenbaus stärker arbeitsteilig differenziert waren als bei vergleichbaren Firmen in Europa. Der ständige Mangel an qualifizierten Kräften in der expansiven amerikanischen Wirtschaft legte auch im Konstruktionsbereich organisatorische Lösungen nahe, bei denen zahlreiche formalisierte, repetitive Arbeiten anfielen, die von weniger erfahrenen und geringer qualifizierten Kräften erledigt werden konnten. Erleichtert wurden solche Lösungen durch die in der amerikanischen Industrie üblichen größeren Serien

46 Dieser wird am besten beschrieben – wenn auch für den deutschen Maschinenbau – bei Benad-Wagenhoff; vgl. zur Entwicklung des Meßwesens Uselding.

47 AM, Januar 1898, S. 65; Uselding, S. 104; Gillespie, S. 13.

48 AM, März 1899, S. 223.

und die wesentlich geringere Zahl von Einzelanfertigungen. Die amerikanische Lösung, die aus diesen Rahmenbedingungen heraus entstand, lag in einer im Vergleich zu Europa schärferen Trennung der technischen Abteilung in Konstruktion und Entwicklung auf der einen Seite, wo neue Produkte konzipiert, Prototypen gefertigt, getestet und überarbeitet wurden, und dem Zeichenbüro auf der anderen Seite, wo vor allem die Fertigungsunterlagen erstellt, aber auch Anpaß- und Variantenkonstruktionen vorgenommen wurden.

Bei Westinghouse unterschied man sogar zwischen einer Forschungsabteilung, in der neue Maschinen entstanden, einem Entwurfs- und Berechnungsbüro, wo Maschinen und Anlagen entsprechend den Anforderungen der Kunden modifiziert und zusammengestellt wurden, und einem Zeichenbüro, das die Fertigungsunterlagen und die Stücklisten ausarbeitete.[49] Die Forschungsabteilung zeichnete auch für die Normierung verantwortlich und führte die Kartotheken, die den Zugriff auf die Zeichnungen eröffneten. Die Struktur der Kartotheken legten Ausschüsse fest, in denen »nach demokratischer amerikanischer Art« – wie der deutsche Berichterstatter anmerkte – alle Abteilungen vertreten waren. Westinghouse unternahm in der Zeit der Rationalisierungsbewegung nach der Jahrhundertwende große Anstrengungen, um die Durchlaufzeiten eines Auftrags in dieser außerordentlich arbeitsteilig organisierten Konstruktionsabteilung zu reduzieren. Tatsächlich gelang es, die durchschnittliche Bearbeitungszeit eines Auftrags von 34 Tagen im Jahre 1903 auf 6,3 Tage 1907 zu verkürzen. In der gleichen Zeit stieg die Zahl der von einer Person ausgeführten Zeichnungen auf das Doppelte. Diese Zahlen stellen einen weiteren eindrucksvollen Beleg für die These Alfred D. Chandlers dar, daß die großen Rationalisierungserfolge in der amerikanischen Industrie um die Jahrhundertwende weniger durch eine Erhöhung des Outputs pro Produktionseinheit, sondern vielmehr durch eine enorme Beschleunigung des Durchlaufs (throughput) mit Hilfe organisatorischer Maßnahmen erzielt wurden.[50] Gleichzeitig weist die Tatsache, daß solche detaillierten Zahlen erhoben wurden, auf die Orientierung der amerikanischen Rationalisierungsbewegung an

49 Waldemar Koch, S. 456 ff.
50 Chandler.

quantitativen Größen hin, die wesentlich ausgeprägter war als bei der europäischen.

Die stärkere vertikale und horizontale Arbeitsteilung in amerikanischen Konstruktionsabteilungen führte dazu, daß die Mitglieder der Gruppe der Zeichner und Konstrukteure jeweils ganz unterschiedlich vorgebildet waren, daß allen Mitarbeitern grundsätzlich die gleichen Aufstiegsmöglichkeiten offenstanden, im Gegensatz zu diesen egalitären Tendenzen aber eine große Kluft zwischen den kreativen Arbeitsinhalten der Mechanical Engineers – im Deutschen würde man von Konstrukteuren sprechen – und denen der Draftsmen – Detailkonstrukteuren und Zeichnern – bestand. Besonders die Gruppe der Zeichner setzte sich aus ganz unterschiedlich qualifizierten »Technikern« zusammen: Hochschulabsolventen, aus der Fertigung aufgestiegenen Facharbeitern und Meistern sowie auf das Zeichenbüro hin ausgebildeten Kräften, mit denen die großen Firmen nach der Jahrhundertwende den Arbeitskräftemangel zu beheben suchten. So nahm General Electric Lehrlinge im jugendlichen Alter in seine »Edison Drafting School« auf, bis sie nach vierjähriger Ausbildung als Konstrukteure anfingen.[51] Die Ausbildung begann mit drei Monaten in der Blaupausenabteilung, neun Monate mit repetitiven Arbeiten im Zeichenbüro folgten. Anschließend arbeitete der Lehrling über ein Jahr in mehreren Abteilungen der Fertigung, ehe er seine Lehrzeit mit zwei Jahren im Konstruktionsbüro abschloß.

Die Zahl der Draftsmen stieg mit der Entwicklung von Großbetrieben und der Zunahme der Arbeitsteilung in der amerikanischen Industrie gegen die Jahrhundertwende stark an.[52] Die funktionale Differenzierung zwischen Mechanical Engineer und Draftsman im Betrieb schlug sich auch in der Organisation des amerikanischen Ingenieurwesens nieder. In der ASME bezeichneten sich 1907 nur 4%, das heißt in absoluten Zahlen ausgedrückt: etwa 120, der Mitglieder als Draftsmen und Designers.[53] Die ASME war also nicht nur das Zentrum der Shop Culture, sondern auch die Organisation der Produktionsmanager und Produktionsingenieure. Wenig wundern sollte man sich deswe-

51 AM, Mai 1907, S. 669.
52 Calvert, S. 115 u. 149 f.
53 Calvert, S. 115.

gen, wenn sich um 1885 eine »Association of American Draftsmen« gründete, die aber in der Ingenieurwelt nur geringe Bedeutung gewann.[54]

Die Qualifikationsprobleme in den amerikanischen Zeichen- und Konstruktionsbüros wirkten sich in der Art und Weise der Institutionalisierung der Zeichnungskontrolle aus.[55] Eine solche Zeichnungsendkontrolle durch den Zeichnungsrevisor gab es auch in deutschen Maschinenfabriken, doch konzentrierte sie sich hier auf die Kriterien Fertigungsfreundlichkeit und Normengerechtigkeit, während es in amerikanischen grundsätzlicher um Fehlersuche ging. Der amerikanische Zeichnungsrevisor konnte hierarchisch hoch angesiedelt sein; bei Westinghouse stand er zusammen mit dem für die Auftragsabwicklung Zuständigen an der Spitze der Konstruktionsabteilung. Weniger klar ist, ob der in den neunziger Jahren des 19. Jahrhunderts in den USA erfolgende Übergang zu einer in Europa nicht üblichen Variante der orthogonalen Projektion (»three-angle« statt »first-angle«; in deutscher Sprache »amerikanische« statt »deutsche« oder »europäische« Methode) auch mit der Qualifikation der Zeichner zusammenhing.[56] Die sich durchsetzende Projektionsweise war für nicht mit der deskriptiven Geometrie Vertraute leichter einsichtig, außerdem ließ sie sich – unter Effizienzgesichtspunkten – einfacher zeichnen.

Gerade weil in den amerikanischen Konstruktions- und Zeichenbüros mehr repetitive und Routinearbeiten anfielen als in den europäischen, versprachen hier technische und organisatorische Rationalisierungsmaßnahmen einen größeren Erfolg, wobei noch der durch den angespannten Arbeitsmarkt wirkende Druck hinzukam. Bei einem Vergleich fällt zunächst auf, daß die amerikanischen Konstruktions- und Zeichenbüros ausgezeichnet ausgestattet waren.[57] Man sorgte durch große, nach Norden exponierte Fensterflächen oder – bei anderer Exposition – durch geripptes Fensterglas für gutes Licht ohne Schlagschattenbildung

54 AM, Mai 1885, S. 6, 27. Juni, S. 5 f., April 1896, S. 496, Februar 1898, S. 93.

55 AM, August 1907, S. 217, November 1907, S. 774, April 1908, S. 442.

56 Belofsky; vgl. auch Coolidge, S. 875.

57 AM, 1900, S. 57, 219 u. 379; Januar 1901, S. 1218; August 1903, S. 1082; Januar 1907, S. 795; Februar 1908, S. 198; Waldemar Koch, S. 457.

oder beleuchtete die Säle indirekt mit Lampen, die ihr Licht über die Decke reflektierten. Zwar scheinen in den meisten amerikanischen Firmen wie in Europa große Zeichensäle mit teilweise über hundert Mitarbeitern die Regel gewesen zu sein, doch unternahm man jedenfalls auch Versuche mit Einzelarbeitsplätzen und kleinen Gruppenbüros. Die Konstruktionssäle waren mit Telefonen, Sprechrohren oder per Rohrpost gut mit anderen Abteilungen verbunden. Den Konstrukteuren standen Rechenmaschinen und verschiedene Arten von Rechenschiebern zur Verfügung. Im Gegensatz zu Europa verbreiteten sich die Zeichenmaschine, die alle Zeicheninstrumente, Reißschiene, Lineale und Winkel, in sich vereinigte, und das Steilbrett schon in der Zeit nach der Jahrhundertwende. Ebenso ersetzten Bogenlicht-Pausmaschinen, mit denen sich Kopien innerhalb von Minuten anfertigen ließen, das Pausen mit einfachen Holzrahmen und Sonnenlicht. Wünsche auf Einsicht in Zeichnungen konnten jetzt von der Zeichnungsverwaltung, die zum Beispiel bei Westinghouse nach der Jahrhundertwende 200000 Zeichnungen verwahrte, in Minutenschnelle erfüllt werden. Die Zeichnungen erschlossen verschiedene ausgeklügelte Kartenregistraturen. Firmen, bei denen die Typisierung besonders weit fortgeschritten war, legten ihre Zeichnungen nach einem Dezimalklassifikationssystem ab. Auch die Festlegung von Standards für die Erstellung technischer Zeichnungen machte schnelle Fortschritte, zunächst innerhalb einer Firma, später auch auf nationaler Ebene.

In unseren Ausführungen ist schon mehrfach angeklungen, daß die besonderen Bedingungen des amerikanischen Marktes zu einem Maschinenbau- und Konstruktionsstil führten, der sich von dem in europäischen Ländern wesentlich unterschied. Der riesige, aufnahmefähige und schnell wachsende Markt, auf dem die Produzenten gegenüber den Kunden eine starke Position besaßen, ermöglichte das, was schon die europäischen Zeitgenossen als »American System of Manufacture«[58] bezeichneten, eine Massenproduktion hochwertiger Maschinen und Apparate, wie Waffen, Nähmaschinen, landwirtschaftliche Maschinen und Fahrräder. Da qualifizierte Arbeitskräfte in den Metallberufen knapp waren, forcierten die Maschinenbaufirmen den Einsatz moderner Werkzeugmaschinen. Während bis gegen Ende des

58 Hounshell.

19. Jahrhunderts die Maschinenteile noch durch handwerkliches Nacharbeiten (fitting) angepaßt werden mußten, ein Engpaß für die Ausweitung der Produktion, gelang es danach, zur maschinellen Präzisionsfertigung ohne Nacharbeiten überzugehen. Erreicht wurde dies – wie bereits in anderem Zusammenhang ausgeführt – mit Hilfe stabilerer, genauer arbeitender Werkzeugmaschinen und durch Vermessen der Maschinenteile mit festen, die Toleranzen repräsentierenden Maßverkörperungen. Erst jetzt, als man exakter fertigen konnte, war es sinnvoll, zu genau bemaßten Werkstattzeichnungen überzugehen. Werkstattzeichnungen – und nach fortgeschrittener Normierung auch Stücklisten – konnten nun zum ausschließlichen Medium der Kommunikation zwischen Konstruktion und Fertigung werden. Die Werkstattzeichnungen erlaubten eine Auftragsvergabe an Zulieferer, ein System, das in amerikanischen Firmen weiter verbreitet war als in europäischen, die in der Regel über eine größere Fertigungstiefe verfügten. Daß dieses System bei einer neuen komplizierten Technik zu Problemen führen konnte, zeigte sich bei der wenig erfolgreichen Einführung des Diesel-Motors in den USA.[59] Hierbei wurden die konstruktiven Unterlagen beim amerikanischen Lizenznehmer erstellt, die Fertigung fand an anderer Stelle statt. Auch Herman Hollerith geriet bei der technischen und terminlichen Koordination verschiedener Zulieferer für seine Lochkartenmaschine in beträchtliche Schwierigkeiten.[60]

Das American System of Manufacture mit seiner weitgehenden, über die europäischen Verhältnisse hinausgehenden Normierung und Typisierung erlaubte die Produktion weit größerer Stückzahlen einzelner Maschinen zu günstigeren Preisen. Da weniger Einzelanfertigungen und Variantenkonstruktionen anfielen, besaß das Konstruktions- und Zeichenbüro in der betrieblichen Gesamtorganisation eine geringere Bedeutung als im europäischen Maschinenbau. Viel wichtiger waren die Entwicklungsarbeiten, die zu einem nach Möglichkeit ausgereiften und fertigungsfreundlichen Produkt führten, das dann in größeren Stückzahlen gebaut und von Zeit zu Zeit überarbeitet wurde. Die Entwicklungsarbeiten mußten nicht unbedingt auf Papier, sondern konnten auch am Produkt selbst durchgeführt werden. Das

59 Lytle.
60 Austrian, passim.

beste Beispiel für diese Form der Organisation von Konstruktion und Produktion bildet die Automobilproduktion bei Henry Ford.[61] Ford produzierte über lange Zeit nur das legendäre Modell T und brüstete sich – mit einer gewissen Übertreibung –, daß papierne Unterlagen in seiner Fabrik ganz entbehrlich seien. Ein bekanntes Bild aus Henry Fords Fabrik zeigt das Chassis des Modells T im Büro eines der leitenden Automobilkonstrukteure, verbunden mit dem Hinweis, daß man bei Ford unmittelbar am Produkt »konstruierte«. Produktentwicklung statt Konstruktionsarbeit – so könnte man in idealtypischer Zuspitzung die Quintessenz der amerikanischen Produktionskultur im Unterschied zur europäischen Konstruktionskultur herausarbeiten. Mit der Zeit nahm der Stellenwert von bemaßten Zeichnungen auch bei Ford zu.[62] Nach dem Ersten Weltkrieg verwandte man sie bei den zahlreichen Detailänderungen am Grundmodell als ein Kommunikationsmittel unter anderen, doch dienten sie nicht wie in anderen Maschinenbauunternehmen als Werkstattzeichnungen, das heißt als alleinige Fertigungsunterlagen. Es mag mit der bei Ford wenig entwickelten Erfahrung mit Konstruktionsarbeit auf Papier zusammenhängen, daß man bei dem großen Modellwechsel 1927 in Schwierigkeiten geriet. Nach langem Zögern entschied sich Ford in diesem Jahr, die Produktion des vom Markt nicht mehr angenommenen Modells T aufzugeben und die Fabriken auf ein Nachfolgemodell umzustellen. Dabei scheiterte eine vorwiegend über technische Zeichnungen geführte Kommunikation. Bei Ford jedenfalls bedurfte sie einer Ergänzung durch Prototypen von Teilen.

Die amerikanischen Maschinen unterschieden sich von den in Europa gefertigten durch einen besonderen Konstruktionsstil. Da man von vornherein größere Stückzahlen kalkulierte, hing von der Fertigungsfreundlichkeit der Konstruktion in höherem Maße als in Europa die Höhe des erzielten Gewinns ab. Da die amerikanischen Entwicklungs- und Konstruktionsingenieure in der Regel über umfangreichere Werkstatterfahrung verfügten als vor allem die deutschen, besaß man günstige personelle Voraussetzungen, um dieses zentrale Ziel der konstruktiven Arbeit zu erreichen. In den USA waren die Amortisationszeiten für ma-

61 Ford, bes. S. 21-26, 109, 240; Hounshell, s. bes. das Bild S. 245.
62 Hounshell, S. 272 f. u. 286.

schinelle Ausrüstungen kürzer als in den europäischen Industriestaaten. Man war deshalb in der Lage, die für die Haltbarkeit der Maschinen entscheidenden Parameter niedriger anzusetzen. Dadurch konnten Maschinen leichter und handlicher gebaut werden. Großen Wert legten die amerikanischen Maschinenfabriken auf leichte Handhabbarkeit ihrer Produkte bzw. auf eine möglichst weitgehende Mechanisierung und Automatisierung industrieller Anlagen. Investitionen in Maschinen sollten die teure und knappe Arbeit einsparen, oder sie sollten zumindest den Einsatz weniger qualifizierter, angelernter Arbeitskräfte ermöglichen.

Die amerikanischen Konstrukteure strebten nicht technische Perfektion an, sondern eine den Anforderungen entsprechende Funktionsfähigkeit.[63] Man verzichtete auf Bearbeitungsgänge an Maschinenteilen, die für die Funktion keine Bedeutung besaßen, sondern nur für ein ansprechendes Äußeres sorgten. Maschinen und Maschinenteile sollten nicht besser sein, als sie von der Funktion her zu sein brauchten. Seit den zwanziger Jahren weitete man diesen Grundsatz mit Hilfe der statistischen Qualitätskontrolle auf die Produktion aus. Es galt, nach ökonomischen Kriterien ein Maß zu finden für die von der Konstruktion festzulegenden Toleranzen bei den Maschinenteilen und den Umfang der noch hinzunehmenden, durch Fertigungsfehler verursachten Überschreitungen. Auch hier erwies sich also – wie in der gesamten Geschichte des amerikanischen Maschinenbaus – Wirtschaftlichkeit als entscheidendes Kriterium technischer Arbeit.

63 Boorstin, S. 193-200.

3. Frankreich

Frankreich besaß das älteste und bereits in der Zeit der Industriellen Revolution am weitesten entwickelte technische Bildungswesen der Welt. Nicht die Anforderungen der Industrialisierung, sondern die Bedürfnisse des absolutistischen Staates im 17. und 18. Jahrhundert hatten zur Einrichtung technischer Schulen geführt. Dort bildete der Staat die Ingenieure aus, die er beim Militär, im Bergbau und für die Schaffung einer Verkehrsinfrastruktur benötigte. Mit der Revolutionsgründung der École Polytechnique 1794 erfuhr dieses System der Ausbildung für den technischen Staatsdienst insofern eine Umgestaltung, als der Besuch der École Polytechnique dem der technischen Spezialschulen, der Écoles d'Application, vorgeschaltet wurde. Die in die École Polytechnique Eintretenden kamen aus den gehobenen bürgerlichen Schichten. Für die Zulassung wurden traditionelle Standards klassischer Bildung verlangt und strenge Aufnahmeprüfungen veranstaltet, die Concours, die bis zur Gegenwart die Grandes Écoles von den anderen Ausbildungsstätten unterscheiden. Der Concours der École Polytechnique prüfte vor allem mathematische Kenntnisse. Spielten an der École Polytechnique anfangs noch die deskriptive Geometrie Gaspard Monges und das Maschinenzeichnen eine gewisse Rolle, so verloren diese bald ihre Bedeutung, und die École Polytechnique wurde zu einem »mathematischen Seminar«[64] mit einem hohen theoretischen Niveau in der Mathematik und in den Naturwissenschaften.

Nach dem Besuch der École Polytechnique gingen die Absolventen für ein bis drei Jahre auf eine der Écoles d'Application, wie die École des Mines oder die École des Ponts et Chaussées, ehe sie in den Staatsdienst eintraten. Weniger als 2% der Absolventen wandten sich vor 1850 der Privatindustrie zu, die sich auch an den Qualifikationen der Absolventen wenig interessiert zeigte.[65] Selbst wenn die Zahlen nach der Jahrhundertmitte anstiegen, so blieben doch die École Polytechnique und die Écoles

64 Edmondson, S. 45.
65 Edmondson, S. 49 f.

d'Application für die Industrialisierung Frankreichs im 19. Jahrhundert weitgehend bedeutungslos. Als gegen Ende des Jahrhunderts der Staatsdienst an Attraktivität einbüßte und seit den neunziger Jahren des 19. Jahrhunderts technische Staatsangestellte und Absolventen der hohen technischen Staatsschulen versuchten, in die Privatindustrie überzuwechseln, stießen sie auf beträchtliche Schwierigkeiten. Noch am ehesten gelang der Wechsel in höhere industrielle Positionen oder in Stabsabteilungen aufgrund persönlicher Beziehungen. Um sich in der Industrie von der Pike auf hochzudienen, waren die Kenntnisse der Polytechniker und technischen Beamten wenig geeignet. Aus der École Polytechnique und den Écoles d'Application gingen im allgemeinen Naturwissenschaftler, Mathematiker, Militärs und technische Staatsangestellte hervor, wobei ihnen im Staatsdienst, in den Staatsunternehmen und in geringerem Maß auch in der Privatindustrie die höheren Positionen offenstanden. Mit dieser Ausbildung einer staatlichen Verwaltungselite errangen die Grandes Écoles ein gesellschaftliches Ansehen, das von vornherein allen anderen technischen Schulen mindere Positionen auf der sozialen Prestigeskala zuwies. Im Unterschied zu der vom Neuhumanismus dominierten deutschen Bildungslandschaft, wo sich über Bildung vermitteltes Sozialprestige noch am ehesten über die klassischen historisch-philologischen Fächer erreichen ließ, erklomm ein Teil der gesellschaftlichen Führungselite in Frankreich ihre Positionen über das Studium mathematischer, naturwissenschaftlicher und technischer Fächer.

Als man in den deutschen Ländern in den ersten Jahrzehnten des 19. Jahrhunderts über die Einrichtung technischer Bildungsstätten diskutierte, griff man häufiger auf das Beispiel der französischen technischen Schulen zurück. Meist beließ man es aber bei einer rhetorischen Erwähnung; tatsächlich ahmten die in den deutschen Ländern gegründeten technischen Bildungsstätten nicht französische Vorbilder nach, sondern entsprachen lokalen Bedürfnissen und Interessen. Am ehesten lehnte sich die Karlsruher Gründung an das französische Modell an. Doch waren hier die vorbereitende mathematisch-naturwissenschaftliche Schule und die technischen Spezialschulen in einer Anstalt vereint, wobei die erstere vor allem Bildungsdefizite beheben sollte und somit nicht den Rang und das Niveau der École Polytechnique erreichte.

Die nachholende Industrialisierung Frankreichs ähnelte der in den deutschen Ländern, setzte aber früher ein. Der wichtigste Teil des Technologietransfers von Großbritannien nach Frankreich erfolgte über Personen, sei es, daß französische Techniker kürzere oder längere Zeit in britischen Fabriken arbeiteten, oder sei es, daß britische Fachkräfte eine Zeitlang nach Frankreich gingen beziehungsweise sich ganz dort niederließen. Die an britischem Know-how geschulten technischen Fachkräfte gaben ihre Kenntnisse weiter, und mit der Zeit entstand eine größere Gruppe von qualifizierten Facharbeitern und Ingenieuren – eine unverzichtbare Voraussetzung dafür, daß der Industrialisierungsprozeß Kraft und Dauer gewann. Die Vermittlung technischer Kenntnisse an der Werkbank von Mann zu Mann war für die einzelnen Unternehmen zeitaufwendig und damit teuer. Kein Wunder, daß die Industrie zwar immer gern ausgebildete Kräfte aufnahm, sich bei der Ausbildung solcher Kräfte aber zurückhielt. Die aus der Vernachlässigung des traditionellen technischen Lehrsystems erwachsene Knappheit an technischen Fachkräften eröffnete und erleichterte Absolventen technischer Schulen die Möglichkeit, in die industrielle Praxis einzutreten. Hinzu kam, daß das rasch einsetzende Größenwachstum der Betriebe und die Zunahme der Arbeitsteilung den Bedarf an Führungskräften mit technischen Kenntnissen auf der mittleren Ebene ansteigen ließ.

Welche Schulen versorgten um die Mitte des 19. Jahrhunderts die französische Industrie mit technischen Fachkräften? Da gab es die 1829 durch Geschäftsleute und Wissenschaftler gegründete École Centrale des Arts et Manufactures,[66] die 1857 eine staatliche Unterrichtsanstalt wurde. Die aus der bürgerlichen Oberschicht von Handel und Industrie kommenden Bewerber mußten sich ebenso wie an der École Polytechnique einem Aufnahmeconcours unterziehen, wobei die Überprüfung mathematischer Kenntnisse im Mittelpunkt stand. Auch im eigentlichen, drei Jahre dauernden Studium nahmen Mathematik und Naturwissenschaften einen großen Raum ein. Die an der École Centrale vermittelte mathematische Ausbildung übertraf im Umfang und Niveau sogar die, welche an den deutschen Technischen

66 Zur École Centrale s. Edmondson; Locke; Weiss; Ribeill und die verschiedenen Arbeiten von Day.

Hochschulen zu erwerben war. Ähnlich wie in der deutschen »Antimathematikerbewegung« wurde um die Jahrhundertwende gegen die zum Selbstzweck gewordene Betonung der Mathematik Kritik laut, ohne daß dies zu grundlegenden Reformen führte. Die im Vergleich zu Mathematik und Naturwissenschaften weniger intensive technische Ausbildung war bis ins 20. Jahrhundert hinein enzyklopädisch angelegt; Vorlesungen dominierten, die Unterrichtung in Laboratorien war eher dürftig, Werkstätten besaß die École Centrale nicht. Gegen Ende des Studiums konnten sich die Studenten spezialisieren. In dieser Spezialisierungsphase fanden auch Entwurfsübungen statt, zum Beispiel verlangte man den Entwurf einer Maschinenanlage, wobei bestehende Anlagen analysiert und variiert wurden.

Die Studentenzahlen lagen mit 300 im Jahre 1857 und über 700 um 1880 relativ niedrig. Schätzungen besagen, daß bis zur Jahrhundertwende nahezu 6000 Absolventen der École Centrale, mit durchschnittlich 27 bis 28 Jahren schon relativ alt, in das Berufsleben eintraten. Centraliens finden sich auch im technischen Staatsdienst, aber etwa 80 % gingen in die Privatwirtschaft – eine Zahl, die überraschen mag, besaß die École Centrale als Institution doch nur geringe Verbindungen zur Industrie. Jedoch landeten nur 20 % beim Maschinenbau im weitesten Sinn. Die Domäne der Centraliens bildete das Bau- und Transportwesen, insbesondere die Eisenbahnen. Ihre Ausbildung befähigte die Absolventen der Eliteschule eher zu organisatorischen Arbeiten auf den Führungsebenen als zu technischen Entwicklungsarbeiten. Dies schloß nicht aus, daß sich einzelne dafür begabte Centraliens praktische technische Kompetenz in der Industrie aneigneten. Eine Anzahl berühmter Namen aus der Automobilindustrie, wie Peugeot, Michelin, Panhard und Levassor – alles Centraliens – stehen für diese Verbindung zwischen technischer Kompetenz und Unternehmertum.

Die Centraliens bildeten den Kern der 1848 gegründeten »Société des Ingénieurs Civils de France«. Der Begriff Civils im Namen der Gesellschaft bedeutete keine Beschränkung auf die Bautechnik, sondern sollte die Mitglieder von den Staatsingenieuren absetzen und darauf verweisen, daß die Technik jetzt mehr und mehr aus den Händen des Staates in die Hände der bürgerlichen Gesellschaft überging. Bis etwa 1880 überwogen die Centraliens unter den Mitgliedern, danach kamen in größerem Umfang Absolventen anderer technischer Schulen dazu. Die berufspolitische Fragen ausklammernde Société des Ingénieurs Civils konnte jedoch nie einen großen Teil der französischen Ingenieure in ihren Reihen versammeln. Die Mitgliederzahlen stiegen von etwa 600 (1868) über 2000 (1882) und 3000 (1895) auf 6000 im Jahre 1914 an.

Größere Bedeutung für die Entwicklung des französischen Maschinenbaus als die École Centrale gewannen die Écoles des Arts et Métiers.[67] Vorläufer dieser technischen Ausbildungsstätten lassen sich seit den achtziger Jahren des 18. Jahrhunderts finden, wobei diese wiederum Anregungen von englischen Fabrikschulen übernahmen. Bestand hatten die 1806 in Châlons-sur-Marne und 1815 in Angers erfolgten Gründungen, zu denen 1843 eine dritte Schule in Aix-en-Provence kam. Der Unterricht, der um 1830 vier Jahre dauerte, bestand überwiegend aus Werkstattarbeit mit zusätzlichen theoretischen Lektionen und vermittelte eine Qualifikation, die der eines Facharbeiters oder Meisters entsprach. In den Schulwerkstätten wurden sogar Produkte zum Verkauf hergestellt, die aber häufig nicht den Anforderungen des Marktes genügten. Der französische Maschinenbau war in der ersten Hälfte des 19. Jahrhunderts noch zu wenig entwickelt, als daß er – selbst wenn er daran interessiert gewesen wäre – Absolventen der Écoles des Arts et Métiers in großer Zahl hätte aufnehmen können. Sie gingen eher zum Militär oder in andere Zweige des Staatsdienstes.

Dies änderte sich allmählich mit der fortschreitenden Industrialisierung. Die Industrie, die selbst zuwenig Facharbeiter ausbildete, begann sich für die Absolventen zu interessieren, und die Écoles des Arts et Métiers suchten ihre Ausbildung möglichst an den Anforderungen der Industrie auszurichten. Sie verkürzten die Schulzeit auf drei Jahre und verlangten von den Schulanfängern den Nachweis einer mindestens einjährigen Lehre. Die Zahl der Schüler wurde in jeder Anstalt auf 300 begrenzt, eine Regelung, die bis weit ins 20. Jahrhundert hinein beibehalten wurde. Die Schüler – die meisten besaßen zumindest ein Teilstipendium – unterlagen einer strengen militärischen Ordnung und Internatsorganisation, was dazu beitrug, daß unter ihnen und den Absolventen ein starkes Gemeinschaftsgefühl entstand. Die 1847

67 Zu den Écoles des Arts et Métiers s. vor allem Day (1987) u. Payen.

gegründete Absolventenorganisation half nicht nur den Schulabgängern, eine erste Stelle zu finden, sondern entwickelte sich mit der Zeit zu einer mächtigen, einflußreichen Lobby für die Écoles des Arts et Métiers und für das Konzept praxisorientierter technischer Bildung. Sie entsandte Vertreter in zahlreiche Gremien, die sich mit der Fortentwicklung des technischen Bildungssystems beschäftigten. Bereits 1860 besaß die Absolventenorganisation mehr als 1200 Mitglieder, 1913 fast 9000, also mehr als die Société des Ingénieurs Civils de France, in deren Reihen sich in dieser Zeit auch etwa 20% Gadzarts, wie sich die Absolventen der Écoles des Arts et Métiers nannten, befanden.

Mindestens bis zum Ersten Weltkrieg bildeten die Gadzarts das wichtigste Reservoir für den Bedarf der französischen Industrie an technischen Fach- und Führungskräften. Bis 1890 gingen 33% der Absolventen der Écoles des Arts et Métiers in den Maschinenbau;[68] Zeichner, Meister oder Facharbeiter stellten die klassischen Einstiegspositionen dar, doch erreichten die meisten Gadzarts mittlere und höhere Positionen als Konstrukteure, Betriebsingenieure oder Direktoren, wenn sie sich nicht im Laufe ihrer Karriere – dies trifft immerhin für 40% zu – selbständig machten. Einerseits besaßen die Gadzarts genügend praktische Kenntnisse, um in der Industrie ohne lange Einweisungszeit an der Werkbank und am Zeichenbrett eingesetzt zu werden, andererseits genügend theoretische Vorbildung, um ihren Weg in höhere Positionen zu machen. Diese für die Industrie optimale Kombination von Theorie und Praxis konnte im 19. Jahrhundert kaum ein Absolvent einer anderen technischen Bildungsstätte aufweisen. Schließlich war der unter den Gadzarts herrschende Corpsgeist nicht zu unterschätzen: Ein bereits in Führungspositionen gelangter Gadzart engagierte bevorzugt wieder Absolventen mit der gleichen technischen Ausbildung.

Wie auch die deutschen technischen Hoch- und Mittelschulen erhöhten die Écoles des Arts et Métiers in den letzten Jahrzehnten des 19. Jahrhunderts sukzessive ihre theoretischen Anforderungen – eine Entwicklung, die einerseits den steigenden Anforderungen im praktischen Maschinenbau entsprach und andererseits durch eine zweite Gründungswelle technischer Ausbildungsstätten seit den neunziger Jahren des 19. Jahrhunderts

68 Day (1987), S. 192 ff.

forciert wurde. Der Aufbau eines dichten Netzes technischer Primar- und Sekundarschulen seit etwa 1880 ermöglichte es den Écoles des Arts et Métiers, auf die Forderung einer einjährigen Lehre als Eingangsvoraussetzung zu verzichten. Schulen wie die Écoles Pratiques de Commerce et d'Industrie, die Écoles Nationales Professionelles oder lokale und regionale Industrieschulen boten eine Mischung aus theoretischen Unterweisungen, unter Einschluß des technischen Zeichnens, und Werkstattarbeit an. Die Absolventen solcher Schulen konnten zum Beispiel als technische Zeichner direkt in die Industrie gehen, aber auch weiterführende Unterrichtsanstalten wie die Écoles des Arts et Métiers besuchen. Ebenso wie die Écoles des Arts et Métiers ihre Eingangsvoraussetzungen verschärften, erhöhten sie die Anforderungen in Mathematik, Naturwissenschaften und in theoretischen technischen Fächern, wie der Thermodynamik, zu Lasten des Werkstattunterrichts, wiewohl dessen Umfang 1909 immer noch etwa 40% betrug.[69] Als Ergebnis dieser Unterrichtsreformen erhielten sie im Jahre 1907 das Recht, die besseren Absolventen – nach 1920 dann alle – zu Ingénieurs des Arts et Métiers zu graduieren. Damit besaßen die Écoles des Arts et Métiers Hochschulrang, und ihre Absolventen erlangten eine bessere Ausgangsposition, um auf dem Arbeitsmarkt mit den Absolventen der seit den neunziger Jahren des 19. Jahrhunderts gegründeten technischen Universitätsinstitute zu konkurrieren.

Um die Wende vom 19. zum 20. Jahrhundert war das technische Bildungssystem in Frankreich wesentlich differenzierter geworden. Eher in den Sekundarbereich des technischen Bildungssystems gehörte das bereits 1794, im gleichen Jahr wie die École Polytechnique, gegründete Conservatoire des Arts et Métiers.[70] Der im Conservatoire verwirklichte Gedanke, die Exponate eines technischen und naturwissenschaftlichen Museums für die technische Ausbildung zu nutzen, reichte bis ins 17. Jahrhundert zurück. Über Jahrzehnte experimentierte das Conservatoire mit verschiedenen Unterrichtskonzeptionen, die vor allem auf die technische und naturwissenschaftliche Fortbildung von Arbeitern zielten. Zu diesen Experimenten gehörten in den ersten Jahrzehnten des Jahrhunderts eine Weiterentwicklung der Technologie Beckmanns oder auch eine gut besuchte Zeichenschule, die

69 Kranakis, S. 12.

70 Zum Conservatoire s. vor allem Sebestik; Herlea; Payen.

1874 wieder schloß, als auch zahlreiche andere Schulen technisches Zeichnen anboten. Der Unterricht erfolgte in Kursen vor allem in den Abendstunden und zog insgesamt Hunderttausende von Hörern an, ohne daß wegen der Freizügigkeit des Besuchs exakte Aussagen über den Unterrichtserfolg möglich sind. Die meisten hauptberuflichen Lehrkräfte besaßen Industrieerfahrung, Industrielle und Industrieingenieure unterrichteten als Gastdozenten. Prüfungen nahm das Conservatoire seit 1902 ab, Ingenieurgrade verlieh es seit 1922. Doch blieb die Zahl der Ingenieurabsolventen außerordentlich gering; in den ersten vierzig Jahren graduierte das Conservatoire nur 1329 Ingenieure. Das Conservatoire war mehr als ein technisches Museum und mehr als eine technische Unterrichtsanstalt: In seinen gut ausgestatteten Laboratorien wurden auch technische Forschungen durchgeführt.

Da die französische Industrie, darin der englischen nicht unähnlich, wenig Wert auf formale technische Qualifikationen legte und in zahlreichen Festreden das Hohelied des technischen Selfmademan sang,[71] konnten auch Facharbeiter, die sich Zusatzqualifikationen zum Beispiel am Conservatoire erwarben, in der industriellen Praxis zu Ingenieuren aufsteigen. Wenn die Industrie vor dem Ersten Weltkrieg einen zusätzlichen Bedarf an technischen Qualifikationen anmeldete, dann bezog sich dieser eher auf die Facharbeiter- als auf die Ingenieurebene.[72] Doch begann sich unabhängig von dieser allgemeinen Tendenz in den letzten Jahrzehnten des 19. Jahrhunderts besonders in den neuen Industrien wie der Chemie und der Elektrotechnik[73] ein zusätzlicher Bedarf an höher qualifizierten Fachkräften abzuzeichnen. Innerhalb des französischen Bildungssystems entwickelte sich dadurch eine Eigendynamik, die zu einer Differenzierung des Angebots an technischer Bildung führte. An der Bildungsdiskussion teilnehmende Personen und Institutionen, wie die 1902 von Politikern und Industriellen gegründete »Association Française pour le Développement de l'Enseignement Technique«, beriefen sich bei ihren Vorschlägen häufig auf das Vorbild und gleichzeitig Schreckensbild Deutschland, dessen technisches Ausbildungssystem man für die französische Niederlage von 1870/71 und den

71 Edmondson, S. 391 ff.
72 Fox, Contingency.
73 Fox, France.

weltwirtschaftlichen Aufstieg Deutschlands mit verantwortlich machte.

Welchen Stellenwert auch immer man dieser nationalen Konkurrenzrhetorik beimessen mag – nach 1890 kam es jedenfalls zu einer zweiten Gründungswelle technischer Bildungseinrichtungen. Dazu gehörten von lokalen industriellen Vereinigungen gegründete Schulen. Andere, wie die 1894 gegründete private École Supérieure d'Électricité, erhielten Unterstützung von der interessierten Industrie, hier von den Elektrizitätsversorgungsunternehmen. Auf Drängen der Industrie rief die Stadt Paris 1882 die École Municipale de Physique et de Chimie Industrielles ins Leben. Schon die Partnerschaft mit der Industrie garantierte bei diesen Gründungen, daß die Ausbildung mittlerer und höherer technischer Fachkräfte auf diesen Schulen praxisnah blieb.

Eine größere Bedeutung als diese privaten Spezialschulen erlangten – zumindest quantitativ – technische Institute, die sich die naturwissenschaftlichen Fakultäten der Universitäten angliederten.[74] Wenn auch einzelne Fakultäten schon um die Jahrhundertmitte eine fruchtbare Kooperation mit der lokalen Industrie entfaltet hatten – man denke zum Beispiel an die Zusammenarbeit von Louis Pasteur mit der Lebensmittelindustrie in Lille –, so lag ihre Hauptaufgabe doch eher in der Abnahme der Baccalaureatsprüfungen in den naturwissenschaftlichen Fächern und in der Ausbildung von Lehrern für die Lyceen. Nach der Jahrhundertwende besaßen bereits 15 Universitätsfakultäten technische Institute – die bekanntesten in Grenoble, Nancy, Toulouse, Lille und Lyon. Der Staat unterstützte die Gründungen mit Zuschüssen, bot aber keine Dauerfinanzierung, so daß die Fakultäten und Institute darauf angewiesen waren, sich weitere regionale, städtische und industrielle Mittel zu erschließen. Die dadurch erzwungene Kooperation mit der lokalen und regionalen Industrie sorgte dafür, daß sich das Lehrangebot – auch mit einzelnen Industrieingenieuren als Dozenten – auf praktische Anwendungen und auf die besondere Industriestruktur des Einzugsbereichs hin orientierte. Die Ausstattung der einzelnen Institute mit Forschungs- und Unterrichtslaboratorien war zu unterschiedlich, als daß hier verallgemeinernde Aussagen gemacht werden könnten. Manche Institute knüpften an die experimen-

74 Paul.

telle Tradition der französischen Naturwissenschaften an. Mit der Zeit verschmolzen an einigen Universitäten die naturwissenschaftlichen Fakultäten und ihre technischen Institute zu Lehr- und Forschungseinheiten, die in manchem den deutschen Technischen Hochschulen ähnelten.

Die Hörer an den neuen technischen Universitätsinstituten kamen aus niedrigeren sozialen Schichten als die Besucher der technischen Grandes Écoles, der Écoles d'Application und der École Centrale; ihre soziale Herkunft kann durchaus mit jener der Gadzarts gleichgesetzt werden. Auch die Vorbildung der Hörer und die Dauer ihres Besuchs – bei Vollbesuch im Durchschnitt drei Jahre – war recht unterschiedlich. So gab es auch Absolventen der Écoles des Arts et Métiers, die – meist mit ausgezeichnetem Erfolg – an den Universitätsinstituten ihre theoretischen Kenntnisse vertieften. Die Domäne der Universitätsinstitute waren vor allem die auf die neuen Technologien spezialisierten Fächer wie Elektrotechnik und Chemie; für den Maschinenbau behaupteten sich die Écoles des Arts et Métiers als Zentren. Die Zahl der Absolventen, die ein volles Studium hinter sich brachten, war mit 248 im Jahre 1908 und 479 1928 eher gering, doch wurde sie von der Zahl der Hörer um etwa das Fünffache übertroffen – allein Grenoble besaß 1912 356 Ingenieurstudenten. Die Absolventen, aber auch die Hörer hatten keine Probleme, auf dem Arbeitsmarkt unterzukommen. Sie waren in allen betrieblichen Positionen mit einem Schwerpunkt im Bereich von Forschung und Entwicklung zu finden.

Die erhöhte Nachfrage nach Ingenieuren um die Jahrhundertwende führte zu Neugründungen von Écoles des Arts et Métiers: 1891/1901 in Cluny, 1900 in Lille und 1912 in Paris, also zu einer Verdoppelung ihrer Zahl und damit auch jener der Studenten. Die Gründungen entsprachen dem Drängen der lokalen und regionalen Industrien, die teilweise jahrelang um ihre technische Schule gekämpft hatten. Schätzungen für das Jahr 1913 besagen, daß etwa 50% der französischen Ingenieure von den Écoles des Arts et Métiers, 25 % von den Universitätsinstituten und Spezialschulen und 25% von den Grandes Écoles kamen. Frankreich besaß in dieser Zeit ein gut ausgebautes, vielgestaltiges technisches Ausbildungssystem, das von technischen Primar- und Sekundarschulen über die Écoles des Arts et Métiers – diese in etwa den höheren Maschinenbauschulen in Deutschland vergleichbar – bis zu den Universitätsinstituten und Grandes Écoles reichte, von denen die deutsche Technische Hochschule einzelne Elemente verkörperte. Im Gegensatz zum deutschen System war jedoch das französische konsekutiv gegliedert. Ein Absolvent der technischen Primar- und Sekundarschulen konnte eine École des Arts et Métiers besuchen und dann anschließend auf ein Universitätsinstitut überwechseln, wo kein Baccalaureat verlangt wurde. Eine soziale und ideologische Grenze verlief eher zwischen der École Polytechnique sowie den Écoles d'Application auf der einen Seite und den für Stellungen in der Privatwirtschaft ausbildenden Schulen auf der anderen – eine Grenze, die auch eine Kluft zwischen Staat und Wirtschaft markierte. Die Spannungen zwischen diesen beiden französischen Schultypen gingen so weit, daß man wechselseitig die Schließung von Institutionen des anderen Typs verlangte, weil jede von sich behauptete, die Aufgaben der anderen besser zu erfüllen.[75] Diese Spannungen zwischen Staat und (reiner) Naturwissenschaft einerseits und Industrie und (angewandter) Ingenieurwissenschaft andererseits zeigten sich auch in der Zwischenkriegszeit, als Bemühungen um einen institutionellen Ausbau der angewandten Forschung scheiterten und letzten Endes nur zur Erschließung weiterer Ressourcen für die Grundlagenforschung führten.

Die Bezeichnung Ingenieur erwarb man im Frankreich des 19. Jahrhunderts durch eine technische Karriere in der Industrie. Die Unternehmer maßen den Zeugnissen der technischen Schulen keine große Bedeutung bei, persönliche Referenzen des Berufsanfängers und dessen Bewährung nach der Einstellung entschieden über den Karriereverlauf. Das bedeutete, daß auch Absolventen der École Centrale an der Werkbank oder im Zeichenbüro anfangen mußten, wenn sie nicht, was bei ihrer sozialen Herkunft häufiger vorkam, über persönliche Beziehungen zu den leitenden Männern des Unternehmens verfügten. Diese Geringschätzung von formalen Bildungsnachweisen in der Industrie änderte sich allmählich nach der Jahrhundertwende. Ein erstes Anzeichen für den Veränderungsprozeß ist darin zu sehen, daß einzelne technische Schulen ihren Absolventen die Bezeichnung Ingenieur verliehen, die diese zusammen mit dem Namen der Schule führten. Einen gewissen Abschluß fand die Entwicklung

75 Shinn.

1934 mit einer gesetzlichen Regelung zur Führung des Titels eines Ingénieur diplômé, eines Diplom-Ingenieurs.[76]

Treibende Kräfte hinter dem Ingenieurgesetz von 1934 waren nach dem Ersten Weltkrieg entstandene Ingenieurvereine, die sozialpolitische Ziele verfolgten und im Gegensatz zu den Absolventenvereinigungen nicht an bestimmte Ingenieurschulen gebunden waren. Besonders tat sich dabei die 1919 gegründete »Union des Syndicats d'ingénieurs français« (USIF) hervor. Mit ihrer Forderung eines Titelschutzes reagierten die Ingenieurverbände auf zunehmende soziale Probleme ihrer Mitglieder. Die Ausweitung der Zahl der Absolventen der Ingenieurschulen nach dem Krieg reduzierte die Karrierechancen und ließ eine wachsende Arbeitslosigkeit entstehen, die sich um 1930 durch die Weltwirtschaftskrise stark ausweitete. Mit diesem Titelschutzgesetz hoffte man, die Zahl der Ingenieure zu beschränken und sich der Konkurrenz von Autodidakten und durch private Schulen in Schnell- oder Fernkursen ausgebildeten Ingenieuren zu erwehren. Unterstützung fanden die Initiativen durch die meisten Absolventenvereinigungen und Ingenieurschulen; geringer interessiert zeigten sich die Grandes Écoles, die auf einen prestigesteigernden Titelschutz weniger angewiesen waren. Das Gesetz von 1934, das bis zur Gegenwart Bestand hat, schützte letztendlich den Titel Diplom-Ingenieur und legte – einer Forderung der Eliteschulen nachkommend – fest, daß der Name der Schule dem Titel hinzugefügt werden müsse. Eine staatliche Kommission bestimmte, welche Schulen das Recht der Diplomierung erhielten; die erste Liste umfaßte 1934 88 Schulen, um 1980 waren es etwa 150. Mit diesem Gesetz hatte sich die französische Schulkultur endgültig im Ingenieurwesen durchgesetzt. Empiriker, die sich ihre technischen Kenntnisse in der industriellen Praxis erworben hatten, konnten sich weiterhin Ingenieur nennen, was aber innerhalb der Berufsgruppe einen niedrigeren Rang markierte. Für das Diplom mußten sie sich einer strengen Prüfung am Conservatoire unterziehen, eine Möglichkeit, von der nur wenige Ingenieure Gebrauch machten.

In der Zeit vor dem Ersten Weltkrieg bestand im großen und ganzen ein ausgeglichener Arbeitsmarkt für Ingenieure, wenn man von konjunkturellen Schwankungen absieht, auf die zum

76 Dies und das folgende nach Grelon, Ingénieurs.

Beispiel Informationen über eine geringe Arbeitslosigkeit von Gadzarts nach der Jahrhundertwende hinweisen. Stärker angespannt war der Arbeitsmarkt in der Zwischenkriegszeit mit einer ausgeprägten Ingenieurarbeitslosigkeit zwischen 1930 und 1936. Dagegen stellte man in den Jahren nach dem Zweiten Weltkrieg fest, daß Frankreich, bezogen auf seine Einwohnerzahl, weniger Ingenieure besaß als andere Industrieländer. Diese Lücke schloß man in den fünfziger Jahren durch den Ausbau bestehender und die Gründung neuer Hochschulen für die Ingenieurausbildung, so daß man in dieser Zeit von einer dritten Gründungswelle technischer Schulen sprechen kann.

Heute gibt es in Frankreich ein System der Ingenieurausbildung, bestehend aus zahlreichen Institutionen, die alle Universitätsrang haben, einige gelten als Grandes Écoles. Dem nach dem Krieg konstatierten Ingenieurmangel wurde vor allem durch die Gründung von mehr als 50 Écoles Nationales d'Ingénieurs und etwa 20 Instituts Nationaux des Sciences Appliquées begegnet. Dazu kommen die traditionellen Institutionen, die bereits erwähnt worden sind. Zu den Neugründungen gehört auch die siebente École des Arts et Métiers (1964) in Bordeaux. Durch die zahlreichen Neugründungen haben die Écoles des Arts et Métiers quantitativ an Bedeutung verloren. Während um 1960 noch etwa 25% der französischen Ingenieure Gadzarts waren, ging dieser Anteil bis 1982 auf 8% zurück. Die Pariser École des Arts et Métiers besaß eine hervorgehobene Bedeutung, indem die Studenten aller Écoles des Arts et Métiers das letzte Studienjahr in Paris ableisten mußten. 1974 wurde die Pariser Schule zu einer in ihrer Forschungsorientierung der deutschen Technischen Universität entsprechenden Grande École unter der Bezeichnung »École Nationale Supérieure d'Arts et Métiers« (ENSAM) umgewandelt. Anfang der achtziger Jahre gingen Schätzungen zur Gesamtzahl der französischen Diplom-Ingenieure von 250000 aus gegenüber 55000 um 1920. Daneben gab es 1975 etwa 760000 Ingenieure und Techniker, die zum Beispiel eine zweijährige Ausbildung an den Instituts Universitaires de Technologie (IUT) erfahren hatten. Eine kleine Zahl aus dieser Gruppe nutzt die Möglichkeit, durch Zusatzqualifikationen und Prüfungen zu Diplom-Ingenieuren aufzusteigen.

Zusammenfassend betrachtet, zeichneten sich Ingenieurausbildung und Ingenieurwesen in Frankreich durch eine hohe Theorieorientierung aus.[77] Das überragende Sozialprestige der Grandes Écoles ließ auch die mehr praxisorientierten Schulen dazu tendieren, theoretische Elemente im Unterricht nicht zu vernachlässigen. In Frankreich war die Auffassung weit verbreitet, daß Wissenstransfer überwiegend deduktiv, von der theoretischen Wissenschaft in die industrielle Praxis, verlaufe. Dies zeigt sich auch in ingenieurwissenschaftlichen Publikationen, in denen Formeln und mathematische Ableitungen einen hohen Stellenwert besitzen. Es bleibt jedoch fraglich, ob diese Theorieorientierung die Konstruktionspraxis im Maschinenbau in großem Umfang beeinflußte. Den französischen Maschinenbau zeichnete – wie den anderer Länder – ein eher pragmatisches Verhältnis zum theoretischen Wissen aus; brauchbare Elemente übernahm, weniger brauchbare ignorierte man. Noch am stärksten bemühte man sich um eine theoretische Fundierung und Ausdrucksweise, wenn es um öffentliche Aufträge ging, was als Anpassung an die im technischen Staatsdienst sitzenden Absolventen der Grandes Écoles interpretiert werden kann. Neben der Theorie besaß die technische Zeichnung einen hohen Stellenwert.[78] Dies läßt sich bis auf den Mathematiker Gaspard Monge zurückführen, der in den letzten Jahrzehnten des 18. Jahrhunderts die theoretischen Grundzüge der orthogonalen Projektion als Teil der deskriptiven Geometrie entwickelte.[79] In der französischen Konstruktionstheorie, der Ingenieurausbildung und der Entwurfspraxis spielte die technische Zeichnung eine größere Rolle als in anderen Industrieländern, und zwar nicht nur als Kommunikationsmedium, sondern auch als Hilfsmittel kreativer Arbeit. Diese Tradition dürfte mit ein Grund dafür sein, daß erfolgreiche moderne CAD-Systeme wie Euclid und Catia ihren Ausgang in Frankreich nahmen.

Wie in den USA herrschte auch im französischen Maschinenbau in der Zeit der Frühindustrialisierung das Kontraktsystem, in dem die Meister die strategisch wichtigste Funktion im Betrieb bekleideten. Die Meister erhielten Aufträge zum Bau bestimmter Produkte und führten diese selbständig aus, indem sie Material einkauften, Arbeiter anheuerten und – falls es notwendig war –

77 Kranakis, bes. S. 32 ff.
78 König/Gorges/Helfert /Niemitz/Oelsner.
79 Belofsky.

die bislang im Unternehmen gefertigten Produkte umkonstruierten oder sogar Neukonstruktionen vornahmen.[80] Bei diesen »Meisterkonstruktionen« wurden Modelle und Zeichnungen als Hilfsmittel verwandt, um Form und Funktion der neuen Produkte festzulegen.

In einer langsamen Entwicklung, die von der Mitte bis zum Ende des 19. Jahrhunderts dauerte, wurde die Gestaltung der Produkte von der Werkbank in neu eingerichtete Konstruktions- und Zeichenbüros verlagert und damit gleichzeitig den Meistern zahlreiche der Kompetenzen entzogen, die sie unter dem Kontraktsystem besessen hatten.[81] In den modernsten Maschinenbaufirmen wie Derosne et Cail oder auch Fives in Lille wurden die konstruktiven Einzelheiten der Produkte jetzt in Form von Zeichnungen oder auch Modellen festgelegt und den Werkstätten zur Ausführung übergeben. Zeichnungen und Modelle – um die Jahrhundertmitte besaß zum Beispiel die Maschinenfabrik Hallette in Arras 8500 Modelle – dienten jetzt nicht mehr wie unter dem alten Meistersystem als Hilfen für die Neugestaltung von Produkten, sondern als konkrete Fertigungsunterlagen. Die Zeichnungen konnten auch den Stücklohnberechnungen zugrunde gelegt werden. Innerhalb des Konstruktions- und Zeichenbüros fand eine Arbeitsteilung statt zwischen dem erfahrenen Konstrukteur, der die Maschine auf dem Papier entwarf, und dem Zeichner, der den Entwurf sauber ausarbeitete.

Die Strukturreformen, die von den Historiographen des französischen Maschinenbaus als »managerial revolution« bezeichnet wurden, sind am besten dokumentiert für die Firma Derosne et Cail, wo sie mit der Arbeit von Jules César Houel verbunden sind. Houel, ein Absolvent der École des Arts et Métiers in Châlons-sur-Marne, war einer der ersten von einer technischen Schule kommenden Arbeiter bei Derosne et Cail. In der Firma stieg er vom Arbeiter zum Meister, dann zum technischen Direktor auf und bekleidete schließlich auch die Funktion eines Konstruktionschefs. Das Konstruktions- und Zeichenbüro führte er um 1840 ein. Gefördert wurde der Ausbau dieses Systems dadurch, daß Derosne et Cail 1844 mit dem Bau von Lokomotiven

80 Vgl. die Beschreibung unseres Typs Meisterkonstruktion durch Edmondson, S. 289 ff.

81 Edmondson, S. 306-325; Day (1987), S. 215 f.

begann.[82] Die Eisenbahngesellschaften machten bei ihren Bestellungen präzise, detaillierte Anforderungen geltend und verlangten die Austauschbarkeit der Maschinenteile, wenn dieses Ziel auch nicht vollständig erreicht wurde. Den Anforderungen der neuen wichtigen Kundengruppe konnte mit dem alten Meistersystem, das den Meistern ein hohes Maß an gestalterischer Freiheit beließ, kaum entsprochen werden.

Mit der Schwerpunktverlagerung der Produktgestaltung von der Werkstatt in das Konstruktionsbüro drangen in verstärktem Maß die Absolventen der Écoles des Arts et Métiers, die Gadzarts, in die Industrie ein. Sie bildeten die idealen Mitarbeiter im Rahmen der neuen Betriebsorganisation. Sie brachten die Fähigkeit mit, technische Zeichnungen anzufertigen und zu lesen, und besaßen je nach der Dauer ihrer Lehrzeit mehr oder weniger Werkstattpraxis. Das einzige größere Defizit lag in ihrer zu geringen Erfahrung mit Werkzeugmaschinen. Diese waren im französischen Handwerk und in der Kleinindustrie kaum verbreitet, und die Écoles des Arts et Métiers konnten sich eine Ausstattung mit teuren Werkzeugmaschinen nicht leisten. Allein Derosne et Cail beschäftigten bald bis zu hundert Gadzarts. Sie konnten im Zeichenbüro oder in der Werkstatt anfangen und dann ihren Weg ins mittlere oder sogar ins höhere Management machen. Wenn sie im Zeichenbüro begannen, dann arbeiteten sie dort im Schnitt fünf bis sechs Jahre, davon ein bis zwei Jahre als Pauser, ehe sie zum Konstrukteur, Meister oder in eine andere Funktion aufstiegen. Da das Konstruktions- und Zeichenbüro nach Einführung der neuen Unternehmensstruktur eine strategische Schlüsselposition innerhalb des Betriebs innehatte, von wo man Einblicke sowohl in die Konstruktion wie in die Fertigung der Produkte gewinnen konnte, war dies für Anfänger keine schlechte Ausgangsbasis. Zahlreiche der bei Derosne et Cail beschäftigten Gadzarts machten sich später selbständig und gründeten Unternehmen, die in Einzelfällen Mitarbeiterzahlen von über tausend erreichten. Durch die Unternehmensgründungen transferierten sie das System, das sie bei Derosne et Cail kennengelernt hatten, in weitere Bereiche des französischen Maschinenbaus.

Wenn ein deutscher Maschinenbauingenieur um die Jahrhundertwende davon sprach, daß französische Lokomotiven im Ge-

82 Edmondson, S. 297 ff.

gensatz zu deutschen und englischen viel fertigungsunfreundlicher und damit teurer konstruiert seien,[83] dann mag dies zunächst verwundern – haben wir doch den Gadzarts, die einen Großteil der Zeichner und Konstrukteure im Lokomotivbau stellten, eine besonders glückliche Verbindung zwischen Werkstatt- und Konstruktionserfahrung bescheinigt. Die Auflösung dieses Widerspruchs könnte darin liegen, daß beim Lokomotivbau Ingenieure unterschiedlicher Ausbildung und Kompetenz aufeinandertrafen und zusammenwirkten. Die Eisenbahngesellschaften, wo die grundsätzlichen Konstruktionsmerkmale der Lokomotiven festgelegt wurden, bildeten nämlich die Domäne der Absolventen der École Centrale des Arts et Manufactures, der Centraliens, die ein sehr theoretisches technisches Studium durchlaufen hatten und kaum über Fertigungserfahrungen verfügten, während in den Maschinenbaubetrieben, die die Lokomotiven bauten, die Gadzarts die entscheidenden Positionen innehatten. Die Frage, die möglicherweise über die Fertigungsfreundlichkeit bzw. -unfreundlichkeit der Lokomotivkonstruktionen entschied, konnte dann sein, wer sich in dem notwendigen kommunikativen Prozeß zwischen den Ingenieuren der Eisenbahngesellschaften und denen der Maschinenfabriken durchsetzte, die Centraliens oder die Gadzarts. Mit diesem kleinen Beispiel ist gleichzeitig ein grundsätzliches Problem der französischen Technikkultur angesprochen: die häufig scharf ausgeprägten sozialen und kognitiven Grenzlinien, die zwischen den Ingenieuren im Staatsdienst und in vom Staat beeinflußten Firmen sowie den Ingenieuren in der Privatindustrie verliefen. Dazu kamen die in manchen Bereichen feststellbaren Grenzen zwischen dem höheren technischen Management und den Konstrukteuren und Betriebsingenieuren der unteren Ebenen – Grenzen, die Berlanstein sogar von einem Kastenwesen sprechen lassen.[84]

Die in den Anfangsjahrzehnten der Industrialisierung eher

83 Freytag, S. 158.

84 Berlanstein, vor allem S. 215 f.; vgl. hierzu Pringle/Spigelman, S. 277, welche die Differenzen zwischen dem Commissariat à l'Energie Atomique (CEA) und der Electricité de France (EDF) in den sechziger Jahren über die einzuschlagende Reaktorstrategie u. a. darauf zurückführen, daß bei der CEA die Absolventen der École des Mines dominierten, bei der EDF dagegen Absolventen der École des Ponts et Chaussées, beides übrigens Polytechniciens.

kleinen Konstruktions- und Zeichenbüros gingen in der Zeit der Rationalisierungsbewegung nach der Jahrhundertwende – in erheblich erweiterter Form – in die Bureaux d'Études ein,[85] in denen Produkte entwickelt, berechnet und konstruiert, aber auch die Vorbereitungen für die Fertigung getroffen und die Kosten erfaßt wurden. Die Bureaux d'Études vereinigten also Forschung, Entwicklung, Zeichen- und Konstruktionsbüro, Arbeitsvorbereitung und wirtschaftliche Abteilungen. Innerhalb dieses Komplexes scheint das Konstruktionsbüro und scheinen die Konstrukteure ein geringeres Maß an Selbständigkeit besessen zu haben als in deutschen Maschinenfabriken.

85 Vgl. Day (1987), S. 215 ff.; Poitou; Moutet; Cohen.

4. Zusammenfassung: Technik- und Konstruktionskulturen in Großbritannien, den USA, Frankreich und Deutschland

Bis zur Gegenwart wird in der Wissenschaftsgeschichte das Internalismus-Externalismus-Problem kontrovers diskutiert, das heißt die Frage, inwieweit die Wissenschaftsentwicklung einer in den Theorien selbst enthaltenen inneren Logik folgt bzw. inwieweit nicht-kognitive Einflüsse die Wissenschaftsentwicklung determinieren, sei es, daß man diese in der Wissenschaftlergemeinschaft lokalisiert oder in sonstigen gesellschaftlichen Kräften und Prozessen. Demgegenüber stand es in der Technikgeschichte nie in Frage, daß die Entwicklung und Ausformung technischer Objekte und Systeme von ökonomischen Strukturen, politischen Entscheidungen und sonstigen kulturellen Rahmenbedingungen wesentlich beeinflußt wird. Schon ein flüchtiger Blick auf französische, deutsche und sowjetische Kernkraftwerke oder auf italienische und amerikanische Automobile erweist die Evidenz dieser Aussage.

Zur Kennzeichnung dieses schon lange bekannten und beschriebenen Phänomens einer unterschiedlichen Ausformung der Technik bei annähernd gleichem Stand des technischen und naturwissenschaftlichen Wissens ist eine Reihe von Begriffen vorgeschlagen worden. Am meisten verbreitet hat sich dabei aufgrund der Arbeiten von Thomas P. Hughes der Begriff des »technological style«.[86] Hughes gibt folgende Definition seines Begriffs: »Technological style can be defined as the technical characteristics that give a machine, process, device, or system

86 Vgl. vor allem Hughes, Networks (eine Definition auf S. 405), sowie als systematische Zusammenfassung unter dem Aspekt des »technological style« Hughes, Regional Technological Style. Vgl. die intelligente Auseinandersetzung mit Hughes' Stilbegriff bei Dienel, Ingenieure, S. 30-32. Im übrigen wurde der Begriff des Stils zur Kennzeichnung einer historischen Zeit in Anlehnung an die Kunst bereits in der Aufklärungshistoriographie verwendet (Meinecke, S. 354 ff., 591 ff. u. passim). Werner Sombart spricht sogar schon von einem epochenabhängigen »Stil der Technik« (Sombart, S. 466).

a distinctive quality.« Diese technischen Eigenheiten werden erzeugt durch »cultural factors«, welche damit die Technik zu einem »cultural artifact« machen. »Among the cultural factors are geographical, economic, organizational, legislative, contingent historical, and entrepreneurial conditions.« Theoretisch faßt Hughes die Technik determinierenden Faktoren also ausgesprochen weit, während er sich in seinem paradigmatischen Werk zur Geschichte der Elektrifizierung »Networks of Power« weitgehend auf das Zusammenwirken von Politik und Technik konzentriert und damit eine explanative Beschränkung praktiziert. Dies zeigen schon die Kapitelüberschriften: »Berlin: The Coordination of Technology and Politics«, »Chicago: The Dominance of Technology« und »London: The Primacy of Politics«, mit denen er die unterschiedliche Ausformung von Systemen der Elektrizitätsversorgung in Deutschland, den USA und Großbritannien im späten 19. und in den ersten Jahrzehnten des 20. Jahrhunderts zu fassen sucht.

Zweifellos besitzt der Begriff des »technological style« in der Verwendung von Hughes eine Reihe von Vorteilen: Er lenkt den Blick auf die Struktur und Funktion der technischen Artefakte und damit auf das, was in der Technikgeschichte in erster Linie einer Erklärung bedarf. Zweitens bezeichnet er Technik unzweideutig als soziokulturelles Phänomen. Und drittens verweist er auf Eigenarten und Differenzen innerhalb der Technik und fordert damit zu erklärenden Vergleichen auf. Doch birgt der Stilbegriff auch eine Reihe von Nachteilen, die es unseres Erachtens ratsam erscheinen lassen, ihn zurückhaltender als bislang in der Geschichtsschreibung der Technik üblich zu verwenden. Bei Hughes bezeichnet »technological style« Variationen von technisch Gleichartigem. Das global verfügbare technische Wissen und Können führt zu im Prinzip gleichen Lösungen, welche nur, entsprechend den unterschiedlichen soziokulturellen Bedingungen, eine variante regionale und nationale Ausformung erfahren. Damit enthält der Begriff »technological style« Reste eines Technikdeterminismus. Er klammert das Phänomen aus, daß unterschiedliche soziokulturelle Bedingungen auch zu ganz verschiedenen technischen Lösungen führen können, welche wenig miteinander gemein haben.

Ließe sich dieser Einwand noch durch eine Umdefinition und eine modifizierte Verwendung des Konzepts des »technological style« entkräften, so liegen weitere Probleme in der Konnotation und Semantik des Stilbegriffs selbst. Wiewohl er mittlerweile auch in anderen Kultur- und Sozialwissenschaften sehr heterogene Verwendungen findet,[87] besitzt der Stilbegriff seinen klassischen Ort in der Kunst- und Literaturwissenschaft und ist durch diese geprägt. Einerseits bezieht er sich in diesen Wissenschaften auf das Formale und Expressive in Kunst und Literatur, wogegen das Instrumentelle eher in den Hintergrund tritt. In der Technik wären die Prioritäten anders zu setzen, ist doch der Begriff des instrumentellen Handelns – wenn vielleicht auch nicht ganz zu Recht – mit technischem Handeln gleichgesetzt worden. Andererseits wird der Stilbegriff in Kunst- und Literaturwissenschaft häufig vom Individuum oder von Gruppen von Individuen und ihrer künstlerischen Freiheit her entwickelt. Dies läßt sich auch auf Erfinder und Entwicklungsgruppen übertragen.[88] Geht es aber um die Entstehung von Technik in regionalen oder nationalen Größenordnungen, dann erweisen sich solche individualistischen Konzepte als wenig brauchbar. Die Differenz zwischen den kunstwissenschaftlichen Implikationen des Stilbegriffs und seiner technikgeschichtlichen Brauchbarkeit tritt in den Fällen besonders deutlich hervor, in denen er als Kennzeichnung individueller, handwerklicher Gestaltung polemisch gegen Industrialismus und Massenproduktion ins Feld geführt wurde und wird – ein im 19. Jahrhundert und bis zur Gegenwart weit verbreiteter Topos antitechnischer Kulturkritik. Der Verdacht liegt nahe, daß der Stilbegriff in der Technikgeschichtsschreibung auch deshalb so positiv aufgenommen wurde, weil man hofft, mit seiner Hilfe die antitechnische Kulturkritik unterlaufen zu können. In dieser Perspektive wäre die technikgeschichtliche Rezeption des Stilbegriffs eine weitere Facette der Bestrebungen der »technischen Welt«, ihre Anerkennung von seiten der etablierten Kulturen von Kunst und Literatur durch Anpassung voranzutreiben. Ausdrücklich hervorgehoben sei, daß der Begriff der »Technik- und Konstruktionskulturen«, welchen wir im folgenden zur teilweisen Ersetzung des Begriffs des »Technikstils« in Vorschlag bringen, einem ähnlichen Verdacht ausgesetzt werden könnte.

In unserer Arbeit benutzen wir den Begriff des »Technikstils«,

87 Vgl. zum Beispiel Gumbrecht/Pfeiffer.

88 So benutzt zum Beispiel Ferguson, S. 26-29, den Stilbegriff zur Kennzeichnung der Konstruktionen Edisons.

um das Ergebnis des Technikentstehungsprozesses, das heißt Struktur und Funktion technischer Objekte, zu kennzeichnen. Der Begriff besitzt bei uns mehr beschreibenden als erklärenden Charakter. So sprechen wir vom Maschinenbau- oder Konstruktionsstil einer Firma oder einer nationalen Industrie und beschreiben damit die Ergebnisse von Entwicklungs-, Konstruktions- und Fertigungsprozessen. Darüber hinaus verwenden wir im Zusammenhang mit Technik auch den Begriff der Kultur;[89] so sprechen wir von Technikkultur, Schulkultur und Praxiskultur, Konstruktions- und Produktionskultur. Unsere Verwendung lehnt sich dabei an den Kulturbegriff einer modernen Anthropologie an, die unter Kultur die Gesamtheit der menschlichen Hervorbringungen innerhalb einer Region versteht.[90] In diesem Sinne zielt bei uns der Kulturbegriff in technischen Kontexten nicht auf das Besondere, sondern auf das Allgemeine, nicht auf einzelne Techniken, sondern auf die Gesamtheit der Technik, nicht auf lokale oder firmenspezifische Ausprägungen der Technik, sondern auf regionale und – in hochindustrialisierten Ländern mit ihrem nivellierten technischen Niveau – auf nationale oder sogar übernationale Charakteristika der Technik. So sprechen wir von deutscher, amerikanischer, britischer und französischer Technik- und Konstruktionskultur und auf höherer Aggregationsebene von europäischer und amerikanischer Konstruktions- bzw. Produktionskultur.

Schließlich läßt unsere Verwendung des Begriffs der Technik- und Konstruktionskultur die Dominanz der Beschreibung im Begriff des Technikstils hinter sich und betont statt dessen die funktionalen Zusammenhänge zwischen Technik und anderen gesellschaftlichen Bereichen, die die Technikentwicklung wesentlich bestimmen. So verweisen die von uns benutzten Begriffe der Schulkultur und Praxiskultur, die das französische und deutsche Ingenieurwesen auf der einen Seite (Schulkultur) und das britische und amerikanische auf der anderen (Praxiskultur) kennzeichnen, auf den Einfluß zweier Typen der Ingenieurausbildung und Ingenieurkarriere auf den Konstruktionsprozeß und die Technikentwicklung.

89 Vgl. hierzu Hellige.

90 Vgl. hierzu zum Beispiel Meyers Enzyklopädisches Lexikon. Mannheim, Wien, Zürich ⁹1975, Stichwort »Kultur« und die dort angegebene Literatur.

Technikkultur und Konstruktionskultur stehen in einem engen wechselseitigen Zusammenhang. Die Konstruktionskultur erwächst aus dem Wissen und Können der Konstrukteure, aus den Organisationsformen im Konstruktionsbüro und den die Konstruktionsarbeit anleitenden soziotechnischen Zielvorstellungen. Sie stellt ein bedingendes Element einer Technikkultur dar. Und die Technikkultur, verstanden als die charakteristischen Merkmale der Gesamtheit der existierenden Technik in ihren funktionalen gesellschaftlichen Zusammenhängen, bildet eine zentrale Rahmenbedingung für das Konstruieren. Die folgende vergleichende Zusammenfassung der detaillierten Betrachtungen Deutschlands, Großbritanniens, der USA und Frankreichs nimmt ihren Ausgang von der Ingenieurausbildung und dem Ingenieurberuf, welche sowohl die nationalen Technikkulturen wie die Konstruktionskulturen wesentlich beeinflußten. Darauf aufbauend werden weitere Spezifika der nationalen Technikkulturen erwähnt, wie der unterschiedliche Technisierungs- und Mechanisierungsgrad, die Struktur der Märkte und die dominierenden Formen der Produktionstechnik. Den Abschluß bildet die vorläufige Charakterisierung nationaler Konstruktionskulturen, mit einem Schwerpunkt auf einem Vergleich zwischen den USA und Europa.

Während in Frankreich und Deutschland seit Beginn der Industrialisierung technische Ausbildungsstätten zur Verfügung standen bzw. gegründet wurden, rief man diese in Großbritannien und in den USA erst später, im Laufe der zweiten Hälfte des 19. Jahrhunderts, ins Leben.[91] Die frühen technischen Ausbildungsstätten in Frankreich und Deutschland bildeten zunächst vorwiegend für den technischen Staatsdienst aus, während – ganz wie in Großbritannien und in den USA – die wichtigsten Beiträge zur Entwicklung von Technik und Industrie vor allem von technischen Empirikern geleistet wurden. Dennoch prägten die unterschiedlichen Ausgangspositionen des technischen Bildungssystems in beiden Ländergruppen die weitere Entwicklung der Ingenieurberufsgruppe und der Technik in einem solchen Umfang, daß wir vorschlagen, hinsichtlich der Ingenieurausbildung in Frankreich und Deutschland im 19. und bis ins 20. Jahrhun-

91 Vergleichende Untersuchungen nationaler Systeme technischer Bildung nehmen vor: Wickenden; Locke; Lundgreen, Engineering Education.

	Großbritannien	USA	Frankreich	Deutschland
Zugang zum Ingenieurberuf über	berufliche Praxis und ergänzende Erwerbung theoretischen Wissens	berufliche Praxis und/oder schulische Ausbildung	schulische Ausbildung	schulische Ausbildung
soziale Anerkennung in der Berufsgruppe hauptsächlich abhängig von	beruflichem Erfolg	beruflichem Erfolg	der Art der absolvierten Ausbildungsstätte	der Art des Ausbildungsabschlusses
durchschnittliche theoretische Vorbildung eines Jungingenieurs	gering	mittel	hoch	hoch
durchnittliche berufliche Erfahrung eines Jungingenieurs	hoch	mittel	mittel	mittel
Ingenieurarbeitsmarkt bestimmt durch	Nachfrage	Nachfrage	Nachfrage	Angebot
kognitive Differenzierung innerhalb der Ingenieurberufsgruppe	mittel	hoch	hoch	mittel
soziale Segregation zwischen Ingenieuren im Staatsdienst und Ingenieuren in der Privatindustrie	gering	gering	hoch	gering

Abb. 2: Ingenieurausbildung und Ingenieurberuf in Großbritannien, den USA, Frankreich und Deutschland

dert hinein von einer *Schulkultur* und hinsichtlich der in Großbritannien und den USA von einer *Praxiskultur* zu sprechen (vgl. Abb. 2). Als in der zweiten Hälfte des 19. Jahrhunderts die Industrie und nicht mehr der Staat die meisten Techniker und Ingenieure einstellte, kamen diese in Frankreich und Deutschland vor allem aus den alten und neuen technischen Schulen. In Großbritannien und den USA dagegen, trotz der bald erfolgten Gründung technischer Ausbildungsstätten, diente sich die überwiegende Mehrzahl der Industrieingenieure von der Pike auf hoch, in den USA bis in die Zeit um den Ersten Weltkrieg und in Großbritannien mindestens bis in die Zwischenkriegszeit hinein.

In Frankreich und in Deutschland stellte sich also das Problem, das bestehende technische Bildungssystem, das in erster Linie für Bedürfnisse des Staates konzipiert worden war, auf die größere Bedeutung gewinnenden Bedürfnisse der Industrie hin umzustrukturieren. Die für den Staatsdienst konzipierten technischen Schulen vermittelten nicht von vornherein Qualifikationen, wie sie die Industrie benötigte und wünschte. In Deutschland kam als weitere Schwierigkeit dazu, daß die Polytechnischen Schulen bzw. Technischen Hochschulen in der zweiten Hälfte des 19. Jahrhunderts vorwiegend aus Gründen des sozialen Ansehens ihr wissenschaftliches Niveau erhöhten und steigende Vorbildungsanforderungen an die Studienanfänger richteten. Damit entsprachen sie zwar den Anforderungen von Teilarbeitsmärkten, insbesondere denen neuer Industrien wie der Chemie, nach wissenschaftlich hochqualifizierten Ingenieuren, schossen aber für andere und wohl die größten Bereiche des Arbeitsmarktes über das Ziel hinaus. Diese extreme Entwicklung der Schulkultur wurde durch die Gründung mittlerer technischer Lehranstalten seit den siebziger Jahren des 19. Jahrhunderts abgefedert. Der Industrie bot sich dadurch ein weites Spektrum an unterschiedlich qualifizierten Ingenieuren. Eine Besonderheit des technischen Ausbildungssystems in Deutschland bestand noch darin, daß es sich unabhängig, ja geradezu in Auseinandersetzung mit dem Universitätssystem entwickelte.

In Frankreich gab es dagegen mit den Écoles des Arts et Métiers und teilweise mit der École Centrale des Arts et Manufactures seit den Anfängen der Industrialisierung Schulen, die sich ergänzten und deren Absolventen in hohem Maß den Anforderungen der Industrie entsprachen – die Centraliens für das technische Management und die Gadzarts für die unmittelbaren höheren konstruktiven und produktiven Aufgaben. Ein Defizit, das auch durch die Absolventen der staatlichen technischen Eliteschulen nicht behoben wurde, zeigte sich gegen Ende des Jahrhunderts im Bereich der wissenschaftlich-technischen Spezialbildung. In diese Lücke stießen die Gründungen technischer Institute an den naturwissenschaftlichen Universitätsfakultäten nach 1890.

In den Ländern der Praxiskultur mußten technische Ausbildungsstätten in der zweiten Hälfte des 19. Jahrhunderts erst gegründet werden, ein Prozeß, der in den USA mit großer Dynamik, in Großbritannien zögerlicher verlief. Die Tradition der Praxiskultur schlug aber auch in den entstehenden Systemen der technischen Ausbildung in mancherlei Hinsicht durch: mit der stärkeren Ausprägung des Laboratoriums- und Werkstattunterrichts an den amerikanischen Universitäten und Colleges, mit den Abend- und Sandwichkursen an den britischen technischen Schulen und Universitäten und mit dem niedrigeren Alter der Absolventen in beiden Ländern – immer verglichen mit gleichwertigen Studiengängen und Abschlüssen in Deutschland und Frankreich.[92]

Als Ergebnis dieser hier nur knapp zusammengefaßten Entwicklungen in der Ingenieurausbildung entstand in jedem der untersuchten Länder eine außerordentlich heterogene Berufsgruppe der Ingenieure, die Empiriker und Absolventen zahlreicher technischer Bildungsstätten unterschiedlichen theoretischen und praktischen Niveaus umfaßte. Diese Heterogenität entsprach den vielfältigen Ansprüchen der Industrie und des technischen Staatsdienstes. Vor allem die daraus resultierenden unterschiedlichen Interessen verhinderten, daß die Ingenieure zu einer Profession im angelsächsischen Sinne, zu einer relativ einheitlichen, durch Ausbildung, hohes gesellschaftliches Ansehen und verantwortliche Tätigkeit charakterisierten Gruppe wurden. Eine deutlichere Abgrenzung der Ingenieurberufsgruppe ergab sich noch am ehesten in Deutschland – dies aber erst im Laufe des 20. Jahrhunderts –, wobei – dies ein deutsches Spezifikum – eine zweigliedrige Berufsgruppe entstand, bestehend aus den Absolventen der technischen Mittelschulen und denen der Technischen

92 Vgl. Freytag, S. 33.

Hochschulen. Damit deutet sich schon ein grundsätzlicher Unterschied zwischen den Ländern mit Schulkultur und denen mit Praxiskultur an: In den ersteren bestimmte vor allem die technische Schulbildung die Zugehörigkeit zur Ingenieurberufsgruppe, in den letzteren der berufliche Erfolg. Wurde in der Bundesrepublik Deutschland endgültig mit den Ingenieurgesetzen Anfang der siebziger Jahre die Zugehörigkeit zur Berufsgruppe an den erfolgreichen Besuch bestimmter technischer Ausbildungsstätten gebunden, so wird in Frankreich der Bezeichnung Diplom-Ingenieur immer der Name der Ausbildungsstätte hinzugefügt. In Großbritannien bestätigt bis zur Gegenwart die Mitgliedschaft in einer der Institutions die Zugehörigkeit zu einer Elite unter den Ingenieuren, im amerikanischen Maschinenbau traf dies bis ins 20. Jahrhundert hinein für die Mitgliedschaft in der »American Society of Mechanical Engineers« zu. So verliefen und verlaufen die sozialen Schranken und Differenzierungen innerhalb der Ingenieurberufsgruppe der einzelnen Länder ganz unterschiedlich und konterkarieren gängige Vorurteile über den Grad an Hierarchisierung in den einzelnen Industrienationen. Blieben die amerikanischen und die britischen Ingenieurvereinigungen elitäre Organisationen, so entwickelten sich die Ingenieurvereine in Deutschland zu Massen- und Mitgliedervereinen. Die markante, nach den Ausbildungsstätten bestimmte Zweigliedrigkeit des deutschen Ingenieurwesens strukturiert zwar den öffentlichen Dienst, spielt aber für die Mitgliedschaft in den großen Ingenieurvereinen keine und für die Karrieremöglichkeiten in der Industrie nur eine geringe Rolle. Während in Deutschland kaum Unterschiede hinsichtlich des sozialen Ansehens und der Ausbildung von Ingenieuren im Staatsdienst und in der Privatwirtschaft bestehen, existieren in Frankreich deutliche soziale Schranken zwischen Ingenieuren in privaten Unternehmen, in staatsnahen Unternehmen, zum Beispiel im Rüstungsbereich, sowie der technisch ausgebildeten staatlichen Verwaltungselite, wobei die wichtigste Vorentscheidung für die Zugehörigkeit zu einer dieser technischen Kasten schon durch die Wahl der Ausbildungsstätte getroffen wird. Der hohe Differenzierungs- und Hierarchisierungsgrad wird kaum dadurch gemildert, daß das technische Ausbildungssystem konsekutiv gegliedert ist, also Übergangsmöglichkeiten zwischen technischen Schulen unterschiedlichen Niveaus bestehen, während in Deutschland die beiden Zweige der Ingenieurausbildung stärker voneinander abgeschottet waren und sind. In Frankreich findet ein Austausch zwischen Staatsverwaltung und Industrie vor allem dadurch statt, daß die staatliche technische Verwaltungselite auch einen Zugang in Führungspositionen der Industrie besitzt. Dies beschränkt sich jedoch auf hohe Positionen, von denen – jedenfalls im Staatsdienst – die nicht von den Grandes Écoles kommenden Ingenieure ausgeschlossen sind.

Ein grundsätzlicher Unterschied zwischen dem deutschen *technischen Ausbildungssystem* im 19. und 20. Jahrhundert und dem aller anderen hier behandelten Industrieländer besteht darin, daß das deutsche mehr *angebotsorientiert*, das der anderen mehr *nachfrageorientiert* war. Zwar verfügen wir über keine exakten und vor allem vergleichbaren Angaben über die Zahl der Ingenieure in den verschiedenen Ländern, aber alle zeitgenössischen Schätzungen weisen darauf hin, daß – auf die Gesamtzahl der Bevölkerung bezogen – die Zahl der Ingenieure in Deutschland wesentlich größer war als die in den anderen Industrieländern.[93] Bislang von Bildungshistorikern durchgeführte quantitative Vergleiche sind dagegen viel weniger vertrauenerweckend,[94] weil sie für Deutschland die Absolventen der technischen Mittelschulen ausklammern, deren Zahl die der Technischen Hochschüler um ein Mehrfaches übertraf.[95] Angebotsorientierung im technischen Ausbildungs- und Beschäftigungssystem heißt, daß in Deutschland wegen der allgemeinen Hochschätzung von Bildung, die auch soziale Aufstiegsmöglichkeiten bot, relativ unabhängig von der Nachfrage Ingenieure in außerordentlich großer Zahl ausgebildet wurden. Eine weitere Erklärung für die Angebotsorientierung ergibt sich daraus, daß die politische Zersplitterung Deutschlands im Vormärz zur Gründung einer großen Zahl technischer Ausbildungsstätten geführt hatte, die als Landeshochschulen unabhängig vom Bedarf weitergeführt wurden. Die politische Zersplitterung und Schwäche Deutschlands ergab also zumindest quantitativ eine starke Position im Bereich der Bildung, hier der technischen Bildung. Bevor die Hochindustriali-

93 Vgl. hierzu die von Mock, S. 40, wiedergegebenen Schätzungen; außerdem, Deutschland und die USA vergleichend, Magee, S. 642 ff., und Deutschland und Frankreich Broder, S. 92 f.

94 Ahlström; Lundgreen, Organization.

95 König, Technical Education.

USA	Europa
Technisierung und Mechanisierung	(weniger ausgeprägt)
Substitution von Arbeit durch Kapital	(weniger ausgeprägt)
Polarisierung von Qualifikationen	Differenzierung von Qualifikationen
Binnenmarktorientierung	Exportorientierung
Verkäufermarkt	Käufermarkt
Integration von Massenproduktion und Massendistribution	(weniger ausgeprägt)
Massenproduktion	Kleinserien- und Einzelfertigung
Produktionsorientierung	Konstruktionsorientierung

Abb. 3: Technikkulturen in den USA und in europäischen Industriestaaten (Großbritannien, Frankreich, Deutschland)

sierung die Nachfrage nach Ingenieuren in die Höhe schnellen ließ, standen zahlreiche Polytechnische Schulen wegen ihrer geringen Studentenzahlen mehrfach vor der Schließung.

Die Angebotsorientierung technischer Ausbildung führte dazu, daß die Industrie immer auf eine ausreichende Zahl von Ingenieuren unterschiedlicher technischer Qualifikation zurückgreifen konnte. In Zeiten konjunktureller Schwäche oder eines anderweitig verursachten Ungleichgewichts zwischen Angebot und Nachfrage konnte aber auch Ingenieurarbeitslosigkeit von beträchtlichem Umfang entstehen, wie nach der Jahrhundertwende oder Ende der zwanziger Jahre. Die Ingenieurarbeitslosigkeit wurde nur teilweise gemildert, indem Ingenieure Stellen unterhalb ihres Qualifikationsniveaus annahmen. Auf jeden Fall ließ eine solche Anpassung an die Möglichkeiten des Arbeitsmarktes die Differenz zwischen den beruflichen Erwartungen

USA	Europa
Produktionskultur	Konstruktionskultur
Entwicklungsarbeiten am Produkt	Konstruktionsarbeiten auf Papier
Typisierung und Normierung	(weniger ausgeprägt)
Wichtige Konstruktionsziele: – Fertigungsfreundlichkeit – Arbeitsersparnis – Bedienungsfreundlichkeit	Wichtige Konstruktionsziele: – Materialersparnis – Energiesparen – Haltbarkeit
vertikale und horizontale Arbeitsteilung in der Konstruktion	(weniger ausgeprägt)
Ausstattung der Konstruktion mit Hilfsmitteln	(weniger gut)

Abb. 4: Produktionskultur in den USA und Konstruktionskultur in europäischen Industrieländern (Großbritannien, Frankreich, Deutschland)

und der beruflichen Wirklichkeit der Ingenieure zunehmen und damit das Potential an sozialer Spannung.

Da in den anderen behandelten Industrieländern die teilstaatlichen und die sozialen Motive für die Gründung technischer Ausbildungsstätten geringer waren, verhielt sich das technische Bildungs- und Beschäftigungssystem mehr nachfrageorientiert. Neue technische Ausbildungsstätten wurden erst gegründet, wenn in den Augen der Zeitgenossen eine erhöhte Nachfrage zweifelsfrei feststand. Daß es in Zeiten weltwirtschaftlicher oder nationalwirtschaftlicher konjunktureller Einbrüche auch hier zu Ingenieurarbeitslosigkeit kommen konnte, liegt auf der Hand. In diesen Ländern neigte die Industrie dazu, einem Mangel an höher qualifizierten technischen Fachkräften aus den Reihen der eigenen Mitarbeiter abzuhelfen, unter anderem durch gezielte Maßnahmen der innerbetrieblichen Weiterbildung.

In allen untersuchten Ländern lassen sich die am Beispiel

Deutschland herausgearbeiteten vier Typen des Konstruierens in der Industrie, Meisterkonstruktion, Erfinderkonstruktion, Konstrukteurskonstruktion und Firmenkonstruktion, auffinden, wenn auch die durch diese Typen bestimmten Zeiträume in den einzelnen Ländern unterschiedlich sind und die Abhängigkeit von den in der Sekundärliteratur enthaltenen Informationen kein sehr dichtes Bild entstehen läßt. Der markanteste Unterschied innerhalb unserer Ländergruppe ergibt sich zwischen dem amerikanischen Maschinenbau auf der einen Seite, wir sprechen hier von *Produktionskultur*, und dem europäischen auf der anderen, wofür wir die Bezeichnung *Konstruktionskultur* verwenden (vgl. Abb. 3 u. 4).[96] In amerikanischen Maschinenbaufirmen wurden im Schnitt viel größere Stückzahlen gebaut als in europäischen. Es dominierten Großserien- und Massenproduktion im Unterschied zur Kleinserien- und Einzelfertigung in Europa. Diese durch die unterschiedlichen Anforderungen der jeweiligen Märkte und Wirtschaftssysteme bedingten Unterschiede führten zu der Konsequenz, daß in den USA Entwickeln, Konstruieren und Fertigen viel mehr als eine Einheit gesehen wurde und der Konstruktionsabteilung nicht dieses Maß an Selbständigkeit und Bedeutung eingeräumt wurde wie in den europäischen Firmen. Repetitive Zeichenarbeiten besaßen im amerikanischen Maschinenbau einen höheren Anteil als im europäischen, was technische und organisatorische Rationalisierungsbemühungen herausforderte. Die amerikanischen Universitäten und Colleges vermittelten denn auch eher Zeichenfähigkeiten als Konstrukteursqualifikationen. Der Unterschied zwischen beiden Kulturen wird dadurch illustriert, daß die wichtigste amerikanische Maschinenbauzeitschrift des späten 19. Jahrhunderts, der American Machinist, vorwiegend Fragen der Produktionstechnik, die Zeitschrift des Vereines Deutscher Ingenieure in erster Linie Konstruktionsfragen behandelte.

Produktionskultur in den USA und Konstruktionskultur in Europa erwuchsen aus den jeweiligen unterschiedlichen Rah-

96 Vgl. zum folgenden als markante zeitgenössische Stellungnahme Hugo Fuchs, S. 94 f., sowie einen amerikanischen Ingenieur, der diesen Unterschied 1899 auf die Formel brachte: »In America (we find) the highest skill and talent devoted to the production of machinery on which the article is made, and in Europe the highest skill devoted to the production of the article itself.« Zitiert in Ratner u. a., S. 282.

menbedingungen für die Technikentwicklung (Abb. 3). Höhere Arbeitskosten in den USA förderten Bestrebungen, durch Technisierung und Mechanisierung Arbeit durch Kapital zu substituieren. Führt des schon zu einer stärkeren Polarisierung der Qualifikationen im amerikanischen Maschinenbau, so stand ein derart differenziertes Qualifikationsspektrum wie in europäischen Industrieländern ohnehin nicht zur Verfügung. Unter anderem hing dies mit der Verschiebung der Einwandererströme zusammen, die gegen Ende des 19. Jahrhunderts immer mehr Einwanderer aus agrarischen Ländern in die USA brachten. Die amerikanische Maschinenbauindustrie produzierte in erster Linie für den riesigen, rapide wachsenden und relativ einheitlichen Binnenmarkt. Die europäischen Maschinenbauer besaßen nicht nur höhere Exportanteile, sondern hatten ihr Angebot auch auf einen differenzierten und wählerischen Binnenmarkt auszurichten. Für Typisierung, Normierung und Massenproduktion bestanden also in den USA viel bessere Voraussetzungen. Einzelne Großunternehmen integrierten darüber hinaus Massenproduktion und Massendistribution. Dagegen dominierte im europäischen Maschinenbau Kleinserien- und Einzelfertigung.

In der amerikanischen Produktionskultur (Abb. 4) bestand die Aufgabe darin, zu einem bedienungsfreundlichen Produkt zu gelangen, das sich preiswert, in großen Stückzahlen, mit hohem Maschinen- und geringem Arbeitseinsatz fertigen ließ. Dies erreichte man am besten durch umfangreiche Entwicklungsarbeiten am Produkt selbst. Je mehr man produzierte, und je weniger man die gefundene Lösung variierte – desto höher war der Gewinn. Diese Formel galt zwar auch im europäischen Maschinenbau, ließ sich aber auf dem differenzierten Markt nicht durchsetzen. Die Kunden verlangten spezifische Lösungen für ihre Probleme, was zu einer Fülle von Anpassungs- und Variantenkonstruktionen führte. Die Konstruktionsbüros standen unbestritten im Zentrum der Unternehmen, wenn auch die von der Fertigung kommenden Anforderungen zunehmende Bedeutung gewannen. Wegen der höheren Energie- und Rohstoffkosten und den längeren Amortisationszeiten standen Konstruktionsziele wie Materialersparnis, Energiesparen und Haltbarkeit stärker im Vordergrund. Dies konnte zu aufwendigeren Konstruktionen führen, in welche ein höheres Maß an theoretischem Wissen einfloß. Die Produkt- und Produktionsorientierung sowie die höheren Stückzahlen im amerikanischen Maschinenbau ermöglichten eine stärkere Spezialisierung und Differenzierung innerhalb der Konstruktionsbüros mit ausgeprägter vertikaler und horizontaler Arbeitsteilung. In Europa zog dagegen die konstruktive Vielfalt hier engere Grenzen. Der auf den amerikanischen Konstruktionsbüros lastende Rationalisierungsdruck dürfte eher höher gewesen sein, hatte aber auch eine bessere Ausstattung mit Arbeitsmitteln zur Folge.

Am stärksten ausgeprägt war die europäische Konstruktionskultur im deutschen Maschinenbau. Der in den USA zwischen 1923 und 1929 für die »Society for the Promotion of Engineering Education« erstellte Wickenden-Report charakterisierte den deutschen Maschinenbau als nach technischer Perfektion strebend, wirtschaftliche Gesichtspunkte dagegen vernachlässigend.[97] Die zahlreichen, komplizierten, eine Vielzahl von Kundenwünschen integrierenden Spezialkonstruktionen seien nur mit Hilfe ausgezeichnet ausgebildeter Facharbeiter, über die Deutschland verfüge, zu bauen. Die in unserer Untersuchung konstatierte Kluft zwischen Konstruieren und Fertigen scheint in keinem anderen europäischen Land so groß gewesen zu sein wie im deutschen Maschinenbau, von den USA ganz zu schweigen. Seit Beginn der Rationalisierungsbewegung bemühte man sich in Deutschland intensiv, diese Kluft zu schließen, ohne daß das Thema in den folgenden Jahrzehnten aus den technischen Fachzeitschriften verschwand. Die Kluft, so unsere aus der vergleichenden Untersuchung gewonnene These, hing damit zusammen, daß in keinem anderen Land empirische Elemente so weitgehend aus dem Ingenieurberuf und aus der Ingenieurausbildung verdrängt worden waren wie in Deutschland. In keinem anderen Land waren die Konstrukteure ganzer Maschinen, die Detailkonstrukteure und die Zeichner theoretisch so hoch qualifiziert wie in Deutschland, was dem konstruktiven Niveau der Maschinen zugute kam, aber auf Kosten der Fertigungsfreundlichkeit ging.

97 Wickenden, S. 214.

Verzeichnis der zitierten Literatur

Ahlström, Göran: Engineers and Industrial Growth. Higher Technical Education and the Engineering Profession During the Nineteenth and Early Twentieth Centuries: France, Germany, Sweden and England. London, Canberra 1982.

Ahrens, Werner: Photographische Reproduktionen von Zeichnungen. In: Technik und Wirtschaft 3 (1910), S. 532-538.

Albrecht, Helmuth: Technische Bildung zwischen Wissenschaft und Praxis. Die Technische Hochschule Braunschweig 1862-1914 (Veröffentlichungen der Technischen Universität Carolo-Wilhelmina zu Braunschweig 1). Hildesheim 1987.

Alter, Peter: Das Imperial College of Science and Technology – deutsches Vorbild und britischer Ansatz. In: Zeitschrift für Kulturaustausch 31 (1981), S. 68-79.

American Machinist (AM).

Amerikanische Zeichenbureaux: Der practische Maschinen-Constructeur 34 (1901), S. 46-48.

Austrian, Geoffrey D.: Herman Hollerith. Forgotten Giant of Information Processing. New York 1982.

Bach, C(arl): Elasticität und Festigkeit. Die für die Technik wichtigsten Sätze und deren erfahrungsmässige Grundlage. Berlin 1889-1890.

– Die Maschinenelemente. Ihre Berechnung und Construction mit Rücksicht auf die neueren Versuche. 2 Bde. Stuttgart 1881.

– Mein Lebensweg und meine Tätigkeit. Eine Skizze. Berlin 1926.

Banse, Gerhard/Siegfried Wollgast (Hg.): Biographien bedeutender Techniker, Ingenieure und Technikwissenschaftler. Eine Sammlung von Biographien. Berlin ²1987.

Baynes, Ken/Francis Pugh: The Art of the Engineer. Guildford 1981.

Behringer, Peter: Ingenieure und Techniker. Technische Angestellte in Großbritannien im späten 19. und frühen 20. Jahrhundert. In: Jürgen Kocka (Hg.): Angestellte im europäischen Vergleich. Die Herausbildung angestellter Mittelschichten seit dem späten 19. Jahrhundert (Geschichte und Gesellschaft. Zeitschrift für Historische Sozialwissenschaft. Sonderheft 7). Göttingen 1981, S. 74-93.

Belhoste, Bruno/Amy Dahan Dalmedico/Antoine Picon (Hg.): La formation polytechnicienne 1794-1994. Paris 1994.

Belofsky, Harold: Engineering Drawing – a Universal Language in Two Dialects. In: Technology and Culture 32 (1991), S. 23-46.

Benad-Wagenhoff, Volker: Industrieller Maschinenbau im 19. Jahrhundert. Werkstattpraxis und Entwicklung spanabhebender Werkzeugmaschinen im deutschen Maschinenbau 1870-1914 (Technik + Arbeit.

Schriften des Landesmuseums für Technik und Arbeit in Mannheim 5). Stuttgart 1993.
Berlanstein, Lenard R.: Managers and Engineers in French Big Business of the Nineteenth Century. In: Journal of Social History 22 (1988/89), S. 211-236.
Berlowitz, Alfred: Der Diplom-Ingenieur in der Privatindustrie. In: Zeitschrift des Verbandes deutscher Diplom-Ingenieure 4 (1913), S. 1-4.
Blum, Emil: Betrachtungen über die Calculation im Maschinenbau und deren Einführung als Lehrgegenstand an den technischen Hochschulen. In: Z.VDI 25 (1881), Sp. 87-98.
Blum, Richard: Die Gesamtorganisation der Berlin-Anhaltinischen Maschinenbau AG. Technik und Wirtschaft 4 (1911), S. 129-146 und 213-234.
Booker, Peter Jeffrey: A History of Engineering Drawing. London 1963.
Boorstin, Daniel J.: The Americans. The Democratic Experience. New York 1974.
Borgmann, Maria: Betriebsführung, Arbeitsbedingungen und die soziale Frage. Eine Untersuchung zur Arbeiter- und Unternehmensgeschichte in der Berliner Maschinenindustrie zwischen 1870 und 1914 unter besonderer Berücksichtigung der Großbetriebe (Europäische Hochschulschriften. Reihe III, Geschichte und ihre Hilfswissenschaften 143). Frankfurt am Main 1981.
Braun, Hans-Joachim: Allgemeine Fragen der Technik an der Wende zum 20. Jahrhundert. Zum Werk P. K. Engelmeyers. In: Technikgeschichte 42 (1975), S. 306-326.
– Der deutsche Maschinenbau in der internationalen Konkurrenz 1870-1914. In: Technikgeschichte 54 (1987), S. 209-220.
– Einführung zur Reprintausgabe Aurel Stodola: Dampf- und Gasturbinen. 5. Auflage 1922, Düsseldorf 1986 (Klassiker der Technik), S. V-X.
– Franz Reuleaux. In: Wilhelm Treue/Wolfgang König (Hg.): Techniker (Einzelveröffentlichungen der Historischen Kommission zu Berlin 60. Berlinische Lebensbilder 6). Berlin 1990, S. 279-292.
– Franz Reuleaux und der Technologietransfer zwischen Deutschland und Nordamerika am Ausgang des 19. Jahrhunderts. In: Technikgeschichte 48 (1981), S. 112-130.
– Leben und Werk von Franz Reuleaux. Nachwort zu: F. Reuleaux: Briefe aus Philadelphia. Vom Verfasser durchgesehene und durch Zusätze vermehrte Ausgabe (Dokumente zur Geschichte von Naturwissenschaft, Medizin und Technik 4). Braunschweig 1877, Reprint Braunschweig 1983, S. 113-160.
– Methodenprobleme der Ingenieurwissenschaft, 1850 bis 1900. In: Technikgeschichte 44 (1977), S. 1-18.
– Technische Neuerungen um die Mitte des 19. Jahrhunderts. Das Beispiel der Wasserturbinen. In: Technikgeschichte 46 (1979), S. 285-305.

– und Wolfhard Weber: Das Wirken von Franz Reuleaux. In: Reinhard Rürup (Hg.): Wissenschaft und Gesellschaft. Beiträge zur Geschichte der Technischen Universität Berlin 1879-1979. Bd. 1, Berlin, Heidelberg, New York 1979, S. 285-300.

Brinkmann, Ludwig: Der Ingenieur (Die Gesellschaft. Sammlung sozialpsychologischer Monographien 21). Frankfurt am Main 1908.

Broder, Albert: Enseignement technique et croissance économique en Allemagne et en France, 1870-1914. Quelques éléments en vue d'une analyse approfondie. In: Yves Cohen/Klaus Manfrass (Hg.): Frankreich und Deutschland. Forschung, Technologie und industrielle Entwicklung im 19. und 20. Jahrhundert. Internationales Kolloquium, veranstaltet vom Deutschen Historischen Institut Paris in Verbindung mit dem Deutschen Museum München und der Cité des Sciences et de l'Industrie, Paris. München, 12.-15. Oktober 1987. München 1990, S. 66-95.

Brzoska: Leitung und Aufgaben des technischen Bureaus. In: Zeitschrift für Werkzeugmaschinen und Werkzeuge. Organ des Vereins Deutscher Werkzeugmaschinen-Fabriken 16 (1912), S. 379-381 und 391-393.

Buchanan, R. A.: Education or Training? The Dilemma of British Engineering in the 19th Century. In: Melvin Kranzberg (Hg.): Technological Education – Technological Style. San Francisco 1986, S. 69-73.

– The Engineers. A History of the Engineering Profession in Britain, 1750-1914. London 1989.

– Institutional Proliferation in the British Engineering Profession, 1847-1914. In: The Economic History Review 38 (1985), S. 42-60.

– The Rise of Scientific Engineering in Britain. In: The British Journal for the History of Science 18 (1985), S. 218-233.

Buxbaum, Bertold: Der englische Werkzeugmaschinen- und Werkzeugbau im 18. und 19. Jahrhundert. In: Beiträge zur Geschichte der Technik und Industrie. Jahrbuch des Vereins Deutscher Ingenieure 11 (1921), S. 117-142.

Calvert, Monte A.: The Mechanical Engineer in America, 1830-1910: Professional Cultures in Conflict. Baltimore 1967.

Chandler, Alfred D., Jr.: The Visible Hand. The Managerial Revolution in American Business. Cambridge, Mass., London 1977.

Clark, Victor S.: History of Manufactures in the United States. Bd. 2: 1860-1893. New York 1929.

Cohen, Yves: Inventivité organisationelle et compétitivité: L'interchangeabilité des pièces face à la crise de la machine-outil en France autour de 1900. In: Entreprises et histoire 5 (1994), S. 53-72.

Consentius, P.: Das Atempo-Zeichnen an der Königlichen Gewerbe-Akademie zu Berlin. In: Monatsblätter für Zeichenkunst und Zeichenunterricht 8 (1872), S. 66-70.

Coolidge, C. E.: Average Drawing Room Practice. In: American Machinist, 5. July 1902, S. 874-876.
Crain, R.: Über Wesen und Bedeutung technischer Anschauung. In: Technik und Wirtschaft 6 (1913), S. 69-82 und 148-161.
Crowther, Samuel: John H. Patterson. Pioneer in Industrial Welfare. New York 1926.
Czwalina, Richard: Die wirtschaftliche und soziale Lage der technischen Privatangestellten in der deutschen Elektroindustrie. Diss. Aachen. Berlin 1914.
Day, C(harles) R.: Education for the Industrial World: Technical and Modern Instruction in France Under the Third Republic, 1870-1914. In: Robert Fox/George Weisz (Hg.): The Organization of Science and Technology in France 1808-1914. Cambridge u. a. 1980, S. 127-153.
– Education for the Industrial World. The Écoles d'Arts et Métiers and the Rise of French Industrial Engineering. Cambridge, London 1987.
– Vom Arbeiter zum Ingenieur. Zur Entwicklung der »Ecoles d'Arts et Métiers« und zur Rolle ihrer ehemaligen Schüler. In: André Grelon/Heiner Stück (Hg.): Ingenieure in Frankreich, 1747-1990 (Deutsch-französische Studien zur Industriegesellschaft 16). Frankfurt, New York 1994, S. 329-350.
Deforge, Yves: Le graphisme technique. Thèse presentée devant l'Université de Paris V – le 23 Septembre 1975. Lille, Paris 1976.
Deutscher Ausschuß für technisches Schulwesen (Hg.): Abhandlungen und Berichte über technisches Schulwesen. Bd. 1: Arbeiten auf dem Gebiete des technischen Mittelschulwesens. Berlin 1910.
Dienel, Hans-Liudger: Ingenieure zwischen Hochschule und Industrie. Kältetechnik in Deutschland und Amerika, 1870-1930 (Schriftenreihe der Historischen Kommision bei der Bayerischen Akademie der Wissenschaften 54). Göttingen 1995.
– Der Münchner Weg im Theorie-Praxis-Streit um die Emanzipation des wissenschaftlichen Maschinenbaus. In: Ulrich Wengenroth (Hg.): Technische Universität München. Annäherungen an ihre Geschichte. München 1993, S. 87-115.
Divall, Colin: A Measure of Agreement: Employers and Engineering Studies in the Universities of England and Wales, 1897-1939. In: Social Studies of Science 20 (1990), S. 65-112.
Dierfeld: Betrieb und Arbeitsverfahren bei der neuen Automobil-Gesellschaft AG in Oberschöneweide. In: Technik und Wirtschaft 6 (1913), S. 448-468.
Dominik, Hans: Vom Schraubstock zum Schreibtisch. Lebenserinnerungen. Berlin 1942.
Düwell, Kurt: Die Neugestaltung der Technischen Hochschulen nach dem Ersten Weltkrieg. Das Reformkonzept »Technik und Wirtschaft«. In: Technikgeschichte 36 (1969), S. 220-244.

Ebeling, Heinrich: Ferdinand Redtenbacher. Leben und Werk. Karlsruhe 1943.

Ebert, Hans/Karin Hausen: Georg Schlesinger und die Rationalisierungsbewegung in Deutschland. In: Reinhard Rürup (Hg.): Wissenschaft und Gesellschaft. Beiträge zur Geschichte der Technischen Universität Berlin 1879-1979. Berlin, Heidelberg, New York 1979, Bd. 1, S. 315-334.

Edmondson, James M.: From Mécanicien to Ingenieur. Technical Education and the Machine Building Industry in Nineteenth-Century France (Modern European History. A Garland Series of Outstanding Dissertations). New York, London 1987.

Elsaesser: Die praktische Ausbildung junger Maschinentechniker, insbesondere im Hinblick auf die polytechnische Schule in Moskau. In: Z.VDI 18 (1874), Sp. 309-319.

Emmerson, George S.: Engineering Education: A Social History. Newton Abbot, New York 1973.

Engelmeyer, Peter Klimentitsch von: Allgemeine Fragen der Technik. In: Dinglers Polytechnisches Journal, Jg. 80, Bd. 311 (1899), S. 21 f., 69-71, 101-103, 133 f., 149-151; Jg. 80, Bd. 312 (1899), S. 1 f., 65-67, 97-99, 129 f., 145-147; Jg. 80, Bd. 313 (1899), S. 17-19 und 65-67.

– Der Dreiakt als Lehre von der Technik und der Erfindung. In: Zeitschrift für gewerblichen Rechtsschutz und Urheberrecht 11 (1909), S. 367-397.

– Ueber das Entwerfen der Maschinen. Psychologische Analyse. In: Civilingenieur 39 (1893), S. 533-554.

– Ueber die schulmässige Ausbildung der technischen Schöpfungskraft. In: Dinglers Polytechnisches Journal, Jg. 80, Bd. 313 (1899), S. 81-83.

– Was ist eine Erfindung? In: Civilingenieur 41 (1895), Sp. 282-300.

– Was ist eine Maschine? In: Z.VDI 42 (1898), S. 1196-1198.

Engineering in Society. Engineering Education and Practice in the United States. Washington, D.C. 1985.

Engineering News and American Railway Journal (EN).

Erkens, Alfred: Die Ausbildung der Konstrukteure. In: Maschinenbau 7 (1928), S. 785-787.

– Beiträge zur Konstrukteurerziehung. In: Z.VDI 72 (1928), S. 17-21.

– Fortbildung der Konstrukteure. Ziele, Durchführung, Erfahrungen und Erfolge. In: Technische Erziehung 7 (1932), Nr. 5, S. 39-41.

Ernst, Ad(olf): Bemerkungen zu den neuen preußischen Vorschriften über die Ausbildung und Prüfung für den Staatsdienst im Maschinenbaufach. In: Z.VDI 30 (1886), S. 723-726.

– Die Hebezeuge. Theorie und Kritik ausgeführter Konstruktionen mit besonderer Berücksichtigung der elektrischen Anlagen. Ein Handbuch für Ingenieure, Techniker und Studirende. 3 Bde., Berlin ^{4}1903.

– Maschinenbaulaboratorien. In: Z.VDI 37 (1894), S. 1351-1362.

Ernst, Adolf von: Nachruf. In: Z.VDI 51 (1907), S. 1485-1487.
Exner, Wilhelm: Lebensbilder führender österreichischer Polytechniker. Wien 1927.
Feldenkirchen, Wilfried: Siemens 1918-1945. München, Zürich 1995.
Feldhaus, Franz Maria: Geschichte des technischen Zeichnens. Wilhelmshaven ²1959.
Ferguson, Eugene S.: Engineering and the Mind's Eye. Cambridge, Mass., London 1992.
Floud, Roderick: The British Machine Tool Industry, 1850-1914. Cambridge u. a. 1976.
Föppl, August: Lebenserinnerungen. Rückblick auf meine Lehr- und Aufstiegsjahre. München, Berlin 1925.
Folz, Franz Josef: Über die Anfänge der Zerspanforschung (Technikgeschichte in Einzeldarstellungen 29). Düsseldorf 1980.
Ford, Henry: Mein Leben und Werk. Unter Mitwirkung v. S. Crowther. Leipzig o. J.
Fox, Robert: Contingency or Mentality? Technical Innovation in France in the Age of Science-Based Industry. In: Melvin Kranzberg (Hg.): Technological Education – Technological Style. San Francisco 1986, S. 59-68.
– France in Perspective: Education, Innovation, and Performance in the French Electrical Industry, 1880-1914. In: Robert Fox/Anna Guagnini (Hg.): Education, Technology and Industrial Performance in Europe, 1850-1939. Cambridge 1993, S. 201-226.
Franke, Rudolf: Eine vergleichende Schalt- und Getriebelehre. Neue Wege der Kinematik. Vortrag, gehalten auf der wissenschaftlichen Tagung zur Feier des hundertsten Geburtstages von Franz Reuleaux am 11. November 1929 in der Technischen Hochschule zu Berlin. München, Berlin 1930.
Freyberg, Thomas von: Industrielle Rationalisierung in der Weimarer Republik. Untersucht an Beispielen aus dem Maschinenbau und der Elektroindustrie (Forschungsberichte des Instituts für Sozialforschung). Frankfurt, New York 1989.
Freytag, E.: Die Laufbahn des Ingenieurs. Hannover 1907.
Fuchs, Hugo: Amerikanische und kontinentale Technik. In: Österreichische Wochenschrift für den öffentlichen Baudienst 21 (1915), S. 94 f.
Fuchs, Walther Peter: Die geschichtliche Gestalt Ferdinand Redtenbachers. In: Zs. für die Geschichte des Oberrheins 107 (1959), S. 205 ff.
Fünfundsiebzig Jahre Ingenieurausbildung im Beuth-Bereich der Technischen Fachhochschule Berlin 1909-1984. Hg. vom Historischen Archiv der Technischen Fachhochschule Berlin. Berlin 1984.
Generalregister zum »Practischen Maschinen-Constructeur«, Zeitschrift für Maschinen- und Mühlenbauer, Ingenieure und Fabrikanten. 1868 bis 1880. Leipzig 1881.

Gensel, Carl: Wirtschaftlich Konstruieren. Braunschweig 1929.
Gillespie, Richard: Manufacturing Knowledge: A History of the Hawthorne Experiments (Studies in Economic History and Policy. The United States in the Twentieth Century). New York u.a. 1991.
Gilson, Norbert: Konzepte von Elektrizitätsversorgung und Elektrizitätswirtschaft. Die Entstehung eines neuen Fachgebietes der Technikwissenschaften zwischen 1880 und 1945. Stuttgart 1994.
Gispen, Kees: New Profession, Old Order. Engineers and German Society, 1815-1914. Cambridge 1989.
Gordon, Robert B.: Who Turned the Mechanical Ideal into Mechanical Reality? In: Technology and Culture 29 (1988), S. 744-778.
Gorokhov, V. G.: Pjotr Klimentich Engelmeyer. Russian Mechanical Engineer and Philosopher of Technology. Ms. etwa 1990.
Grabow, Gerd: Das Leben und Wirken von Gustav Anton Zeuner (1828 bis 1907) (Freiberger Forschungshefte. Marxismus-Leninismus, Geschichte der Produktivkräfte D 160). Leipzig 1984.
Grashof, Franz: Die Festigkeitslehre mit besonderer Rücksicht auf die Bedürfnisse des Maschinenbaues. Abriss von Vorträgen an der Polytechnischen Schule zu Carlsruhe. Berlin 1866, ^{2}1878.
– Die Pressung des Erdbodens unter dem Ambos eines arbeitenden Dampfhammers. In: Z.VDI 10 (1866), Sp. 45-52 und 272 f.
– Redtenbacher's Wirken zur wissenschaftlichen Ausbildung des Maschinenbaues. Fest-Rede zur Enthüllungs-Feier des Denkmals Ferdinand Redtenbacher's am 2. Juni 1866 gehalten. Heidelberg 1866.
– Resultate der mechanischen Wärmetheorie in ihrer Anwendung auf das Verhalten der Gase und Dämpfe, auf die Hydraulik, die Theorie der Dampfstrahlpumpe, der Dampfmaschinen und anderer calorischer Kraftmaschinen, sowie der Dampfhämmer. Separatausgabe des Anhangs zur fünften Auflage von Redtenbacher's Resultaten für den Maschinenbau. Heidelberg 1870.
– Theoretische Maschinenlehre. 3 Bde., Hamburg, Leipzig 1875-1890.
Grelon, André: Die deutschen Ingenieure aus französischer Sicht, 1770-1990. In: Peter Lundgreen/André Grelon (Hg.): Ingenieure in Deutschland, 1770-1990 (Deutsch-französische Studien zur Industriegesellschaft 17). Frankfurt, New York 1994, S. 369-386.
– The Training and Career Structures of Engineers in France, 1880-1939. In: Robert Fox/Anna Guagnini (Hg.): Education, Technology and Industrial Performance in Europe, 1850-1939. Cambridge 1993, S. 42-64.
– (Hg.): Les ingénieurs de la crise. Titre et profession entre les deux guerres (Recherches d'histoire et de sciences sociales. Studies in History and the Social Sciences 21). Paris 1986.
Grelon, André/Heiner Stück (Hg.): Ingenieure in Frankreich, 1747-1990 (Deutsch-französische Studien zur Industriegesellschaft 16). Frankfurt, New York 1994.

Grießmann, A.: Konstrukteur und Betrieb. In: Maschinenbau 6 (1927), S. 785 f.
– Konstrukteur und Betrieb. In: Z.VDI 72 (1928), S. 549-555.
Grove, O. von: Konstruktionslehre der einfachen Maschinenteile. Leipzig 1906.
Grüner, Gustav: Alois Riedler. In: Österreichisches Biographisches Lexikon 1815-1950. Bd. 9, Wien 1988, S. 145 f.
– Die Entwicklung der höheren technischen Fachschulen im deutschen Sprachgebiet Ein Beitrag zur historischen und angewandten Berufspädagogik. Habilitationsschrift Technische Hochschule Darmstadt. Braunschweig 1967
Guagnini, Anna: Worlds Apart: Academic Instruction and Professional Qualifications in the Training of Mechanical Engineers in England, 1850-1914. In: Robert Fox/Anna Guagnini (Hg.): Education, Technology and Industrial Performance in Europe, 1850-1939. Cambridge 1993, S. 16-41.
Günther, Adolf: Die deutschen Techniker. Ihre Lebens-, Ausbildungs- und Arbeitsverhältnisse. Im Auftrage des Deutschen Techniker-Verbandes und auf Grund einer Erhebung unter dessen Mitgliedern bearbeitet. 2 Bde., München 1912.
Gumbrecht, Hans Ulrich/K. Ludwig Pfeiffer (Hg.): Stil. Geschichten und Funktionen eines kulturwissenschaftlichen Diskurselements (suhrkamp taschenbuch wissenschaft 633). Frankfurt am Main 1986.
Gundler, Bettina: Technische Bildung, Hochschule, Staat und Wirtschaft. Entwicklungslinien des Technischen Hochschulwesens 1914-1930. Das Beispiel der TH Braunschweig (Veröffentlichungen der Technischen Universität Carolo-Wilhelmina zu Braunschweig 3). Hildesheim 1991.
Haeder, Herm(ann): Konstruieren und Rechnen für Praxis und Schule bearbeitet. Duisburg ^{2}1903 (zuerst 1899).
Harm, R.: Die Ausbildung und Fortbildung des Konstrukteurs. In: Z.VDI 72 (1928), S. 1027 f.
Hartenburg, R. S.: Franz Grashof. Dictionary of Scientific Biography, Bd. 5. New York 1972, S. 501 f.
Hartig, Ernst: Das Experiment auf dem Gebiete der mechanischen Technik. In: Z.VDI 37 (1893), S. 302-307.
Hartmann, Wilhelm: Gedenkrede bei der Enthüllung des Denkmals für Franz Reuleaux gehalten am 9. November 1912 in der Königl. Technischen Hochschule zu Berlin. Berlin 1913.
– F. Reuleaux. In: Z.VDI 49 (1905), S. 1481 f.
Haßler, Friedrich: Adolf Ernst. In: Neue Deutsche Biographie, Bd. 4. Berlin 1959, S. 627.
Hefner-Alteneck, (Friedrich) von: Ueber einheitliche Methoden bei technischen Zeichnungen. Kleine Mittheilung, vorgetragen in der Sitzung

des Elektrotechnischen Vereins am 22. April 1902. In: Elektrotechnische Zeitschrift 23 (1902), S. 461 f.
Heintzenberg, Friedrich: Friedrich von Hefner-Alteneck (Deutsches Museum. Abhandlungen und Berichte 19, 2). München, Düsseldorf 1951.
– Von der Werkstatt zur Fabrik. In: Technikgeschichte 29 (1940), S. 123-131.
Hellige, Hans Dieter: Die gesellschaftlichen und historischen Grundlagen der Technikgestaltung als Gegenstand der Ingenieurausbildung. In: Technikgeschichte 51 (1984), S. 276-292.
Hensel, Susann: Die Auseinandersetzungen um die mathematische Ausbildung der Ingenieure an den Technischen Hochschulen in Deutschland Ende des 19. Jahrhunderts. In: Susann Hensel/Karl-Norbert Ihmig/Michael Otte: Mathematik und Technik im 19. Jahrhundert in Deutschland. Soziale Auseinandersetzung und philosophische Problematik (Studien zur Wissenschafts-, Sozial- und Bildungsgeschichte der Mathematik 6). Göttingen 1989, S. 1-111.
– Zum Verantwortungsbewußtsein des Ingenieurs Carl Julius Bach für die Folgen seiner Arbeiten zur Elastizitäts- und Festigkeitslehre im 19. und 20. Jahrhundert. In: Beiträge zur Geschichte von Technik und technischer Bildung 12 (1995), S. 22-30.
–, Karl-Norbert Ihmig und Michael Otte: Mathematik und Technik im 19. Jahrhundert in Deutschland. Soziale Auseinandersetzung und philosophische Problematik (Studien zur Wissenschafts-, Sozial- und Bildungsgeschichte der Mathematik 6). Göttingen 1989.
Herlea, Alexandre: Advanced Technology Education and Industrial Research Laboratories in 19th Century France: The Example of Conservatoire des Arts et Métiers in Paris. In: Melvin Kranzberg (Hg.): Technological Education – Technological Style. San Francisco 1986, S. 49-57.
Hertwig, August: Der geistige Wandel der Technischen Hochschulen in den letzten 100 Jahren und ihre Zukunft (Deutsches Museum. Abhandlungen und Berichte 18, 1). München, Düsseldorf 1950.
Heyn, E.: Der technologische Unterricht als Vorstufe für die Ausbildung des Konstrukteurs. In: Z.VDI 55 (1911), S. 201-210 und 305-308.
Homburg, Heidrun: Rationalisierung und Industriearbeit. Arbeitsmarkt – Management – Arbeiterschaft im Siemens-Konzern Berlin 1900 bis 1939 (Schriften der Historischen Kommission zu Berlin 1. Beiträge zu Inflation und Wiederaufbau in Deutschland und Europa 1914-1924). Berlin 1991.
Honegger, E(mil) (Hg.): Festschrift Prof. Dr. A. Stodola. Zum 70. Geburtstag überreicht von seinen Freunden und Schülern. Zürich, Leipzig 1929.
Hounshell, David A.: From the American System to Mass Production

1800-1932. The Development of Manufacturing in the United States (Studies in Industry and Society). Baltimore, London 1984.
Hubka, Vladimir: Ist Konstruktionslehre notwendig? In: Technische Rundschau Nr. 18 vom 23. 4. 1971, S. 1-5.
Hughes, Thomas P.: Networks of Power. Electrification in Western Society, 1880-1930. Baltimore, London 1983.
– Regional Technological Style. In: Technology and Its Impact on Society (Tekniska Museet Symposia 1). Stockholm 1977, S. 211-234.
Huth, Friedrich: Das technische Bureau. In: Central-Zeitung für Optik und Mechanik 38 (1918), S. 571.
Hunecke, Volker: Der »Kampf ums Dasein« und die Reform der technischen Erziehung im Denken Alois Riedlers. In: Reinhard Rürup (Hg.): Wissenschaft und Gesellschaft. Beiträge zur Geschichte der Technischen Universität Berlin 1879-1979. Bd. 1. Berlin, Heidelberg, New York 1979, S. 301-313.
Ihmig, Karl-Norbert: Das Verhältnis von Mathematik und Kinematik bei Franz Reuleaux. In: Susann Hensel/Karl-Norbert Ihmig/Michael Otte: Mathematik und Technik im 19. Jahrhundert in Deutschland. Soziale Auseinandersetzung und philosophische Problematik (Studien zur Wissenschafts-, Sozial- und Bildungsgeschichte der Mathematik 6). Göttingen 1989, S. 112-148.
Jaeckel, Reinhold: Statistik über die Lage der technischen Privatbeamten in Groß-Berlin. Im Auftrage des Bureaus für Sozialpolitik bearbeitet. Jena 1908.
Jelden, Eva: Handlungstheoretische und technikphilosophische Untersuchung des rechnerunterstützten Konstruktionshandelns. Anlage zum Arbeitsbericht des Teilprojektes Philosophie der Forschergruppe Konstruktionshandeln – gefördert aus Mitteln der Deutschen Forschungsgemeinschaft. TU Berlin o. J. (Ms.).
Jobst, Eberhard: Technikwissenschaften, Wissensintegration, Interdisziplinäre Technikforschung. Eine Problemstudie. Frankfurt/Main 1995.
Joël, Emil: Die Anfangsstellung. In: Zeitschrift des Verbandes Deutscher Diplom-Ingenieure 3 (1912), S. 391 f.
Jost, Wolfdietrich: Gewerbliche Schulen und politische Macht. Zur Entwicklung des gewerblichen Schulwesens in Preußen in der Zeit von 1850-1880 (Berufliche Bildung und Berufsbildungspolitik 10). Weinheim, Basel 1982.
Kammerer, (Otto): Anschauliches Denken in Berufsarbeit und Unterricht. In: Technik und Wirtschaft 6 (1913), S. 1-10.
– Maschinentechnik und Konstruktionslehre zur Zeit Wiebe's. In: Dinglers Polytechnisches Journal 81 (1900), S. 34-36.
– Riedler als Lehrer und Ingenieur. Graz 1938.
– Technische Hochschulen oder technische Fakultäten. In: Z.VDI 48 (1904), S. 1177-1183.

Keller, Karl: Ferdinand Redtenbacher als Begründer der Maschinenwissenschaft. In: Festgabe zum Jubiläum der vierzigjährigen Regierung Seiner Königlichen Hoheit des Grossherzogs Friedrich von Baden. In Ehrfurcht dargebracht von der Technischen Hochschule in Karlsruhe. Karlsruhe 1892, S. 58-71.

– Zum Gedächtnisse Redtenbachers. In: Bayerisches Industrie- und Gewerbeblatt 96 (1910), S. 351-355 und 363-367.

Kerner, F.: Die Kosten des Zeichensaales. In: Technik und Wirtschaft 1 (1908), S. 289-297.

Kesselring, Fritz: Konstruieren und Konstrukteur. In: Z.VDI 81 (1937), S. 365-371.

Kienzle, Otto: Die Bewährung der Normung in der Krisenzeit. In: Werkstattstechnik 26 (1932), S. 85-88.

Klemm, Friedrich: Die Rolle der Mathematik in der Technik des 19. Jahrhunderts. In: Technikgeschichte 33 (1966), S. 72-90.

Kluge, H.: Die Erziehung des Konstrukteurs. In: Technische Erziehung 3 (1928), Nr. 8, S. 77-81.

Knie, Andreas: Das Konservative des technischen Fortschritts. Zur Bedeutung von Konstruktionstraditionen, Forschungs- und Konstruktionsstilen in der Technikgenese (Veröffentlichungsreihe der Abteilung Organisation und Technikgenese des Forschungsschwerpunkts Technik – Arbeit – Umwelt des Wissenschaftszentrums Berlin für Sozialforschung FS II 89-101). Berlin 1989.

Koch, Heinrich: Franz Reuleaux und die Gründung der Mannesmannröhren-Werke. In: Tradition 5 (1960), S. 259-262.

Koch, Waldemar: Die Organisation der Westinghouse Electric and Manufacturing Company in Pittsburgh. In: Technik und Wirtschaft 1 (1908), S. 453-459 und 493-505.

Kocka, Jürgen: Unternehmensverwaltung und Angestelltenschaft am Beispiel Siemens 1847-1914. Zum Verhältnis von Kapitalismus und Bürokratie in der deutschen Industrialisierung (Industrielle Welt. Schriftenreihe des Arbeitskreises für moderne Sozialgeschichte 11). Stuttgart 1969.

Koehler: Altes und Neues vom Maschinenzeichnen. In: Dinglers Polytechnisches Journal, Jg. 99, Bd. 333 (1918), S. 203 f.

König, Mario/Hannes Siegrist/Rudolf Vetterli: Warten und Aufrücken. Die Angestellten in der Schweiz 1870-1950. Zürich 1985.

König, Wolfgang: Elektrotechnik – Entstehung einer wissenschaftlichen Disziplin. In: Berichte zur Wissenschaftsgeschichte 10 (1987), S. 83-93.

– Erasmus Kittler und die Frühzeit der Elektrotechnik. Einführung zu: Erasmus Kittler: Handbuch der Elektrotechnik. 2 Bde., Stuttgart 1886-90, Reprint Düsseldorf 1986, S. XV-XLII.

– Hochschullehrer und Elektrifizierungsberater. Erasmus Kittler, das »Darmstädter Modell« und die frühe Elektrifizierung im Spiegel seiner

Briefe aus den Jahren 1888/89. In: Technikgeschichte 54 (1987), S. 1-14.
– Die Ingenieure und der VDI als Großverein in der wilhelminischen Gesellschaft 1900 bis 1918. In: Karl-Heinz Ludwig unter Mitwirkung von Wolfgang König (Hg.): Technik, Ingenieure und Gesellschaft. Geschichte des Vereins Deutscher Ingenieure 1856-1981. Düsseldorf 1981, S. 235-287.
– Konstruieren und Fertigen im deutschen Maschinenbau unter dem Einfluß der Rationalisierungsbewegung. Ergebnisse und Thesen für eine Neuinterpretation des »Taylorismus«. In: Technikgeschichte 56 (1989), S. 183-204.
– Stand und Aufgaben der Forschung zur Geschichte der deutschen Polytechnischen Schulen und Technischen Hochschulen im 19. Jahrhundert. In: Technikgeschichte 48 (1981), S. 47-67.
– Technical Education and Industrial Performance in Germany: A Triumph of Heterogeneity. In: Robert Fox/Anna Guagnini (Hg.): Education, Technology and Industrial Performance in Europe, 1850-1939. Cambridge 1993, S. 65-87.
– Technikwissenschaften. Die Entstehung der Elektrotechnik aus Industrie und Wissenschaft zwischen 1880 und 1914 (Technik interdisziplinär 1). Chur 1995.
– Wissenschaft und Praxis. Schlüsselkategorien für die Entwicklung des deutschen technischen Ausbildungssystems. In: Mitteilungen der Technischen Universität Carolo-Wilhelmina zu Braunschweig 20 (1985), S. 30-36.
–, Irmela Gorges, Rolf Helfert, Hans-Ulrich Niemitz und Reiner Oelsner: Die Entwicklung des Konstruierens im internationalen Vergleich. In: Rainer Mackensen (Hg.): Konstruktionshandeln. München 1997, S. 1-81.
Körting, Joh(annes): Ferdinand Redtenbacher. In: Z.VDI 105 (1963), S. 449-451.
Köttgen, C./A. Nägel/C. Matschoß/W. Hellmich/Georg Madelung: Carl von Bach. In: Z.VDI 75 (1931), S. 1545-1547.
Kraft, E. A.: Die Fortbildung der in der Praxis tätigen Konstrukteure. In: Maschinenbau 7 (1928), S. 705-708.
– Konstruktion und Fertigung in Wechselwirkung. In: Maschinenbau 10 (1931), S. 559-562.
Kranakis, Eda: Social Determinants of Engineering Practice: A Comparative View of France and America in the Nineteenth Century. In: Social Studies of Science 19 (1989), S. 5-70.
Kretzschmann, Emil: Ferdinand Redtenbacher. In: Z.VDI 9 (1865), Sp. 245-262.
Kummer, Hans: Einführung der Normen in die Praxis. In: Maschinenbau 6 (1927), S. 957-959.

Kurzel-Runtscheiner, Erich: Alois Riedler und Ernst Vogel. Neuschöpfungen im Pumpenbau. In: Fritz Knoll (Hg.): Österreichische Naturforscher, Ärzte und Techniker. Hg. im Auftrage der Österreichischen Akademie der Wissenschaften. Wien 1957, S. 190-193.

Kutzbach: Ausbildung in der feinmechanischen Technik. In: Z.VDI 72 (1928), S. 1781-1783.

Laer, Hermann von: Der Arbeitsmarkt für Techniker in Deutschland. Von der Industriellen Revolution bis zum I. Weltkrieg (mit einem Kommentar von Alf Lüdtke). In: Toni Pierenkemper/Richard Tilly (Hg.): Historische Arbeitsmarktforschung. Entstehung, Entwicklung und Probleme der Vermarktung von Arbeitskraft (Kritische Studien zur Geschichtswissenschaft 49). Göttingen 1982, S. 152-181.

Lang, Alexander: Die akademische Ausbildung der Maschineningenieure in Nordamerika und England. In: Z.VDI 52 (1908), S. 871-878.

– Franz Reuleaux und die Maschinenwissenschaft. In: Zeitschrift für Sozialwissenschaft (1905), S. 804-809.

Laudien, Karl: Erziehung zum werkstattgerechten Konstruieren. In: Z.VDI 73 (1929), S. 757-761.

– Die Maschinenelemente (Grundriß des Maschinenbaues 8). Hannover 1907.

– Die Maschinenelemente. 2 Bde., Leipzig ^{3}1922-23, ^{4}1925, ^{5}1931.

– Vergleichende Konstruktionsbeispiele. Leipzig 1929.

– Werkstattgerechtes Konstruieren. Die Erziehung des Konstrukteurs. Auszug aus dem Vortrage im Chemnitzer B.-V. des V.d.I. am 1. Dez. 1927. In: Maschinenbau 7 (1928), S. 286.

Lindner, Karl: Ferdinand Jakob Redtenbacher, der Begründer des wissenschaftlichen Maschinenbaues. Vortrag, gehalten im Außeninstitut der Technischen Hochschule Graz, am 10. November 1959. Graz 1959.

Lippmann, Adolf: Betrachtungen über technische Mittelschulen mit besonderer Berücksichtigung der Privatanstalten (Techniken). In: Z.VDI 48 (1904), S. 1575-1580.

Lipsmeier, Antonius: Technik und Schule. Die Ausformung des Berufsschulcurriculums unter dem Einfluß der Technik als Geschichte des Unterrichts im technischen Zeichnen. Wiesbaden 1971.

Locke, Robert R.: Industrialisierung und Erziehungssystem in Frankreich und Deutschland vor dem 1. Weltkrieg. In: Historische Zeitschrift 225 (1977), S. 265-296.

Loebner, H.: Ueber das Maschinen-Zeichnen. In: Glaser's Annalen für Gewerbe und Bauwesen 40 (1897), S. 209-212.

Lohmann, Hans-Dieter: Die Herausbildung der technischen Thermodynamik im 19. Jahrhundert. In: Zur Entstehung technikwissenschaftlicher Disziplinen (Dresdener Beiträge zur Geschichte der Technikwissenschaften 2). Dresden 1980, S. 68-85.

Lorenz, Hans: Die Entwicklung der Maschinentheorie im 18. und 19. Jahrhundert. In: Technikgeschichte 29 (1940), S. 1-14.
– Die wissenschaftlichen Leistungen F. Grashofs. In: Beiträge zur Geschichte der Technik und Industrie 16 (1926), S. 1-12.
Lubar, Steven: Representation and Power. In: Technology and Culture 36 (1995), Supplement, S. S54-S81.
Ludewig, H.: Das technische Unterrichtswesen auf der Weltausstellung in Wien 1873, mit besonderer Berücksichtigung des maschinentechnischen Unterrichtes. In: Z.VDI 18 (1874), Sp. 1-8, 155-168, 265-278, 481-494 und 533-556.
Ludwig, Karl-Heinz/Wolfgang König (Hg.): Technik, Ingenieure und Gesellschaft. Geschichte des Vereins Deutscher Ingenieure 1856-1981. Düsseldorf 1981.
Lüders, J(ohannes): Einige Worte über den »Constructeur« des Professor Reuleaux. In: Z.VDI 11 (1867), Sp. 321-332, 389-400, 451-464, 575-590; 12 (1868), Sp. 179-191.
– Wider Herrn Reuleaux! Eine Würdigung der wissenschaftlichen Arbeiten und Methoden des Professor Reuleaux. Kiel 1877.
Lundgreen, Peter: Die Ausbildung von Ingenieuren an Fachschulen und Hochschulen in Deutschland, 1770-1990. In: Peter Lundgreen/André Grelon (Hg.): Ingenieure in Deutschland, 1770-1990 (Deutsch-französische Studien zur Industriegesellschaft 17). Frankfurt, New York 1994, S. 13-78.
– Engineering Education in Europe and the USA, 1750-1930. The Rise to Dominance of School Culture and the Engineering Professions. In: Annals of Science 47 (1990), S. 33-76.
– The Organization of Science and Technology in France: A German Perspective. In: Robert Fox/George Weisz (Hg.): The Organization of Science and Technology in France 1808-1914. Cambridge, Paris 1980, S. 311-332.
– Techniker in Preußen während der frühen Industrialisierung. Ausbildung und Berufsfeld einer entstehenden sozialen Gruppe (Einzelveröffentlichungen der Historischen Kommission zu Berlin 16. Publikationen zur Geschichte der Industrialisierung). Berlin 1975.
– und André Grelon (Hg.): Ingenieure in Deutschland, 1770-1990 (Deutsch-französische Studien zur Industriegesellschaft 17). Frankfurt, New York 1994.
Lytle, Richard H.: The Introduction of Diesel Power in the United States, 1897-1912. In: Business History Review 42 (1968), S. 115-148.
Maass, Georg: Konstrukteur und Betrieb. In: Werkstattstechnik 16 (1922), S. 283 f.
Magee, Louis J.: The American, and the German, »Peril«. In: The Engineering Magazine 30 (1906), S. 481-490, 641-652 und 816-822.
Manegold, Karl-Heinz: Alois Riedler. In: Wilh. Treue/W. König (Hg.):

Techniker (Einzelveröffentlichungen der Historischen Kommission zu Berlin 60. Berlinische Lebensbilder 6). Berlin 1990, S. 293-307.
– Die Entwicklung der Technischen Hochschule Hannover zur wissenschaftlichen Hochschule. Ein Beitrag zum Thema »Verwissenschaftlichung der Technik im 19. Jahrhundert«. In: Geschichte der Naturwissenschaften und der Technik im 19. Jahrhundert. 6. Gespräch der Georg-Agricola-Gesellschaft (Technikgeschichte in Einzeldarstellungen 16). Düsseldorf 1970, S. 13-46.
– Universität, Technische Hochschule und Industrie. Ein Beitrag zur Emanzipation der Technik im 19. Jahrhundert unter besonderer Berücksichtigung der Bestrebungen Felix Kleins (Schriften zur Wirtschafts- und Sozialgeschichte 16). Berlin 1970.
Mann, Charles Ribourg: A Study of Engineering Education. Prepared for the Joint Committee on Engineering Education of the National Engineering Societies (The Carnegie Foundation for the Advancement of Teaching. Bulletin 11). Boston 1918.
Marmai, Ulrich/Dieter Bock. Gustav Anton Zeuner (1828-1907). Schüler an der Königlichen Gewerbeschule zu Chemnitz und bedeutender Technikwissenschaftler des 19. Jahrhunderts. In: Wissenschaftliche Zeitschrift der Technischen Universität Karl-Marx-Stadt 29 (1987), S. 907-919.
Martin, A. F.: Die Erhöhung der Arbeitsleistungen in den technischen Büros. In: Technik und Wirtschaft 3 (1910), S. 59-62.
– Zur Frage der Organisation großer technischer Bureaus von Spezial-Maschinen-Fabriken. In: Deutsche Techniker-Zeitung 30 (1930), S. 25-27 und 37-40.
Matschoß, Conrad (Hg.): Werner Siemens. Ein kurzgefaßtes Lebensbild nebst einer Auswahl seiner Briefe. Aus Anlaß der 100. Wiederkehr seines Geburtstages. Bd. 2, Berlin 1916.
Mauel, Kurt: Technikgeschichte in ingenieurwissenschaftlichen Werken des 19. Jahrhunderts. In: Technikgeschichte 50 (1983), S. 289-305.
Mauersberger, Klaus: Die Herausbildung der technischen Mechanik und ihr Anteil bei der Verwissenschaftlichung des Maschinenwesens. In: Dresdener Beiträge zur Geschichte der Technikwissenschaften 2 (1980), S. 1-52.
– Technische Mechanik und Maschinenwesen. Ein Beitrag zur Disziplinbildung in den Technikwissenschaften. In: Martin Guntau/Hubert Laitko (Hg.): Der Ursprung der modernen Wissenschaften. Studien zur Entstehung wissenschaftlicher Disziplinen. Berlin 1987, S. 242-256.
Mayr, Otto: Ferdinand Jakob Redtenbacher. In: Dictionary of Scientific Biography, Bd. 11. New York 1975, S. 343 f.
– Aurel Boleslav Stodola. In: Dictionary of Scientific Biography, Bd. 13. New York 1976, S. 72-74.

– Symbolsprachen für mechanische Systeme im 19. Jahrhundert. In: Technikgeschichte 35 (1968), S. 223-240.
Megede, A. zur (Hg.): Wie fertigt man technische Zeichnungen? Leitfaden zur Herstellung von technischen Zeichnungen jeder Art für den Gebrauch in technischen Lehranstalten und Bureaus. Nach eigenen Erfahrungen. 6. Auflage, hg. von E. Granitza. Berlin [6]1908.
Meinecke, Friedrich: Die Entstehung des Historismus. 2 Bde., München, Berlin 1936.
Mende, Michael: Modelle und Zeichnungen: Anschaulichkeit als Prinzip der Ausbildung in der Maschinenlehre und Technologie während des 19. Jahrhunderts. In: Dresdener Beiträge zur Geschichte der Technikwissenschaften 23/2 (1994), S. 17-23 und S. 126-134.
Merkel, F.: Gustav Anton Zeuner und die technische Wärmelehre. In: Z.VDI 73 (1929), S. 45-48.
Meyenberg, Friedrich: Ausbildung der Ingenieure an den Technischen Hochschulen. In: Maschinenbau 8 (1929), S. 3-6.
Meyer, D.: Entwicklung und Ziele des Unterrichtes an unsern höheren Allgemeinschulen und Technischen Hochschulen. In: Z.VDI 55 (1911), S. 1093-1098.
Meyer, Hermann: Fünfzig Jahre bei Siemens. Erinnerungsblätter aus der Jugendzeit der Elektrotechnik. Berlin [2]1927.
Mock, Wolfgang: Technische Intelligenz im Exil. Vertreibung und Emigration deutschsprachiger Ingenieure nach Großbritannien 1933 bis 1945. Düsseldorf 1986.
Moll, C. L./F(ranz) Reuleaux: Constructionslehre für den Maschinenbau. Braunschweig 1853-1861.
Moutet, Aimée: Die Ingenieure und die Rationalisierung in Frankreich vom Beginn des 20. Jahrhunderts bis zum Zweiten Weltkrieg. In André Grelon/Heiner Stück (Hg.): Ingenieure in Frankreich, 1747-1990 (Deutsch-französische Studien zur Industriegesellschaft 16). Frankfurt, New York 1994, S. 295-316.
Mortimer, J. E.: A History of the Association of Engineering and Shipbuilding Draughtsmen. London 1960.
Müller, Christ.: Constructionslehre der Maschinentheile nebst Resultaten für den Maschinenbau. Ein Unterrichts- und Handbuch für technische Lehranstalten und Techniker. Stuttgart 1862-1865.
Naumann, Friedrich (Hg.): Carl Julius von Bach (1847-1931). Pionier – Gestalter – Forscher – Lehrer – Visionär. Stuttgart 1998.
Nedoluha, Alois: Kulturgeschichte des technischen Zeichnens. Wien 1960.
Neef, Wolfgang: Ingenieure. Entwicklung und Funktion einer Berufsgruppe (Theorie und Praxis der Gewerkschaften). Köln 1982.
Nesselmann, Kurt: Art. Franz Grashof. In: Neue Deutsche Biographie, Bd. 6, 1964, S. 746 f.

Neuhaus, F. A.: Der Einfluß des technischen Bureaus auf die Fabrikation. In: Z.VDI 48 (1904), S. 1221-1225.
– Einzelfragen aus der Organisation technischer Betriebe. In: Z.VDI 52 (1908), S. 1141-1145.
– Technische Erfordernisse für Massenfabrikation. In: Technik und Wirtschaft 3 (1910), S. 577-597 und 649-660.
– Wirtschaftliches Denken und konstruktive Tätigkeit. In: Werkstattstechnik 3 (1909), S. 293-302.
Niemitz, Hans-Ulrich/Hartwig Paulsen. Konstruktionspraxis im Deutschen Maschinenbau von 1917 bis 1945. In: LTA-Forschung. Reihe des Landesmuseums für Technik u. Arbeit in Mannheim 9 (1992), S. 3-33.
Noack, W. G.: Prof. Dr. Aurel Stodola. In: E(mil) Honegger (Hg.): Festschrift Prof. Dr. A. Stodola. Zum 70. Geburtstag überreicht von seinen Freunden und Schülern. Zürich, Leipzig 1929, S. IX-XX.
Noble, David F.: America by Design. Science, Technology, and the Rise of Corporate Capitalism. Oxford, New York, Toronto, Melbourne 1977.
Ochs, Kathleen H.: The Rise of American Mining Engineers: A Case Study of the Colorado School of Mines. In: Technology and Culture 33 (1992), S. 278-301.
Oelsner, Reiner F.: Aurel Stodola. Selbstdarstellung und Weltbild eines Konstrukteurs und Ingenieurs (LTA-Forschung. Reihe des Landesmuseums für Technik und Arbeit in Mannheim 1/1991). Mannheim 1991.
Papperitz, Erwin: Die Mathematik an den deutschen Technischen Hochschulen. Beitrag zur Beurteilung einer schwebenden Frage des Höheren Unterrichtswesens. Leipzig 1899.
Paul, Harry W.: Apollo Courts the Vulcans: The Applied Science Institutes in Nineteenth-Century French Science Faculties. In: Robert Fox/George Weisz (Hg.): The Organization of Science and Technology in France 1808-1914. Cambridge u. a. 1980, S. 155-181.
Pawlowitsch, A.: Zum wissenschaftlichen Schaffen Gustav Zeuners aus heutiger Sicht. In: Maschinenbautechnik 27 (1978), S. 484-487.
Payen, Jacques: The Role of the Conservatoire National des Arts et Métiers in the Development of Technical Education up to the Middle of the 19th Century. In: History and Technology 5 (1988), S. 95-138.
Pentzlin, Kurt: Meister der Rationalisierung. Hg. in Zusammenarbeit mit dem Rationalisierungskuratorium der Deutschen Wirtschaft (RKW). Düsseldorf, Wien 1963.
Das Personal und die Einrichtung technischer Bureaux, insbesondere für Maschinenfabriken. In: Der practische Maschinen-Constructeur 6 (1873), S. 240-251.
Pfuhl, E.: Betrachtungen über die Ausbildung von Fabrikingenieuren an technischen Hochschulen. In: Z.VDI 33 (1889), S. 62 f.
Poitou, Jean-Pierre: Le cerveau de l'usine. Histoire des bureaux d'études

Renault de l'origine à 1980. Recherche sur les conditions de l'innovation technique. Aix-en-Provence 1988.
Porter, Charles T.: Lebenserinnerungen eines Ingenieurs. Gesammelte Beiträge zu »Power« und »American Machinist«. Berlin 1912.
Poschenrieder, Peter: Erinnerungen aus der Werdezeit der Elektrotechnik. In: Geschichtliche Einzeldarstellungen aus der Elektrotechnik, Bd. 3, Berlin 1932, S. 89-125.
Der practische Maschinen-Constructeur. Zeitschrift für Maschinen- und Mühlenbauer, Ingenieure und Fabrikanten (unter Mitwirkung practisch bewährter Ingenieure des In- und Auslandes sowie der Lehrer des Technicum zu Frankenberg. Hg.: Wilhelm Heinrich Uhland, Ingenieur und Director des Technicum zu Frankenberg-Chemnitz) 1 (1868) ff.; Der praktische Maschinen-Konstrukteur. Fachzeitschrift für Ingenieure und Techniker aller Industriezweige 45 (1912) bis 51 (1918).
Pringle, Peter/James Spigelman: The Nuclear Barons. New York 1982.
Programm der Königlichen Gewerbe-Akademie (Königlich Technischen Hochschule) für das Studienjahr 1878/79 (1879/80, 1889/90, 1899/1900, 1900/01, 1909/10). Berlin (1879, 1880, 1889, 1899, 1900, 1909).
Purkert, Walter/Susann Hensel: Zur Rolle der Mathematik bei der Entwicklung der Technikwissenschaften. In: Dresdener Beiträge zur Geschichte der Technikwissenschaften 11 (1986), S. 3-53 und 14 (1987), S. 68-93.
Rapp, Friedrich: Die Forschung in der Technik (bzw. Technologie) des 19. Jahrhunderts. In: Alwin Diemer (Hg.): Konzeption und Begriff der Forschung in den Wissenschaften des 19. Jahrhunderts. Referate und Diskussionen des 10. wissenschaftstheoretischen Kolloquiums 1975. »Neunzehntes Jahrhundert«. Forschungsunternehmen der Fritz Thyssen Stiftung. Meisenheim am Glan 1978, S. 189-224.
Ratner, Sidney/James H. Solton/Richard Sylla: The Evolution of American Economy. Growth, Welfare, and Decision Making. New York 1979.
Redtenbacher, Ferdinand: Die calorische Maschine. Mannheim ^{2}1853.
– Die Gesetze des Lokomotiv-Baues. Mannheim 1855.
– Der Maschinenbau. 3 Bde., Mannheim 1862-1865.
– Die polytechnische Schule. In: Die Residenzstadt Karlsruhe, ihre Geschichte und Beschreibung. Festgabe der Stadt zur 34. Versammlung deutscher Naturforscher und Aerzte. Karlsruhe 1858, S. 123-164.
– Prinzipien der Mechanik und des Maschinenbaues. Mannheim 1852, ^{2}1859.
– Resultate für den Maschinenbau. Mannheim 1848, ^{2}1852, ^{6}1875.
– Theorie und Bau der Turbinen und Ventilatoren. Mannheim 1844, ^{2}1860.
– Theorie und Bau der Wasser-Räder. Mannheim 1846, ^{2}1858.

Redtenbacher, Rudolf (Hg.): Erinnerungsschrift zur siebenzigjährigen Geburtstagsfeier Redtenbacher's. München 1879.
Reiche, H. von: Die Maschinenfabrikation. Entwurf, Kritik, Herstellung und Veranschlagung der gebräuchlichsten Maschinenelemente. 2 Bde. Leipzig 1869-1871.
Repertorium der technischen Literatur. 1823 ff. Repertorium der technischen Journal-Literatur 1874-1908.
Reuleaux, F(ranz): Der Constructeur (4. Auflage: Der Konstrukteur). Ein Handbuch zum Gebrauch beim Maschinen-Entwerfen. Braunschweig 1861, ²1865, ³1872, ⁴1882-1889.
– Cultur und Technik. In: Z.VDI 28 (1885), S. 24-28 und 41-46.
– Lehrbuch der Kinematik. 2 Bde., Braunschweig 1875-1900.
– Neuer Hörsaal in der Königl. Gewerbe-Akademie in Berlin. In: Verhandlungen des Vereins zur Beförderung des Gewerbfleißes in Preußen 49 (1870), S. 122-128.
Ribeill, Georges: Zur Lage der Zivilingenieure im 19. Jahrhundert. Fallstudie über die Absolventen der Ecole Centrale. In: André Grelon/Heiner Stück (Hg.): Ingenieure in Frankreich, 1747-1990 (Deutsch-französische Studien zur Industriegesellschaft 16). Frankfurt, New York 1994, S. 151-169.
Richter, Siegfried H.: Der Beitrag von Ernst Hartig (1836-1900) zur Einführung technikwissenschaftlicher Experimente in die Technologie. In: NTM. Schriftenreihe für Geschichte der Naturwissenschaften, Technik und Medizin 22 (1985), Heft 2, S. 43-50.
– Methodenentwicklung und Methodenstreit in Lehre und Forschung der mechanischen Technologie im 19. Jahrhundert in Deutschland. In: Dresdener Beiträge zur Geschichte der Technikwissenschaften 10 (1984), S. 3-42.
Riedler, A(lois): Akademisches Pneuma und die Drehkranken. München, Berlin 1921.
– Amerikanische technische Lehranstalten. Bericht im Auftrage des Herrn Kultus-Ministers. Berlin 1893.
– Amerikanische technische Lehranstalten. In: Z.VDI 38 (1894), S. 405-409, 507-514, 608-615 und 629-636.
– Dampfmaschinen (Bericht über die Weltausstellung in Paris 1878/9). 2 Bde., Wien 1879.
– Emil Rathenau und das Werden der Großwirtschaft. Berlin 1916.
– Die Entwicklung des maschinentechnischen Studiums. In: Z.VDI 52 (1908), S. 702-719.
– Groß-Gasmaschinen. München, Berlin 1905.
– Das Maschinen-Ingenieurwesen. In: W. Lexis (Hg.): Die technischen Hochschulen im deutschen Reich. Unter Mitwirkung zahlreicher Hochschullehrer (Das Unterrichtswesen im Deutschen Reich, Bd. 4,1). Berlin 1904, S. 125-136.

– Das Maschinen-Zeichnen. Begründung und Veranschaulichung der sachlich notwendigen zeichnerischen Darstellungen und ihres Zusammenhanges mit der praktischen Ausführung. Berlin 1896, [2]1913.
– Schnellbetrieb. Erhöhung der Geschwindigkeit & Wirtschaftlichkeit der Maschinenbetriebe. Berlin 1899.
– Die Technischen Hochschulen und ihre wissenschaftlichen Bestrebungen. Rede zum Antritt des Rektorates der Königl. Technischen Hochschule zu Berlin gehalten in der Aula am 1. Juli 1899. Berlin 1899.
– Wirklichkeitsblinde in Wissenschaft und Technik. Berlin 1919.
– Zerfall und Neubau der Technischen Hochschulen. In: Z.VDI 63 (1919), S. 302-308 und 332-337.
Robertson, Paul L.: Technical Education in the British Ship-Building and Marine Engineering Industries, 1863-1914. In: The Economic History Review 27 (1974), S. 222-235.
Roderick, Gordon W./Michael D. Stephens: Science and Technology at English Universities and Colleges and the Economic Development During the 19th Century. In: Technikgeschichte 40 (1973), S. 226-250.
Rößler, G.: Die Technische Hochschule zu Danzig. Nach Einzelberichten bearbeitet. In: Z.VDI 54 (1910), S. 1061-1073.
Rosenberg, Nathan: Economic Development and the Transfer of Technology: Some Historical Perspectives. In: Technology & Culture 11 (1970), S. 550-575.
Rothert, Alexander: Der moderne Geist in der Maschinenfabrik. In: Technik und Wirtschaft 1 (1908), S. 359-368, 404-411 und 461-467.
Ruby, Jürgen: Maschinen für die Massenfertigung. Die Entwicklung der Drehautomaten bis zum Ende des Ersten Weltkrieges. Stuttgart 1995.
Rupieper, Hermann-Josef: Arbeiter und Angestellte im Zeitalter der Industrialisierung. Eine sozialgeschichtliche Studie am Beispiel der Maschinenfabriken Augsburg und Nürnberg (MAN) 1837-1914. Frankfurt, New York 1982.
Santz, Adolf: Die Ausnutzung der Normalisierung zur Verminderung der Zeichenarbeit im Konstruktionsbüro. In: Werkstattstechnik 7 (1913), S. 299-304.
Sass, Friedrich: Geschichte des deutschen Verbrennungsmotorenbaues. Berlin 1962.
Schilling, A.: Zur Ausbildung der Studierenden des Maschinenbauwesens auf den Technischen Hochschulen. In: Z.VDI 64 (1920), S. 154-157.
– Zur Frage der Ausbildung der Maschineningenieure an den Technischen Hochschulen. In: Z.VDI 56 (1912), S. 430-435.
Schlesinger, G(eorg): Betriebsführung und Betriebswissenschaft. In: Technik und Wirtschaft 6 (1913), S. 525-568.
– Normalien. In: Werkstattstechnik 7 (1913), S. 1.
Schlink, J(oseph): Die Ideologen auf den technischen Lehrstühlen. In:

Glaser's Annalen für Gewerbe und Bauwesen 6 (1880), S. 197-200 und 389-392.
– Ueber die sociale Stellung des deutschen Technikers. In: Glaser's Annalen für Gewerbe und Bauwesen 4 (Mai 1879), Sp. 312-319.
Schmerse, P.: Anforderungen der Werkstatt an das Konstruktionsbüro. In: Z.VDI 63 (1919), S. 397-403.
– Der Zusammenhang von Konstruktion und Fabrikation amerikanischer Werkstätten. In: Zeitschrift des Vereines Deutscher Ingenieure 50 (1906), S. 1273-1277.
Schmidt, Dorothea: Massenhafte Produktion? Produkte, Produktion und Beschäftigte im Stammwerk von Siemens vor 1914 (Theorie und Geschichte der bürgerlichen Gesellschaft 8). Münster 1993.
– Weder Ford noch Taylor. Zu Rhetorik und Praxis der Rationalisierung in den zwanziger Jahren am Beispiel dreier Siemens-Werke (Werkstattberichte des Forschungsschwerpunkts Arbeit und Bildung, Universität Bremen 25). Bremen 1993.
Schneider, Jochen: Franz Reuleaux und die Theorie der Maschinen. In: Tilmann Buddensieg/Kurt Düwell/Klaus-Jürgen Sembach (Hg.): Wissenschaften in Berlin. 3 Bde., Berlin 1987, Bd. 2: Gedanken, S. 172-177.
Schöberlein, Hans: Die Organisation des Konstruktionsbüros. In: Werkstattstechnik 6 (1912), S. 154-157 und 174-176.
Schoen, Lothar: Friedrich von Hefner-Alteneck. In: Wilhelm Treue/Wolfgang König (Hg.): Techniker (Einzelveröffentlichungen der Historischen Kommission zu Berlin 60. Berlinische Lebensbilder 6). Berlin 1990, S. 227-247.
Schuberth, H.: Das Lichtpaus-Verfahren oder die Kunst, genaue Kopien mit Hilfe des Lichtes unter Benützung von Silber-, Eisen- und Chromsalzen herzustellen. Auf Grund eigener Erfahrungen bearbeitet. Wien. Leipzig ³1919.
Schulz, Günther: Die Arbeiter und Angestellten bei Felten & Guilleaume. Sozialgeschichtliche Untersuchung eines Kölner Industrieunternehmens im 19. und beginnenden 20. Jahrhundert (Zeitschrift für Unternehmensgeschichte. Beiheft 13). Wiesbaden 1979.
Schulz, Otto: Zivilingenieure für das Konstruktionsfach. In: Werkstattstechnik 3 (1909), S. 95-97.
Sebestik, Jan: The Introduction of Technological Education at the Conservatoire des Arts et Métiers. In: Melvin Kranzberg (Hg.): Technological Education – Technological Style. San Francisco 1986, S. 26-32.
Seely, Bruce: Research, Engineering, and Science in American Engineering Colleges: 1900-1960. In: Technology and Culture 34 (1993), S. 344-386.
Seidel, Heinrich: Erzählungen und Gedichte. Berlin 1962.
Sellenriek, Jörg: Zirkel und Lineal: Kulturgeschichte des konstruierenden Zeichnens. München 1987.

Shinn, Terry: From ›Corps‹ to ›Profession‹: The Emergence and Definition of Industrial Engineering in Modern France. In: Robert Fox/George Weisz (Hg.): The Organization of Science and Technology in France 1808-1914. Cambridge u. a. 1980, S. 183-208.

Siegrist, Hannes: Vom Familienbetrieb zum Managerunternehmen. Angestellte und industrielle Organisation am Beispiel der Georg Fischer AG in Schaffhausen 1797-1930 (Kritische Studien zur Geschichtswissenschaft 44). Göttingen 1981.

Siemens, Georg: Erziehendes Leben. Erfahrungen und Betrachtungen. Urach 1947.

Sinclair, Bruce/James P. Hull: A Centennial History of the American Society of Mechanical Engineers 1880-1980. Toronto u. a. 1980.

Sodan, Günter (Hg.): Die Technische Fachhochschule Berlin im Spektrum Berliner Bildungsgeschichte. Berlin 1988.

Sombart, Werner: Der moderne Kapitalismus. Historisch-systematische Darstellung des gesamteuropäischen Wirtschaftslebens von seinen Anfängen bis zur Gegenwart. Bd. 1, München, Leipzig ^{2}1928.

Sonnemann, Rolf/Walter Böhme/Martin Frenzel u. a.: Geschichte der Technischen Universität Dresden 1828-1978. Berlin 1978.

Spur, Günter/H. Grage/U. Heisel/G. Lechler/D. Michaelis: Produktionstechnik im Wandel. Hg. aus Anlaß des 75jährigen Bestehens des Instituts für Werkzeugmaschinen und Fertigungstechnik der Technischen Universität Berlin. München, Wien 1979.

Spur, Günter/Herbert Grage: 75 Jahre Institut für Werkzeugmaschinen und Fertigungstechnik der Technischen Universität Berlin. In: Reinhard Rürup (Hg.): Wissenschaft und Gesellschaft. Beiträge zur Geschichte der Technischen Universität Berlin 1879-1979. Berlin, Heidelberg, New York 1979, Bd. 2, S. 107-131.

Stenographische Berichte über die Verhandlungen des Hauses der Abgeordneten des Preußischen Landtags. Bd. 515. Berlin 1908.

Stodola, A(urel): Die Beziehungen der Technik zur Mathematik. In: Z.VDI 41 (1897), S. 1257-1260.

– Die Dampfturbinen mit einem Anhange über die Aussichten der Wärmekraftmaschinen und über die Gasturbine. Berlin ^{2}1904, ^{4}1910.

– Gedanken zu einer Weltanschauung vom Standpunkte des Ingenieurs. Berlin ^{2}1932.

– Nachruf. In: Schweizerische Bauzeitung 121 (1943), S. 73-78.

Strobl, C. M.: Zur Ingenieurerziehung. In: Z.VDI 67 (1923), S. 419-421.

Stück, Heiner: Die französischen Ingenieure aus deutscher Sicht, 1747-1990. In: André Grelon/Heiner Stück (Hg.): Ingenieure in Frankreich, 1747-1990 (Deutsch-französische Studien zur Industriegesellschaft 16). Frankfurt, New York 1994, S. 417-440.

Stützner, Heinz: Das Wirken von Carl Julius von Bach (1847-1931) als

Technikwissenschaftler und Hochschullehrer. In: Rostocker Wissenschaftshistorische Manuskripte 7 (1981), S. 87-91.
Summerfield, Penny/Eric J. Evans (Hg.): Technical Education and the State Since 1850. Historical and Contemporary Perspectives. Manchester, New York 1990.
Taylor, Frederick Winslow: Die Grundsätze wissenschaftlicher Betriebsführung (The Principles of Scientific Management). (Deutsche autorisierte Übersetzung von Rudolf Roesler 1913.) Neu hg. und eingeleitet von Walter Volpert und Richard Vahrenkamp (Berufliche Bildung und Berufsbildungspolitik 3). Weinheim, Basel 1977.
Thümmel, Hans-Wolf: Carl Benz und die Technische Hochschule Karlsruhe. In: Fridericiana 38 (1986), S. 9-41.
Uselding, Paul: Measuring Techniques and Manufacturing Practice. In: Otto Mayr/Robert C. Post (Hg.): Yankee Enterprise. The Rise of the American System of Manufactures. Washington, D. C. 1981, S. 103-126.
Valentin, Ernst: Die Organisation des Zeichenbureaus einer modernen Automobilfabrik. In: Der Motorwagen 8 (1905), S. 92-94.
Viefhaus, Erwin: Ingenieure in der Weimarer Republik: Bildungs-, Berufs- und Gesellschaftspolitik 1918 bis 1933. In: Karl-Heinz Ludwig/Wolfgang König (Hg.): Technik, Ingenieure und Gesellschaft. Geschichte des Vereins Deutscher Ingenieure 1856-1981. Düsseldorf 1981, S. 289-346.
Volk, Carl: Entwerfen und Herstellen. Eine Anleitung zum graphischen Berechnen der Bearbeitungszeit von Maschinenteilen. Berlin 1905.
– Der konstruktive Unterricht und der Anteil des Konstrukteurs an der Gütererzeugung. In: Maschinenbau. Gestaltung, Betrieb, Wirtschaft 5 (1926), S. 393-396.
– und A(lfred) Erkens: Die Normung und der Unterricht an Technischen Schulen. In: Z.VDI 69 (1925), S. 684-690.
Wagener, A.: Die Ausgestaltung des Unterrichts und der Prüfungsvorschriften für das Maschineningenieurwesen an der Technischen Hochschule. In: Z.VDI 52 (1908), S. 382-387.
Weber, Wolfhard: Mittlere technische Bildung im deutschen Kaiserreich. In: Berichte zur Wissenschaftsgeschichte 16 (1993), S. 151-163.
von Weech: Art. Ferdinand Jakob Redtenbacher. In: Allgemeine Deutsche Biographie, Bd. 27, 1888, S. 540-542.
Wegeleben, Fritz: Die Rationalisierung im Deutschen Werkzeugmaschinenbau. Dargestellt an der Entwicklung der Ludw. Loewe & Co. A.-G. Berlin 1924.
Weihe, Carl: Franz Reuleaux und die Grundlagen seiner Kinematik (Deutsches Museum. Abhandlungen und Berichte 14, 4). Berlin 1942.
– Franz Reuleaux und seine Kinematik. Mit dem Aufsatz »Kultur und Technik« von F. Reuleaux. Berlin 1925.

Weil, S.: Zweckmäßige Ausbildung des Konstrukteurnachwuchses im Werkzeugmaschinenbau. In: Werkstattstechnik 19 (1925), S. 65-68.
Weiss, John Hubbel: The Making of Technological Man: The Social Origins of French Engineering Education. Cambridge, Mass., London 1982.
Wentzcke, Paul: Franz Grashof. Ein Führer der deutschen Ingenieure. Berlin 1926.
Weyde, Joh(ann) Franz/A. Weickert: Die Anfertigung der Zeichnungen für Maschinenfabriken. Anweisung, technische Zeichnungen für das Konstruktionsbureau und für die Werkstätten der Maschinenfabriken zweckmäßig und den Anforderungen der Praxis entsprechend herzustellen, zu vervielfältigen, zu behandeln, auszustatten und zu registrieren. Berlin 1889, [3]1900.
Wickenden, William E.: A Comparative Study of Engineering Education in the United States and in Europe (Bulletin of the Investigation of Engineering Education 16), o. O., 1929.
Wiebe, Friedrich Karl Hermann: Die Lehre von der Befestigung der Maschinentheile, bearbeitet für den Unterricht an den Königl. Preuß. techn. Lehranstalten, sowie zum Gebrauche beim Entwerfen und Konstruiren von Maschinen und zum Selbst-Studium (Die Lehre von den einfachen Maschinentheilen 1). Berlin 1854.
– Die Maschinen-Baumaterialien und deren Bearbeitung, eine Zusammenstellung der wichtigsten Erfahrungen über die Eigenschaften des Holzes und der unedlen Metalle, sowie über die Anlage und die Einrichtung der Schmiedewerkstätten, der Gießereien, und der mechanischen Werkstätten, mit besonderer Berücksichtigung der in denselben gebräuchlichen Maschinen (Handbuch der Maschinen-Kunde 1). Stuttgart 1858.
Winkelmann, H.: Die Organisation des Fabrikbetriebes. In: Der practische Maschinen-Constructeur 44 (1911), S. 258-263.
Wißner, Adolf: Die Entwicklung der zeichnerischen Darstellung von Maschinen, unter besonderer Berücksichtigung des Maschinenbaues in Deutschland bis zum Beginn des 20. Jahrhunderts. Diss. München 1948.
Wittke, Volker: Wie entstand industrielle Massenproduktion? Die diskontinuierliche Entwicklung der deutschen Elektroindustrie von den Anfängen der »großen Industrie« bis zur Entfaltung des Fordismus (1880-1975). Berlin 1996.
Wochenschrift des VDI.
Wögerbauer, H(ugo): Die Technik des Konstruierens. München, Berlin [2]1943.
Wölker, Thomas: Entstehung und Entwicklung des Deutschen Normenausschusses 1917 bis 1925 (DIN-Normungskunde 30). Köln 1992.

Woldt, Richard: Das großindustrielle Beamtentum. Eine gewerkschaftliche Studie. Stuttgart 1911.
– Probleme der industriellen Arbeitsorganisation. In: Deutsche Industriebeamten-Zeitung (1913), S. 310-313, 325-328, 423-425 und 434-436.
Zachmann, Karin: Wirkungsgrad contra Wertgrad. Zur Entstehung des Konflikts zwischen der technischen und der ökonomischen Auffassung vom Wirtschaften. In: Technikgeschichte 62 (1995), S. 103-131.
Zeuner, Gustav: Das Locomotiven-Blasrohr. Experimentelle und theoretische Untersuchungen über die Zugerzeugung durch Dampfstrahlen und über die saugende Wirkung der Flüssigkeitsstrahlen überhaupt. Zürich 1863.
– Die Schiebersteuerungen. Mit besonderer Berücksichtigung der Locomotiven-Steuerungen. Leipzig 1857, ³1868.
– Technische Thermodynamik. 2 Bde., Leipzig ³1887-1890.
Gustav Zeuner. Sein Leben und Wirken. Aus Anlaß seines hundertsten Geburtstages im Auftrage der sächsischen Technischen Hochschule Dresden. Hg. vom Verein Deutscher Ingenieure. Berlin 1928.
Zweckbronner, Gerhard: Ingenieurausbildung im Königreich Württemberg. Vorgeschichte, Einrichtung und Ausbau der Technischen Hochschule Stuttgart und ihrer Ingenieurwissenschaften bis 1900 – eine Verknüpfung von Instituts- und Disziplingeschichte (Technik + Arbeit. Schriften des Landesmuseums für Technik und Arbeit in Mannheim 2). Stuttgart 1987.
– Das Prinzip der lebendigen Kräfte, ein Bindeglied zwischen rationeller Mechanik und praktischem Maschinenbau im Zeitalter der Industrialisierung. In: Technikgeschichte 48 (1981), S. 89-111.
– Technische Wissenschaften im Industrialisierungsprozeß bis zum Beginn des 20. Jahrhunderts. In: Armin Hermann/Charlotte Schönbeck (Hg.): Technik und Wissenschaft (Technik und Kultur 3). Düsseldorf 1991, S. 400-428.
Zeitschrift des Vereines Deutscher Ingenieure (Z.VDI).

Sachregister

Häufig vorkommende Begriffe, wie Konstruktion, Produktion, Ingenieurausbildung, Technische Hochschulen, Maschinenbau, sind im Register nicht ausgewiesen.

Personenregister